Altes Wetterwissen wieder entdeckt

Altes Wetterwissen wieder entdeckt

Bauernregeln | Wolken & Wind | Pflanzen & Tiere

blv

BERNHARD MICHELS

Inhalt

Einführung 6
Warum Wetter- und Bauernregeln zur Witterungs- und Naturbeobachtung wichtig sind 7

Was beeinflusst unser Wetter? 9
   Wetterelemente 9
   Hoch- und Tiefdruckgebiete ... 10
   Wetterfronten 11
   Typische Wetterlagen 13

Was jeder beobachten kann 15

Wolken – Wetterzeichen am Himmel 15
   Die Wolkengattungen 16
   Wetterveränderungen an den Wolken erkennen 28
   Der normale Tagesverlauf der Bewölkung 31

Auch am Wind erkennt man das Wetter 31
   Die Luftzirkulation 33
   Lokale Winde 34
   Die Windstärkenskala 35
   Sonderform Föhn 38
   Verhalten bei schweren Stürmen 38

Gewitter – die Wetterrevolution . 39
   Beobachtungen bei aufkommendem Gewitter 39
   Blitz und Donner 42
   Gewitterschutz 43

Weitere Wetterzeichen 45
   Der Regen 45
   Schnee 47
   Graupel und Hagel 49
   Tau, Dunst und Nebel 50
   Der Regenbogen 53
   Morgenrot und Abendrot 55

Der Einfluss des Mondes 57
   Der Mondhof 58
   Die Mondfarben 59
   Die Mondphasen 59
   Mondphasen in Verbindung mit Aussaat, Pflanzung, Ernte und Lagerung 60
   Sonstige Beobachtungen 62

Der Einfluss von Sonne und Sternen 62
   Wetter- und Klimaprognose aus den Sternen 63
   Sternschnuppen und Kometen . 64

Unsere Tiere, die Wetterpropheten
in Natur und Garten 66
    Haustiere 68
    Spinnen 70
    Mücken und andere Insekten . 71
    Fische 71
    Frösche 72
    Schnecken 73
    Schwalben 73
    Andere Vögel 74
    Sonstige Tiere 76

Pflanzen, die das Wetter fühlen .. 77

Die Natur als Wegweiser 79

Phänologie – der Kalender, den die Natur schreibt 80

Frühling 90
    Der Vorfrühling 91
    Der Erstfrühling 92
    Der Vollfrühling 94

Sommer 96
    Der Frühsommer 97
    Der Hochsommer 98
    Der Spätsommer 99

Herbst 101
    Der Frühherbst 102
    Der Vollherbst 103
    Der Spätherbst 104

Winter 106
    Der Winter 106
    Eigene Winterprognosen
    stellen 107

Mensch und Wetter 111

Unsere Abhängigkeit von inneren
und äußeren Rhythmen 111

Biometeorologie 114
    Tipps für Wetterfühlige 116

Empfinden der Umgebungs-
temperatur 117

Die Wetteraufzeichnung 118
    Eigene Wettervorhersage
    aus der Wetterkarte 118
    Der tägliche Gang der
    Witterungselemente 119
    Das eigene Beobachtungs-
    protokoll 119

Wetterbeobachtungsgeräte
selber basteln 122
    Feuchtigkeitsmesser selbst
    gemacht 122
    Einfaches Barometer 123
    Ein Schneethermometer
    im Winter 123
    Beobachtung der
    Windrichtung 123
    Ein Kompass ist immer
    nützlich 123
    Sonnenuhren 124

Das Kalendarium 125

    Der Hundertjährige Kalender . 125
    Die Eigenarten der Monate . 126

Der Januar 129
Der Februar 137
Der März 144
Der April 153
Der Mai 160
Der Juni 166
Der Juli 173
Der August 180
Der September 187
Der Oktober 195
Der November 202
Der Dezember 209

Anhang 216
Literatur 216
Register 217

Einführung

Das Wissen um die ganzheitliche Beziehung zwischen Wetter, Mensch und Natur als Summe aller gesammelten Erfahrungen der Bevölkerung war in früheren Zeiten sehr ausgeprägt. Die moderne Meteorologie und unser Lebensstil haben uns in unserer Beobachtungsgabe hinsichtlich dieses Erfahrungsschatzes jedoch mehr und mehr betäubt; ein Naturerbe droht uns verloren zu gehen.

Unsere natürliche Beobachtungsgabe kann durch richtiges Verständnis der Beziehung Wetter, Mensch und Natur aber nach und nach reaktiviert werden, denn diese Fähigkeit liegt in unseren archaischen Anlagen verborgen. Durch eine solche Sensibilisierung und Schulung würde sich nicht nur ein rein persönlicher Nutzungseffekt ergeben, sondern auch die Natur mit all ihren Erscheinungen erhielte das Verständnis und den Respekt, die ihr gebühren.

Von meinem Vater, der als Landwirt existenziell von der Witterung abhängig ist, lernte ich schon früh die Methoden einer ganzheitlichen Wetterbeobachtung. Heute merke ich, dass ich durch die Art der Beobachtung ein besonderes Verhältnis zur Natur und zur sozialen Umwelt habe. Diese Erfahrungen möchte ich in diesem Buch an Sie weitergeben. Anhand der vielfältigen Möglichkeiten der Naturbeobachtung können Sie lernen, die regionale Witterung zu bestimmen und wenigstens kurzfristig vorherzusagen. Neben Wissenswertem über unser Kalendarium, die Eigenarten der Monate und Jahreszeiten, machen Sie sich durch ausgesuchte Bauernregeln nebenbei mit dem Leben, den Traditionen, Festen und Nöten unserer »Alten« vertraut, die damals mehr als wir heute in ihrer Existenz vom Wetter abhängig waren. Durch diese Art der Witterungsbeobachtung und -deutung kann man lernen, sich mit der Natur auseinander zu setzen. Doch wenn wir lernen wollen, das Wetter anhand von Naturphänomenen zu prognostizieren, müssen wir uns bewusst machen, dass es ohne intakte Natur langfristig kein für uns lebenserhaltendes Wetter gibt.

Was sagt uns also das Wort »Natur«. Die Natur ist alles umfassend. Sie verkörpert das gesamte Werden und Vergehen in Raum und Zeit. Sie folgt keinem Zeittrend und kennt keine Mode, sie ist immer sie selbst und schreibt ihre eigenen Gesetze, nach denen wir als ein Teil der Natur zu leben haben. Wer gegen sie arbeitet, handelt oder kämpft, wird letzten Endes immer eine Niederlage erleiden. Das Verhältnis jedes einzelnen Wesens zur Natur ist mit dem Verhältnis von ca. einer Sekunde zur Ewigkeit gleichzusetzen. Für alle, die sich dessen bewusst sind, wird die Natur zum immer währenden Quell des Erlebens, Wahrnehmens und Fühlens. Glücklich darum jeder, der das überwältigende Phänomen Natur bereit ist zu begreifen und nicht nur Augen für Geld und Macht hat.

Sie werden in diesem Buch erfahren, dass jeder Monat seine typischen Wetterlagen hat, welche wiederum bestimmte Witterungen nach sich ziehen. Dieses Wissen ist ausgesprochen hilfreich für jegliche Art der Natur- und Wetterbeobachtung. Dass monatstypische Wetterlagen existieren, weiß man. Das heißt, man kann sich ausmalen, welches Wetter z. B. bei Nordwind im Juni zu erwarten ist. Niemand kann freilich vorhersagen, an welchem Tag genau diese Wetterlage herrscht oder ob sie überhaupt eintritt. Anders wird es bei der Erforschung der Witterungstendenzen zu bestimmten Zeiträumen (Singularitäten, Lostage) werden. Man weiß zum Beispiel, dass sehr häufig ein trockener Herbst zu erwarten ist, wenn es um den 10. August sehr sonnig war, aber man weiß nicht, ob dies garantiert geschieht.

Wetter- und Bauernregeln

Warum Wetter- und Bauernregeln zur Witterungs- und Naturbeobachtung wichtig sind

Die Klimaerwärmung bewirkt zudem, dass sich viele Wetterregeln und Witterungstendenzen in ihrer Aussagekraft verändern. Das Wetter beginnt sich quasi gerade neu zu schreiben. Man wird nicht nur in der computergestützten Wettervorhersage, sondern ganz besonders in der Natur- und Wetterbeobachtung immer wieder auf neue Erkenntnisse stoßen.

Genau das macht den Reiz der eigenen Wetterbeobachtung aus. Arbeiten Sie dann noch ganzheitlich, also zusätzlich mit der Beobachtung des Tier- und Pflanzenreiches sowie der Integration des alten Wissens unserer Ahnen, wird das Ihre Wetterprognosen deutlich verbessern.

So gewonnene Wetterprognosen erzielen heute eine Genauigkeit von über 75%. Noch vor den sichtbaren Zeichen der Klimaerwärmung vor etwa 20 Jahren lag die Prognosegenauigkeit noch nahe 90%!

Lernen Sie bei Ihren Beobachtungen wieder auf Kleinigkeiten zu achten. Notieren Sie möglichst Ihre lokalen Beobachtungen, Bemerkungen und Persönliches in ein separates Heft, um Ihre eigenen Erfahrungen und die Ihrer Familie für die Freizeit, den Beruf oder sogar für folgende Generationen zu nutzen.

Dieses Buch erhebt keinen Anspruch auf Vollständigkeit der Naturbeobachtungen, von Wetterkunde, Bauernregeln, Wetterbrauchtum und -festen, soll und wird Ihnen aber eine große Hilfe sein für die Erarbeitung Ihres eigenen, individuellen Haus- und Arbeitsheftes, in dem Sie gerne nachschlagen werden, Tag für Tag, Monat für Monat, Jahr für Jahr.

Das Wetter gehört zu den ältesten Gefährten des Menschen. Es verfolgt uns auf Schritt und Tritt und wird es auch noch in ferner Zukunft tun. Trotz aller Solidarität zum Wetter wird es seit Jahrtausenden argwöhnisch beobachtet, denn anfreunden konnten wir uns bis heute noch nicht mit dem Wetter.

Kaum jemand ist damals wie heute so vom Wetter abhängig wie der Bauer. Es ist daher nahe liegend, dass sich viele Bauernregeln auf die Witterung der nächsten Stunden, Tage oder Jahreszeiten beziehen. Sie sagen aus, ob und wie lange sich das schöne Wetter hält, ob es kälter wird oder mit baldigem Regen zu rechnen ist, sie geben witterungsabhängige Ernteprognosen usw. Die Regeln beziehen sich auf die verschiedenen Wetterlagen mit den resultierenden Wetterveränderungen.

Gegen Ende des 18. Jahrhunderts beschäftigte sich die Wissenschaft mit den vielen, in klingenden Reimen gehaltenen Wetterregeln. Man hat sie gedruckt, aufgeschrieben, aber auch als Wetterhexenweisheit und Aberglauben bekämpft. Diese Merksätze, die zu den ältesten deutschsprachigen Sprichwörtern gehören, basieren überwiegend auf der Tatsache der ganzheitlichen Beobachtung der Wetterlagen in den wechselnden Jahreszeiten. Sie schnuppern zwar alle nach Acker, Luft, Land und Wald, aber genaue Naturbeobachtungen, astrologische Hypothesen und eigenartige Zahlenmystik stehen darin harmonisch nebeneinander. In den Re-

Die Beobachtung der Witterungszeichen hatte früher eine große, ja existenzielle Bedeutung.

Einführung

geln spiegelt sich die volkstümliche Wetterweisheit wider als Gemeingut aller Kulturnationen. Mit den Wettersprüchen beginnt eigentlich die Entdeckung der meteorologischen Naturgesetze.

In der Vergangenheit waren Wetter und Witterungserscheinungen die sichtbare donnernde, blitzende, strahlende Verbindung zwischen den Menschen und dem All. Man war bemüht, den Wechsel der Witterung mit anderen Erscheinungen am Himmel, in der Luft, an Tieren und Pflanzen in Übereinstimmung zu bringen. Die Erfahrungen daraus führten zu den Bauernregeln oder besser gesagt Erfahrungsregeln, wie man die Wettersprüche eigentlich nennen sollte, weil sie vor allem die Weisheit des Landmannes widerspiegeln.

Manchmal scheinen die Regeln nicht übereinzustimmen, sich zu widersprechen. Das ist verständlich, denn sie waren bei ihrer Entstehung immer rein lokal begrenzte Wetterbeobachtungen. Wenn in einer Region nicht alle Regeln stimmen, ist das noch lange kein Indiz für ihre generelle Unzuverlässigkeit. Sie wurden im Laufe der Zeit aus Gegenden übernommen, in denen andere Wetterbedingungen herrschten. Familien oder größere Gruppen nahmen ihre vertrauten Regeln bei ihrer Wanderschaft in andere Wohngebiete mit. Hinzu kommt die gregorianische Kalenderreform im Jahre 1582, die durch eine zehntägige Verschiebung der Stichtage die viele Jahrhunderte alte Ordnung durcheinander brachte. Ganz alte Sprüche hinken deshalb der Zeit 10 Tage hinterher, was die meteorologisch-prognostische Aussagekraft natürlich ändert. Soll der Geist der alten Bauernregeln und Volksweisheiten gerecht gewürdigt werden, so sollte man die Zeitangaben als auch den Inhalt großzügiger, sinnvoller und freier deuten. Alle haben einen wahren Kern. Bauernregeln geben keine Erklärungen ab, warum z. B. auf Morgenrot oft Regen droht und auf Abendrot gutes Wetter folgt. Viele Regeln beinhalten Erfahrungen und drücken z. B. nur einen Wunsch bezüglich der Beschaffenheit des Wetters aus, wie es sein sollte, damit die Früchte des Feldes geraten und die Ernte gut wird:

Kälte im Februar, bringt ein gutes Erntejahr.

Der Frost ist von Nutzen, weil er die Bodenkrume lockert und die Wurzelschädlinge vernichtet. Die allgemein bekannte Regel: *»Mai kühl und nass, füllt dem Bauer Scheun und Fass«*, drückt aus, dass die jungen Pflanzen gerade jetzt viel Feuchtigkeit brauchen. Hitze und Trockenheit würde zu einer Mangelversorgung und Notreife der Pflanzen führen. Ein kluger Gärtner kann aus diesem Erfahrungsgut vieler Jahrhunderte seinen eigenen Nutzen ziehen.

Manch einer sieht in den Himmel, und die meisten reden über das Wetter, aber fast keiner weiß, wie es werden wird. Dennoch gilt – früher noch mehr als heute:

Wetterkunde ist des Landmanns erste Weisheit.
Was man voraussehen kann, davor kann man sich schützen.

Grundsätzlich ist bei der Wetterbeobachtung allerdings zu betonen, dass es auch Bauernregeln gibt, die keine bestätigenden Aussagen besitzen, was aber nicht konträr ist, sondern in den Ursachen liegt:

● Einige Regeln sind auf einen lokalen Raum begrenzt und das Entstehungsgebiet ist nicht bekannt.
● Das gesamte Mitteleuropa hat nicht dasselbe Wetter.
● Küsten- und Gebirgsklima differieren mit ihren lokalen Winden.
● Bei Überlieferungen aus dem Mittelalter ist zu beachten, dass sich das Klima im Laufe der Zeit änderte. Ein so genanntes Wärmemaximum wurde um 1100 n. Chr. erreicht und die so genannte »kleine Eiszeit« lag um 1650 n. Chr.

Alles bedenke zugleich, wenn den Jahreslauf du erforschest, dass du leichtfertig nimmer die Wetterzeichen dir deutest.
Wer zu weit voraussehen will, sieht oft falsch.
Wer jede Wolke fürchtet, taugt zu einem Bauern nicht.

Papst Gregor XIII ging im Jahre 1582 als »Kalenderpapst« in die Geschichte ein.

Was beeinflusst unser Wetter?

Wer's Wetter scheut, kommt niemals weit.
Weise Leute richten sich nach dem Wetter und Wind.

Ein ausgeprägtes Wissen der Witterungszusammenhänge ist unseren Vorfahren trotz aller Kritik nicht abzusprechen. Dieses Wissen wird heute wieder neu entdeckt und hat eine große Bedeutung. Dies wird sogar von den Meteorologen bestätigt, die viele Wetterregeln auf ihre Zutreffwahrscheinlichkeit wissenschaftlich untersucht haben. Viele Langfristprognosen der Erfahrungsregeln der Bauern haben eine Eintreffwahrscheinlichkeit von 65 % und höher. Das heißt, in mindestens 2 von 3 Jahren kommt es zu einer richtig eintreffenden Prognose. Heutige gute Wetterbeobachter haben eine Trefferquote von ca. 75 bis über 80% (ohne Messinstrumente)!

Was beeinflusst unser Wetter?

Allgemein gültige Wettervorhersagen sind bei uns nicht möglich, da Mitteleuropa kein einheitliches Klimagebiet ist. Die Witterung wird im Osten vom Kontinent und im Westen mehr vom Atlantik bestimmt. Mit dem Westwind ziehen Kalt- und Warmluftfronten der atlantischen Tiefdruckgebiete über das Festland und bringen besonders im Norden den fast permanenten Wetterwechsel. Mit dem Ostwind gelangen im Sommer schönes trockenes Wetter und im Winter meist trockene Kälte zu uns.

Der Mensch setzt sich mit dem Kampf der Elemente auseinander.

Eine Klimascheide zieht sich quer durch Deutschland. Sie erstreckt sich von der Eifel über den Westerwald und die Rhön zum Thüringer Wald. Vorherrschend maritimes Klima besitzt das norddeutsche Tiefland, wo es häufiger regnet als andernorts. Immer mehr kontinental wird das Wetter südlich der Klimascheide, also sonniger und trockener.

Wetterelemente

Unser Klima (griechisch »Klima« = Schräge, Neigung = durchschnittlicher charakteristischer Zustand der Atmosphäre während einiger Jahre an einer Stelle der Erdoberfläche, bedingt durch die wechselseitig sich beeinflussenden Wetterelemente wie z. B. Sonnenstand, Temperatur, Niederschlagshäufigkeit und -menge, Luftdruck, Luftzirkulation und Feuchtigkeit) wird entscheidend geprägt durch die 3 Wettergrundwerte Temperatur, Druck und Feuchte.

Faktor 1: Unterschiedliche Temperaturen haben die Tendenz, sich auszugleichen. Dies lässt sich am besten mit zwei verschieden temperierten Räumen vergleichen. Ein Raum ist warm, der andere, getrennt durch eine Tür, ist kalt. Wird die Tür einen Spalt breit geöffnet, so fließt von oben warme Luft ins kalte Zimmer und unten am Boden kalte Luft ins warme Zimmer. Durch diese Ausgleichstendenz der Luft entsteht Bewegung – also Wind.

Faktor 2: Die Masse der Luft übt durch die Schwerkraft der Erde einen Druck aus, den Luftdruck. Steigt Luft in die Höhe, dann nimmt der Druck ab, und entgegengesetzt bei herabsinkender Luft nimmt der Druck wieder

Einführung

zu. Unterschiedliche Drücke versuchen sich ebenfalls auszugleichen, vergleichbar mit einem geöffneten Fahrradventil. Im Schlauch herrscht hoher Druck, der sich in den niedrigeren ausgleicht – und abermals entsteht Bewegung.

<u>Faktor 3:</u> Unsere Luft ist je nach Region (Wüste/Regenwald) und Wettergeschehen immer unterschiedlich feucht. Warme Luft steigt in die Höhe und kühlt sich wieder ab. Dabei kondensiert die Feuchtigkeit zu sichtbaren Wolken oder über dem Boden zu Nebel. Absinkende Luftmassen erwärmen sich und binden von den Wolken wieder mehr unsichtbare Feuchtigkeit.

Durch die unterschiedliche Erwärmung der Erde in verschiedenen Regionen und die damit verbundenen Luftdruckschwankungen werden die Windsysteme auf der Erde in Gang gesetzt. Als Folge davon bilden sich Hoch- und Tiefdruckgebiete, wobei für uns in Mitteleuropa insbesondere das Azorenhoch, das Festlandhoch sowie die atlantischen Tiefdruckgebiete wetterbestimmend sind.

Hoch- und Tiefdruckgebiete

Hoch- und Tiefdruckgebiete zeichnen sich durch folgende Charakteristika aus:

Tiefdruckgebiet
aufsteigende Luft
⇨ *tiefer Luftdruck*
⇨ *Abkühlung*
⇨ *Kondensation*
⇨ *Wolkenbildung*
  (Folge: schlechtes Wetter)
Hochdruckgebiet
absinkende Luft
⇨ *hoher Luftdruck*
⇨ *Erwärmung*
⇨ *Wolkenauflösung*
  (Folge: schönes Wetter)

Als Hochdruckgebiet wird eine Luftmasse bezeichnet, in der ein hoher Druck im Vergleich zu benachbarten Luftmassen herrscht. Die Luftströmung innerhalb eines Hochdruckgebiets ist nach unten gerichtet, in den unteren Schichten fließt die Luft dann nach außen ab und erhält auf der Nordhalbkugel infolge der ablenkenden Kraft der Erdrotation eine Ablenkung im Uhrzeigersinn. Als Folge dieses Auseinanderströmens der Luft aus dem Kern des Hochdruckgebiets sinken weitere Luftmassen aus der Höhe ab, wobei sich Wolken auflösen – es kommt zu heiterem und trockenem Wetter.

Im Sommer ist es tagsüber in einem Hochdruckgebiet meist wolkenlos, es bilden sich allenfalls Kumuluswolken, die sich gegen Abend wieder auflösen.

Tiefdruckgebiete mit ihrem niedrigeren Luftdruck, mit Wolken und Niederschlägen werden auf unserer Nordhalbkugel im entgegengesetzten Uhrzeigersinn umweht und sind zeitlich im ständigen Gegenspiel zu den im Uhrzeigersinn umwehten Hochdruckgebieten (in den Beschreibungen der Monate und beim Wind wird noch einmal darauf eingegangen).

Ein Hoch kann die Größe eines ganzen Kontinents umfassen und über Wochen an Ort und Stelle das Wetter bestimmen. Man sagt:

Je länger das Wetter ein bestimmtes Gepräge hat, umso größer ist die Wahrscheinlichkeit, dass sich ebendieses Gepräge noch erhält.

Ein Hochdruckgebiet ist in unseren Köpfen schlichtweg mit gutem Wetter verknüpft. Keine stärkeren Luftbewegungen, kaum Wolken oder Regen – Wetter wie wir es uns wünschen. Alles andere empfinden wir als störend. »Gut« und »schlecht« gehören in der Wetterküche jedoch zusammen, ja unterstützen und verstärken sich sogar.

Auswirkungen eines beständigen Hochs

Im Sommer	Im Winter
Kurze nächtliche Ausstrahlung und tagsüber lange Sonneneinstrahlung bewirken eine stetige Erwärmung mit aufsteigenden Warmluftmassen, die letztendlich eine Gewitterneigung aufkommen lassen mit anschließender Rückkehr des Erstzustandes. Dies führt zu einem Dauerzustand mit einem unbeständigen, labilen Gleichgewicht. Andauernde Hitzeperioden sind somit eher die Ausnahme.	Lange nächtliche Ausstrahlung und tagsüber nur kurze Sonneneinstrahlung bewirken eine stetige Abkühlung, die ein anhalten des Gleichgewichts schafft, mit guter Aussicht auf ein Fortbestehen dieses Zustandes.

Was beeinflusst unser Wetter?

Wetterfronten

Die nachfolgenden Beispiele einer klassischen Warm- und Kaltfront sollen verdeutlichen, wie das Aufziehen von verschiedenen Bewölkungen Hinweise auf die zu erwartende Witterung gibt. Die Warm- und Kaltfronten sind extreme Vertreter der Wetterfronten, von denen es natürlich viele Übergangs- und Mischformen gibt. Alle Wetterfronten sind Ausläufer von über die Erde ziehenden Tiefdruckgebieten.

Die Warmfront

Strömen warme, spezifisch leichtere Luftmassen ein, spricht man von einer Warmfront. Diese hat das Bestreben, sich keilförmig über die kühleren, spezifisch schwereren Luftschichten in die Höhe zu schieben (aufzugleiten). Zunächst treffen die warmen Luftmassen daher auf die kühlen Luftschichten in der Höhe.

Warmfront: 12–36 Std. vorher hohe Wolken, die sich im Verlauf immer mehr verdichten und sinken, bis Land- oder Nieselregen folgt. Temperatur steigt ständig an, Barometer fällt. Nachher wenig Wolken, dunstig und warm.

Der Sättigungspunkt der Luft ist schnell überschritten und es bilden sich Eiswolken oder Cirren, der Beginn des Wolkenaufzugs. Zu diesem Zeitpunkt spürt der Beobachter auf dem Boden noch nichts von der warmen Luft, die auf ihn zukommt. In der Regel dauert es jetzt noch 12 bis 36 Stunden, bis sich aus den deutlich dahinziehenden Cirren dichte Bewölkung mit Niederschlägen gebildet hat. In dieser Zeit verdichten sich die Cirren zu einem Schleier. Das Blau des Himmels verblasst, die Sonneneinstrahlung geht zurück, Halos (Lichtbeugungskränze) werden um die Sonne sichtbar, ein so genannter Cirrostratus hat sich gebildet.

Die Eiswolkenschicht, also der Niederschlag, sinkt weiter und wird immer dichter. Die sinkenden Eiskristalle fallen in trockenere Schichten und verdunsten (sind als so genannte Fallstreifen zu beobachten). Der Beobachter sieht, wie der Schleier allmählich in Grau übergeht. Eine Altostratus-Wolke ist entstanden, welche die Sonne nur noch als Lichtfleck erkennen lässt. Fällt der Niederschlag von dort oben so weit herunter, dass er nicht mehr verdunstet, sondern dem Betrachter des Wettergeschehens schon als gleichmäßig feiner Regen auf den Kopf fällt, dann hat sich ein Nimbostratus gebildet. Zu dem Zeitpunkt ist es eine mächtige, mehrere Kilometer dicke Wolkenschicht. Die bodennahe Luft ist aber immer noch Kaltluft.

Erst wenn die Wolken immer mehr absinken und scheinbare Wolkenfetzen die hohen Bäume zu erreichen scheinen, zieht auch am Boden die Warmfront durch. Folge: der Luftdruck fällt, die Temperatur steigt, die Sicht ist schlecht, der Wind wird lebhafter und dreht von Südost bis Süd auf Südwest bis West. Im Sommer kann der Warmfrontregen (im Sommer sind Warmfronten jedoch selten) mit Gewittern begleitet sein. Nach dem Warmfrontdurchzug lässt der Regen immer mehr nach, die Wolkenschicht bricht auf und es zeigen sich größer werdende blaue Lücken. Letzte Wolkenballen ziehen in der Wetterberuhigungsphase dahin, der Wetterumschwung ist vollbracht.

Die Kaltfront

Geben sich Wolken, Regen und Sonne im fliegenden Wechsel die Hand, ist die Ursache dafür in der Regel eine

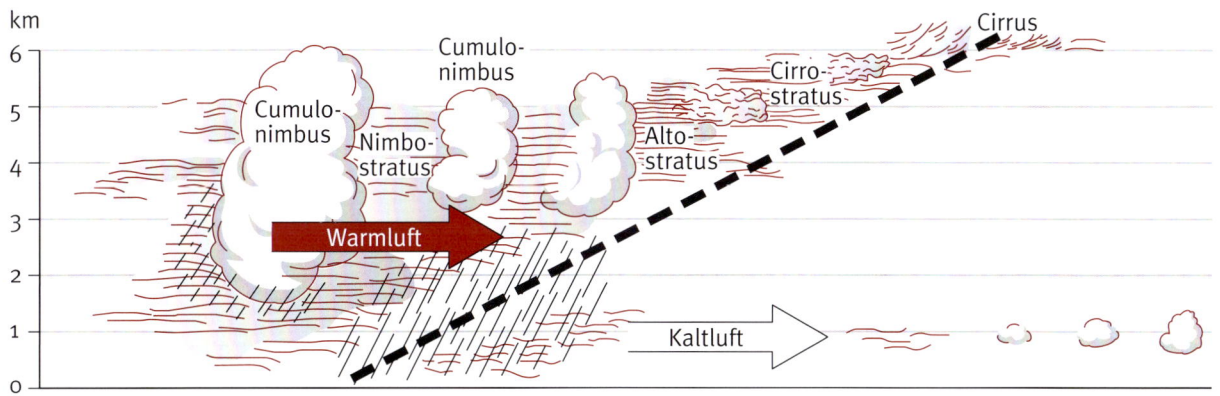

Einführung

Kaltfront. Kaltluftmassen, die auf Warmluftmassen treffen, sind im Witterungsverlauf gewissermaßen die Umkehr der Warmfrontvorgänge. Die ankommende, physikalisch schwerere Kaltluft hat die Tendenz, sich auf dem Boden auszubreiten. Der Luftdruck fällt zunächst vor der sich nähernden Kaltfront. Die kalte Luft strömt wegen des größeren Luftdruckgefälles schneller und versucht unter die Warmluft zu kommen, was aber wegen der Reibung und der nach oben hin zunehmenden Windgeschwindigkeiten nur selten gelingt. In mittleren Höhen vermischen sich bereits die beiden Luftmassen. Der Beobachter sieht im Grenzbereich der vordringenden Kaltluft die charakteristischen Cumulus-Wolken, die sich vor der eigentlichen Kaltfront zu mächtigen Gewitterwolken (Cumulonimbus) auswachsen können. Man sieht eine oft bedrohlich aussehende Wolkenansammlung aus West bis Nordwest auf sich zukommen.
In diesem Moment hat man noch ca. $1/2$–2 Stunden Zeit, den Regenschirm aus der Ecke zu holen.
Bei einer kompakt ankommenden Kaltfront können Wolkenbildung, Regen, Graupel, Hagel und gewittrige Entladungen zeitlich und örtlich so eng zusammenliegen, dass man einen Kaltlufteinbruch im Sommer als ein eindrucksvolles Naturereignis erleben kann. Der Beobachter kann bei einer aufkommenden Kaltfront an den Bodenwetterelementen den Verlauf gut ablesen. In der Front misst man einen sprunghaften Anstieg des Luftdrucks, die so genannte Front- oder Gewitternase, die Temperatur fällt rasch, der frische Wind wird böig und springt um. Unmittelbar nach dem Durchzug einer Kaltfront ist es allerdings oft für einige Stunden wolkenlos.
Der Unterschied zwischen einer Warmfront mit einem vorauseilenden großflächigen Störbereich und einer Kaltfront ist die kurzzeitige, vertikal betonte Luftumlagerung der Kaltfront.

Kaltfront: 1–1,5 Std. vorher hohe Schleierwolken, aber auch Quellwolken. Temperatur sinkt, Barometer fällt. Dann rasch durchziehende dicke Wolken mit ergiebigem Niederschlag, auch Gewitter. Barometer steigt wieder, klarer Himmel, immer wieder Schauer, kälter.

Wissenswertes über Wetterfronten

● Wolken, Regen und Sonne reichen sich in der Regel im fliegenden Wechsel die Hand. Zieht die Kaltfront schnell und problemlos vorbei, folgt bald wieder Sonnenschein. Kommen die Luftmassen hinter ihr nur langsam voran, bilden sich Niederschlag bringende Wolkentürme.

● Kaltfronten sind immer schneller als Warmfronten und holen die Warmfront in einem Tief allmählich ein (und es bildet sich eine Okklusion).

● Eine Front ist umso aktiver, je größer die Temperaturunterschiede zwischen den beteiligten Luftmassen sind.

● Je mehr Isobaren (sie verbinden Orte gleichen Luftdrucks) eine Front durchschneiden, umso schneller bewegt sie sich. Ebenfalls bewegt sich eine Front umso schneller, je schneller der Luftdruckanstieg an ihrer Rückseite (Kaltfront) oder der Luftdruckabfall an ihrer Vorderseite (Warmfront) ist.

● Liegt eine Front parallel zu den Isobaren, so ist sie meist stationär oder zieht nur sehr langsam.

● Nähert sich eine Front einem stationären Hoch, so verlangsamt sich ihre Bewegung.

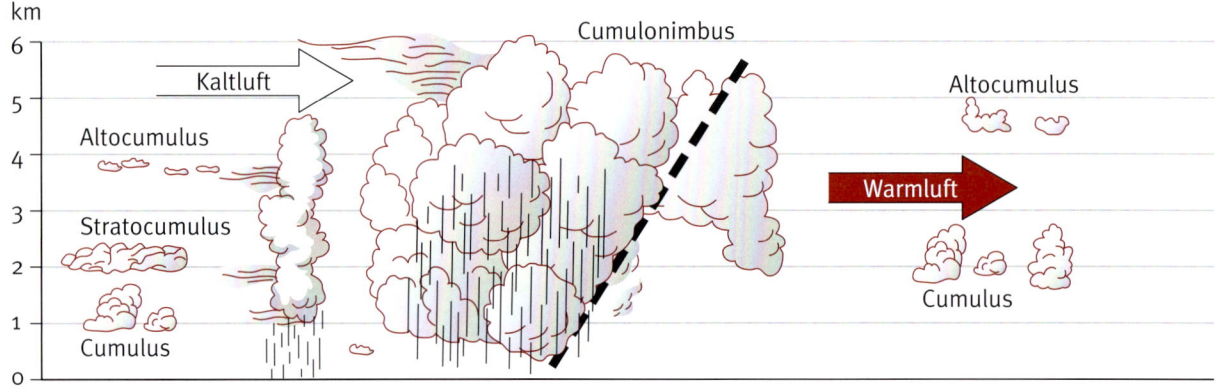

Was beeinflusst unser Wetter?

Kräftige Schauerwolken bedeuten oft einen Wetterwechsel.

- Fronten lösen sich in Hochdruckgebieten oder Gebieten mit unregelmäßig gekrümmten Isobaren auf.
- Zieht ein Kaltfront problemlos vorbei, kann man schon bald wieder auf Sonnenschein hoffen.
- Warmfronten sind im Sommer selten, da die Wassertemperaturen des Atlantiks tiefer als die Lufttemperaturen sind. Die meisten Tiefausläufer sind Kaltfronten. Im Winter ist das umgekehrt.
- Wenn sich die Luftmassen hinter einer Kaltfront erwärmen, bilden sich riesige Wolkentürme, die ergiebige Niederschläge bringen können.
- Kaltfronten, die langsam dahinziehen, werden von einem breiten Regengebiet hinter der Front begleitet.
- Kaltfronten, die es eiliger haben, besitzen kein geschlossenes Regengebiet. Diesem Fronttyp voraus gehen schon heftig böige Schauer.

> *Wir brauchen nicht auf die Wetterkarte zu schauen, um zu Wissen, wo sich die Hoch- und Tiefdruckgebiete um uns herum befinden. Am Erdboden weht der Wind so, dass der hohe Luftdruck auf der Nordhalbkugel rechts hinter, der tiefere Luftdruck links vor dem Beobachter liegt, wenn dieser mit dem Rücken zum Wind steht.*

Typische Wetterlagen

Ein ruhiges, recht einförmiges Hochdruckwetter (Antizyklon) kann an und für sich als das Normalwetter angesehen werden, zumal die Hochdruckgebiete eine ausgesprochene Erhaltungstendenz über ein und demselben Gebiet haben. Dieser typische Witterungscharakter wird gestört durch die Tiefdruckgebiete (Zyklon), welche Witterungsumschläge nach sich ziehen.

An dieser Stelle möchte ich auf 5 typische Wetterlagen unserer Breiten eingehen, an denen man anhand der aktuellen Wetterkarte oder Wettermeldung erkennen kann, welche Witterung mit der dazugehörigen Erhaltungsneigung zu erwarten ist. Die Wettertypen differenzieren sich in erster Linie durch die Lage der nur langsam veränderlichen Hochdruckgebiete.

Die Dauer der Wettertypen ist großen Schwankungen unterworfen. Manchmal hält eine Wetterlage mehrere Wochen, gelegentlich nur einen Tag. Um eine Änderung der Wetterlage zu erkennen, bedarf es unserer Wetterbeobachtung und des Wissens, alle Anzeichen zu deuten.

Die typischen Wetterlagen Mitteleuropas

Wetterlage	Witterungscharakter	Durchschnittliche Erhaltungsneigung in Tagen
Typ 1 – Westlage Hochdruckgebiet über Westeuropa, z. B. Westfrankreich, den Britischen Inseln und deren Nachbarschaft, sowie ein Tiefdruckgebiet in Osteuropa	Bringt nördliche und nordwestliche feucht-kalte Winde. Im Sommer und Herbst starke Niederschläge sowie kühle Witterung bei schnellen und außerordentlichen Temperaturwechseln. Im Winter Kälte und im Allgemeinen reiche Schneefälle. Im Frühjahr Ursache für das launische Aprilwetter und den Kälterückfall im Mai. Die Kälterückfälle sind besonders ausgeprägt, wenn das Hochdruckgebiet nordwestlich der Britischen Inseln, das Tiefdruckgebiet über Ungarn liegt und dieser Wettertyp länger anhält. Besondere Sommerhäufigkeit (insbesondere Mai, Juni). Dieser Wettertyp wird im Winter und Frühjahr häufig durch Typ 5 abgelöst, im Sommer und Herbst durch Typ 2, seltener Typ 5.	Winter: 2,5 Frühling: 3,0 Sommer: 3,5 Herbst: 3,5

Einführung

Die typischen Wetterlagen Mitteleuropas

Wetterlage	Witterungscharakter	Durchschnittliche Erhaltungsneigung in Tagen
Typ 2 – Mittellage Hochdruckgebiet über Mitteleuropa, besonders Deutschland; Tiefdruckgebiet in größerer Entfernung	Bringt schwache und veränderliche Winde (Strahlungswetter) sowie teils heitere, teils nebelige, insgesamt aber trockene Witterung. Im Sommer bis etwa Oktober sonnig, warm und trocken – sogar Dürre möglich. Der Altweibersommer (September/Oktober) gehört meist zu diesem Wettertyp. Im Herbst und Winter oft Nebel und bei geschlossener Schneedecke strenge Kälte. Im späten Frühjahr und Herbst ist in klaren Nächten Nachtfrost und Reif zu erwarten, besonders, wenn in Typ 1 oder 2 übergehend. Dieser Typ ist am häufigsten im Sommer und Frühherbst, seltener im Frühjahr und Winter. Oft folgt Typ 4, im Sommer Typ 5. Lässt häufig Tiefdruckgebiete eindringen.	Winter: 2,0 Frühling: 1,5 Sommer: 2,0 Herbst: 2,0
Typ 3 – Nordlage Hochdruckgebiet über Nord- und Nordwesteuropa; Tiefdruckgebiet über Südeuropa, z. B. dem Mittelmeer, also weiter entfernt	Bringt vorwiegend schwache, veränderliche (umspringende) östliche Winde, die im Winter strenge Kälte ohne nennenswerte Niederschläge nach sich ziehen. Im Sommer warme bis heiße, trockene Festlandswinde. In der Zeit von Mai bis September kann dieser Typ bedeutende Niederschläge bringen. Der Nordtyp entwickelt sich häufig an der Rückseite eines ostwärts ziehendem Tiefs und ist am häufigsten im Winter sowie Frühjahr, seltener im Sommer. Er geht oft in Typ 4 über, nur im Sommer in Typ 5. Lässt häufig Tiefdruckgebiete einströmen.	Winter: 4,0 Frühling: 4,0 Sommer: 2,5 Herbst: 3,0
Typ 4 – Ostlage Hochdruckgebiet über Osteuropa; Tiefdruckgebiet im Westen	Bringt lebhafte östliche und südliche, allgemein trocken-warme Landwinde, die jedoch kalt sind, wenn es mal über Südeuropa kalt ist. In den Sommermonaten bei windschwachem Wetter und hoher Temperatur wolkenlos. In der Nähe zum Tiefdruckgebiet zunehmende Bewölkung. Im Hochsommer nimmt die Bewölkung und damit die Gewitterneigung (somit gesteigerte Regenwahrscheinlichkeit) umso mehr zu, je weiter das Geschehen im Westen stattfindet. Der Osttyp ist am häufigsten von Oktober bis Februar, also ein ausgesprochener Wintertyp.. Geht meist in Typ 5 über, nur im April in Typ 1; meist auch ein beherrschendes Tiefdruckgebiet unserer Breiten.	Winter: 3,0 Frühling: 2,0 Sommer: 1,5 Herbst: 2,5
Typ 5 – Südlage Hochdruckgebiet in Südeuropa (südlich der Alpen); Tiefdruckgebiete im Norden	Bringt in den Wintermonaten Erwärmung, oft einhergehend mit stürmischen westlichen Winden. Im Winter feucht-warm, im Sommer nass-kühl. Insgesamt höchste Niederschlagswahrscheinlichkeit, Gewitter sind jedoch selten. Liegt das Hochdruckgebiet über Frankreich, ist die Witterung wechselhaft und drohend. Föhn stellt sich ein, wenn jenseits der Alpen der Luftdruck hoch und in Nordeuropa sehr niedrig ist. Zum Ende des Winters ist der Südtyp in Süd- und Mitteldeutschland die Ursache einer schnellen Schneeschmelze, einhergehend mit größeren Überschwemmungen. Der Südtyp ist am häufigsten im Winter und Sommer. Nach ihm folgt oft Wettertyp 1; Typ 2 folgt besonders im Sommer und im September.	Winter: 3,5 Frühling: 2,5 Sommer: 3,0 Herbst: 3,0

Was jeder beobachten kann

Wetter ist immer da. Sei es gelobt als schönes Wetter oder beschimpft als »Sauwetter«, wir müssen damit auskommen. Trotzdem möchte jeder gerne wissen, wie das Wetter morgen wird. Wir haben leider weitestgehend die Fähigkeit unserer bäuerlichen Vorfahren verloren, das Wetter richtig zu deuten, doch soll Ihnen auch dieses Kapitel dazu dienen, einen Teil dieser Fähigkeiten wiederzuerlangen, wenigstens so weit, dass Sie das lokale Wetter für die nächsten 12–24 Stunden deuten können.

Wolken – Wetterzeichen am Himmel

Gewöhnen Sie sich einfach an, wieder bewusster in den Himmel zu schauen. Lernen Sie wieder Wolken zu deuten und richtig zu erkennen, denn sie sind die besten Wetterfrösche. Diese im Zeitalter der Wettersatelliten oft unterschätzte Methode der Vorhersage kann von hohem Nutzen sein. Zum Beispiel erhält man von den Wetterzeichen die für die Gartenarbeit wichtigen regionalen Wetterprognosen, die in den großräumigen Wetterberichten der Medien natürlich nicht berücksichtigt werden können. Die lokalen Beobachtungen sind umso genauer, je mehr man auch die Natur mit ihren jahreszeitlichen Tier- und Pflanzenphänomenen beobachtet, worauf ich noch zu sprechen komme. Man bedenke aber bei der lokalen Wetterbeobachtung, wie es unsere Vorfahren taten:

Glaube nicht, wenn's regnet vor deinem Stall, es regnet überall.
Es regnen nicht alle Wolken, die am Himmel stehen.
Wer auf jede Wolke Acht hat, versteht sich wohl aufs Wetter.

An einem heißen Sommertag lässt sich der Vorgang der Wolkenbildung gut beobachten. Im Laufe des Vormittags erwärmt sich die Luft immer mehr, Wasser verdunstet, die Luft dehnt sich aus, wird leichter als die oberen kalten und deshalb dichteren Luftmassen und wird deshalb zum Aufsteigen gezwungen. Wir erkennen das ganz deutlich am »Flimmern« der Luft. Bis zur Mittagszeit haben sich die ersten Schönwetterwolken gebildet. Verlieren solche Wolken ihre scharfen, rundlichen Umrisse und bekommen verschwommene Ränder, deutet dies auf das Erlahmen des Auftriebs – die Wolken »trocknen ab«.

An anderer Stelle müssen, quasi als Ersatz für die vom Boden aufsteigende Luft, aus den höheren Lagen kalte Luftmassen absinken. Bei diesen absinkenden Luftmassen spielt sich der entgegengesetzte Vorgang ab. Beim Absinken der Kaltluftmassen nimmt der Luftdruck am Erdboden zu, die Luft verdichtet sich, wobei sie sich erwärmt. Die absteigenden Luftmassen entfernen sich immer mehr von ihrem Taupunkt, werden also trockener und lassen vorhandene Wolken sich auflösen. Wolken sind also keine fest gefügten Gebilde, sondern unterliegen einem ständigen Werden und Vergehen.

Alle wässrigen Erscheinungsformen wie Tau, Dunst, Nebel, bis hin zu den Wolken sind stets mit Abkühlung der Luft über den Sättigungspunkt hinaus verbunden. Mit anderen Worten: Wasserausscheidungen jedweder Art sind erst dann möglich, wenn die Luft den höchstmöglichen Wasserdampfgehalt besitzt und dann noch kälter wird.

Innerhalb der »Wolkenschicht« bewegen sich die Wolken im Allgemei-

Was jeder beobachten kann

nen horizontal, allerdings auch in verschiedenen Luftschichten. Nur bei starken Auf- oder Abwinden (Aufgleiten, Abgleiten) sowie in Gewittern, die sich unter gegebenen Umständen schnell bilden können, bewegen sich die Wolken vertikal. Aus ihnen können sich mächtige schauerartige Niederschläge ergeben, sogar Wirbelstürme. Gewitterwolken (Cumulonimbus) können eine Mächtigkeit von 7–8 km erreichen und mehr als eine halbe Million Tonnen Wasser halten.

Die unterschiedlichen Wolkenarten, die wir am Himmel beobachten können, sind in ihrer Form sehr wechselhaft, mit vielen Übergängen. Sie können grob in Eis- und Wasserwolken unterteilt werden. Die hohen Wolken, z. B. die Cirren, sind zu jeder Jahreszeit immer Eiswolken, im Gegensatz zu den niedrigen Wolken. Sie sind fast immer Wasserwolken, die im Sommer jedoch auch noch in 4000–5000 m Höhe vorkommen können.

Die Wolkengattungen

Das Wettergeschehen spiegelt sich in typischen Wolkenformen, die hinsichtlich ihrer Entstehung und ihrer inneren Beschaffenheit unterschieden werden können. Der Engländer Luke Howard ordnete den Wolken erstmals Namen zu und schuf Ordnung in das Wolkenwirrwarr (1803). Er unterteilte die Wolkenarten in Cirrus-, Cumulus- und Stratus-Wolken. Die WMO (World Meteorological Organisation) hat 10 Wolkengattungen benannt, die im Folgenden vorgestellt werden. Um gute Erfolge bei der Beobachtung und Deutung der Wettersituation erzielen zu können, sollten wir uns die am häufigsten vorkommenden Wolken gut einprägen (s. auch S. 18-21). Leider kommt erschwerend hinzu, dass diese 10 Wolkengattungen variieren oder durch Übergänge verbunden sein können.

Hohe Wolken

Cirrus (Ci); Federwolke
Höhe: 5000–13 700 m;
Temperatur: –20 bis –60 °C
Die Federwolke ist eine Eiswolke in Form von weißen feinen Fasern oder Bändern. Nur in großen, extrem kalten Höhen gibt sie sich die Ehre. Sie hat ein federartiges, haarähnliches, schleierartiges, bauschiges, vom Wind zerzaustes Aussehen mit meist seidigem Glanz. Die Eiskristalle verwandeln sich nur sehr langsam wieder in Wasserdampf. Sie können vom Höhenwind weit transportiert werden. Ganz beiläufig bieten sie dem interessierten Beobachter aber auch ein farbenprächtiges Schauspiel. Je nachdem wie hoch die Sonne am Himmel steht, erscheinen die sanften Wölkchen in den Farben Rosa, Gelb, Orange oder auch Rot.

Cirrus-Wolken können die Sonne nicht verdecken und bringen an dem Tag der Sichtung keinen Niederschlag. Kommen sie aus östlicher Richtung und lösen sich auf, bedeutet dies eine Kräftigung der Hochdrucklage, also stabiles Wetter. Stehen sie still am Himmel und sind einzeln oder verstreut zu sehen, bleibt es schön. Verdichten sich die Cirren, so wird eine Wetteränderung in den nächsten 1–2 Tagen eintreten (oft aus südwestlicher Richtung). In diesem Fall gelten die Cirren als Vorboten nachfolgender Schichtbewölkung. Bei fallendem Luftdruck sind sie nämlich oft Anzeichen für ein abziehendes Hoch. Stehen Cirrusfelder spazierstockartig am Himmel, folgen Schauer oder Gewitter in 4–12 Stunden. So genannte Polarbanden (Anordnung von Cirrus-Wolken zu langen parallelen Bändern) lassen Sturm erwarten.

Cirrostratus (Cs); Schleierwolke
Höhe: 5000–13 700 m;
Temperatur: –20 bis –60 °C
Der Cirrostratus ist ein durchscheinender, milchig weißlicher Eiswolkenschleier mit einem glatten oder faserigen Aussehen. Er kann den Himmel teilweise oder ganz ver-

(Fortsetzung auf S. 25)

Morgenrot – Abendrot

Wenn Sie den Dämmerungshimmel anschauen, können Sie mit prognostischer Sicherheit bis zu 1000 km in die Wetter-Zukunft blicken: Ist die Dämmerung mit Wolken zu sehen, und die Verfärbung des Horizontes spielt ins Gelbliche bis Weißliche, wird sich das gute Wetter nicht mehr lange halten. Die zuverlässigste Schönwetterprognose ist ein verfärbungsfreies Abendrot bei wolkenlosem Himmel. Hier sehen Sie zwei typische Bilder, die alle beide gleich romantisch sind, jedoch lassen beide unterschiedliches Wetter erwarten. Das obere Bild steht beispielhaft für »gutes«, das untere für »schlechtes« Wetter.

▲ **Cirrus (Ci),** die Federwolke. Merkmale: hohe Wolke aus Eis, weiße faserige Wolkenschleier. Wetter: meist kein Niederschlag; stehen Federwolken still am Himmel, sind einzeln oder verstreut, bleibt es schön; verdichten sie sich oder haben die Form eines Spazierstocks, Wetteränderung in den nächsten 1–2 Tagen (siehe auch S. 23 oben rechts).

▼ **Cirrostratus (Cs),** die Schleierwolke. Merkmale: hohe Eiswolke, weißlicher Wolkenschleier. Wetter: meist kein Niederschlag; geht der Cirrostratus über Altostratus zu Nimbostratus über, folgt bald Niederschlag (meist Vorläufer einer Warmfront); fällt der Luftdruck schnell, Regen in 12–18 Stunden, wenn langsam, Regen in 36–48 Stunden.

▲ **Cirrocumulus (Cc),** die feine Schäfchenwolke. Merkmale: hohe Wolke aus Eis, weiße Wolkenbällchen. Wetter: am Tag der Sichtung kein Niederschlag; kündet aber in den nächsten 18–36 Stunden einen Wetterwechsel an. Eine rasche Ausbildung der Cirrocumulus-Bewölkung bei Südwest- bis Westwinden ist ein sicherer Gewittervorbote.

Die 10 Hauptwolkenarten

▲ **Altocumulus (Ac),** die große Schäfchenwolke. Merkmale: mittelhohe Wolke aus Wasser oder Eis; weiß-graue Wolken in Form von Kugeln oder Walzen. Wetter: Hinweis auf Instabilität der höheren Luftschichten, Föhn, Gewitterneigung; je weißer die Wolken, desto länger schön.

▶ **Altostratus (As),** die mittlere Schichtwolke. Merkmale: mittelhohe Wolke aus Eis und Wasser, graues Wolkenfeld bzw. Wolkenschicht. Wetter: Wenn der graue Wolkenschleier zunehmend dichter wird, folgt andauernder leichter oder mäßiger Niederschlag, der typische Landregen. Die Altostratus-Bewölkung folgt beim Warmfrontaufzug dem Cirrostratus.

▲ **Nimbostratus (Ns),** die Regenschichtwolke. Merkmale: mittelhohe Wolke aus Wasser oder Eis; graue, dichte, von Niederschlägen begleitete Wolkenschicht. Wetter: bringt länger anhaltenden großflächigen Landregen (Dauerregen vor Warmfront); im Winter auch im Tiefland häufig lang anhaltende Schneefälle. Bricht die Wolkendecke auf, baldige Verbesserung des Wetters.

▶ **Stratus (St),** die niedere Schichtwolke. Merkmale: sehr niedere Wolke aus Wasser; kann Direktkontakt mit der Erde haben; durchgehend graue Wolkenschicht (Nebel). Wetter: entlässt im Sommer Sprühregen, im Herbst meist niederschlagsfrei; im Winter feiner Schnee oder anhaltend kaltes Wetter, insbesondere wenn abends zuvor Nebel. Trotz bedrohlichem Aussehens keine größeren Niederschlagsmengen; insgesamt ruhige Wetterlage.

▲ **Stratocumulus (Sc),** die Walzenwolke. Merkmale: niedere dünne Wolke aus Wasser; graue bis weiße Schollen, Ballen oder Walzen. Wetter: trotz ihres bedrohlichen Aussehens meist kein Niederschlag.

▼ **Cumulus (Cu),** die Haufenwolke. Merkmale: niedere Wolke aus Wasser; sommertypische, blumenkohlartige, verstreute Quellwolken. Wetter: wenn keine nach oben wachsende Tendenz oder Verkleinerung im Tagesverlauf, bleibt es niederschlagsfrei.

▲ **Cumulonimbus (Cb),** die Gewitterwolke. Merkmale: niedere, große Wolke aus Wasser und Eis; dichte Wolke in Form eines Berges oder mächtigen Ambosses (blumenkohlförmig). Wetter: Schauerniederschlag und Gewitter mit Blitz, Donner und z.T. kräftigen Gewitterböen. Nimmt die Wolke ein unwirklich fahles, gelblichgrünes Leuchten im Inneren an, ist immer Hagelfall vorauszusehen. Solange die Gewitterwolke noch scharf berandete Quellungen hat, wächst sie weiter. Beginnt sie oben zu vereisen und die Konturen werden unscharf und verwischen, ist schon in kurzer Zeit mit Niederschlägen zu rechnen.

Wetterzeichen

▼ ▶ **Schönes Wetter:** Das untere sommerliche Bild zeigt blauen Himmel bei sich auflösender Bewölkung. Die Hochdrucklage verstärkt sich. Meist wird der nächste Tag auch schön. Auch eine Schönwetterlage wie sie das Winterbild zeigt, ist im Allgemeinen stabil. Meist fließt aus östlichen Richtungen trocken-kalte kontinentale Arktikluft herein, die neben klirrender Kälte auch für hervorragende Sichtverhältnisse sorgt.

▼ **Abendrot bei Wetteränderung:** Solche farbenprächtigen Sonnenuntergänge sind bei reichlich vorhandener Luftfeuchte in der Atmosphäre zu beobachten. Die Wasserdampfmoleküle brechen bevorzugt das rote Licht, Zeichen einer Wetterveränderung. Im Sommer, wenn der Sonnenuntergang so schön rot leuchtet wie auf dem Foto, ist ein nächtliches Gewitter ziemlich wahrscheinlich.

▲ **Gewitter:** Hier türmen sich die Wolkenberge aufeinander, wachsen blumenkohlartig nach oben. Es entsteht eine örtliche Gewitterzelle. Turmhohe Riesenwolken sind immer ein deutliches Warnsignal für Regen, besonders bei hoher Luftfeuchtigkeit (Schwüle).

▲ **Wetteränderung:** Diese Cirrus-Bewölkung bei vorwiegend blauem Himmel lässt nicht Böses erahnen, doch weit gefehlt. Stehen solche Cirrus-Felder spazierstockartig am Himmel, folgen Schauer oder Gewitter in schon 4–12 Stunden. Ein fallender Luftdruck ist dafür ein zusätzliches Indiz.

▲ **Baldige Wetteränderung:** Diese Ansammlung von Wolkentypen ist häufig ein Hinweis auf Instabilitäten der Luftschichtung in verschiedenen Höhen und damit auf eine baldige Schauerwetterlage. Bei hoch reichenden Quellwolken sind auch Gewitter möglich.

Licht-erscheinungen

▼ Ein Regenbogen, meist in östlicher Richtung nach Regen- oder Gewitterschauern am Nachmittag, kann auf ein abziehendes Regengebiet deuten. Im Bild ist deutlich die auffällige Aufhellung innerhalb des Regenbogens sowie ein schwächerer Nebenbogen zu sehen.

▲ **Sonnenring:** Eine milchige Sonne mit hellem »Heiligenschein« ist eine so genannte Haloerscheinung. Sonne als auch Mond können sich gleichermaßen mit bunten Ringen verschönern und werden so zu einem herrlichen Naturschauspiel. Die Geburtsstätte dieser Erscheinungen ist der Cirrostratus. Die Schönheit hat jedoch deutliche Nebenwirkungen: Sie ist immer Vorläufer einer Warmfront oder eines Wetterwechsels mit Niederschlag in den nächsten 24–48 Stunden.

▼ **Mondhof:** Ein Mondhof oder Mondring entsteht durch die Brechung der Lichtstrahlen in hohen Luftschichten (siehe auch Sonnenring), die dort auf Eiskristalle treffen. Er kündigt fast immer nahendes Regenwetter in den nächsten 1–2 Tagen an.

Wolken – Wetterzeichen am Himmel

decken. Häufig sehen wir im Cirrostratus Haloerscheinungen. Sonne und Mond werden dann mit weißen und bunten Ringen verschönert, ein herrliches Naturschauspiel am Himmel. Aus dem Cirrostratus fällt meist kein Niederschlag. Geht er jedoch allmählich über Altostratus zu Nimbostratus über, folgt bald Niederschlag. Er kündigt jedenfalls in den nächsten 24 Stunden fallenden Luftdruck an. Fällt der Druck schnell, folgt in den nächsten 12–18 Stunden Regen. Fällt der Luftdruck langsam, kommt der Regen erst in den nächsten 36–48 Stunden.

Cirrocumulus (Cc); feine Schäfchenwolke
Höhe: 5000–13 700 m;
Temperatur: –20 bis –60 °C
Der Cirrocumulus ist eine dünne Eiswolkenschicht, welche sich entweder gleichmäßig über weite Teile des Himmels verteilt oder sich aus kleinen weißen Flecken in Streifen oder Gruppen zusammensetzt, ähnlich einem Spitzenmuster (feine Schäfchenwolken). Manchmal ordnen sich die weißen Wölkchen auch mal wie ein Wellensystem an oder ähneln einer Bienenwabe. Diese Wolkenform hat keine oder nur ganz schwache Schatten an den Rändern.
Die feine Schäfchenwolke kann die Sonne noch nicht verdecken. Am Tag der Sichtung ist kein Niederschlag zu erwarten. Der Cirrocumulus kündet aber in den nächsten 18–36 Stunden einen Wetterwechsel an.

Mittelhohe Wolken

Altocumulus (Ac); große Schäfchenwolke
Höhe: 2000–7000 m;
Temperatur: 0 bis –30 °C
Der Altocumulus ist eine ballen- oder walzenförmige, weiße oder graue Mischwolke aus Wasser und Eis. Im Volksmund große Schäfchenwolke genannt, die Wolken fallen vor allem durch eine regelmäßige Anordnung auf. Bei gruppen- oder reihenförmiger Anordnung sind sie häufig so dicht aneinander gedrängt, dass sich ihre Ränder berühren. Der Altocumulus ist mit einem Schwimmbecken vergleichbar: Die Wolkenreihen liegen Bahn für Bahn nebeneinander, die durch eine wolkenlose Bahn voneinander getrennt werden. Dieser Wolkentyp kann aber auch andere Gesichter haben. Manchmal zeigt er sich in Form von linsen- oder mandelförmiger Bänken, vielen kleinen Büschen, oder er verwandelt sich in lauter kleine Türme. Mal erlaubt die Altocumulus-Bewölkung freie Sicht auf den blauen Himmel, mal verschließt sie ihn völlig. Meistens jedoch verhüllt der Altocumulus die Sonne nur teilweise.
Je weißer die Wolken aussehen, desto länger hält die schöne Witterung. Werden sie aber dunkler und dichter, kann leichter bis ergiebiger Niederschlag folgen. Schieben sich noch Cumulus-Wolken darunter, sind Schauer zu erwarten. Wenn der Altocumulus bei warmem Wetter schon am Vormittag türmchenartig nach oben wächst, ist er ein sicherer Gewittervorbote. Diese Schäfchenwolken sind immer gut für farbige Lichtspiele am Himmel: farbenprächtige Kränze und irisierende Wolken.

Altostratus (As); mittlere Schichtwolke
Höhe: 2000–7000 m
Temperatur: 0 bis –30 °C
Der Altostratus ist eine faserige, gräuliche oder bläuliche Mischwolkenschicht aus Eis und Wasser mit gleichmäßigem oder schwach streifigem Aussehen und am Himmel gut

Was jeder beobachten kann

auszumachen. Diese Wolkenform zeigt alle Übergänge zum Cirrostratus, gehört aber tieferen Schichten an. Beim Altostratus ist die Sonne meistens noch verschwommen zu erkennen, jedoch manchmal auch ganz verschwunden. Der Altostratus kann zu einem wahren Wolkenkoloss anwachsen mit einer Ausdehnung von mehreren 100 km. Wenn der graue Wolkenschleier zunehmend dichter wird, folgt andauernder leichter oder mäßiger Niederschlag, der typische Landregen. Beim Niederschlag ist alles möglich: von Regen über Schnee bis hin zu Eiskörnern und Frostgraupeln. Auf eine längere Schlechtwetterzeit kann man sich schon einrichten.

Nimbostratus (Ns); Regenwolke
Höhe: 900–3000 m
Temperatur: +10 bis –30 °C
Dunkel und sehr mächtig, so tritt der Nimbostratus am liebsten ins Bild. Die typische Regenwolke zeigt sich uns als eine graue bis dunkelgraue, dicke, schwere Mischwolkenschicht aus Wasser und Eis. Sie ist formlos mit zerfetzten Rändern und bildet eine geschlossene, ausgedehnte, tief liegende Wolkendecke mit meistens sehr diffuser Unterseite. Über vorhandenen Wolkenlücken sieht man fast immer Altostratus oder Cirrostratus Der Nimbostratus bringt länger anhaltenden großflächigen Landregen oder Schnee. Die Wolken verdecken völlig die Sonne. Meistens schickt der Nimbostratus eine Art »Stoßtrupp« ins Rennen: An und unter der Wolkendecke kann man dann tiefer liegende Wolken wahrnehmen, die ihre Gestalt in Windeseile wechseln und ihren mächtigen, düsteren Gefährten ganz oder teilweise verdecken.

Niedere Wolken

Stratocumulus (Sc); Walzenwolke
Höhe: 460–2000 m
Temperatur: +15 bis 0 °C
Die Walzenwolke ist eine graue oder weiße, aus Wasser bestehende Haufenschichtwolke mit dunklen Flecken. Man kann sie durchaus mit einem Mosaik vergleichen. Die mittelgroßen bis großen ballen- oder walzenförmigen Wolken können mehr oder weniger miteinander verschmolzen sein. Die Wolkenränder sind deutlich heller. Diese Wolkenart ist zu sehr strukturiert und nicht flach genug, um Stratus genannt zu werden, und auf der Oberseite mit zu unregelmäßigen und zu wenig emporragenden Auswüchsen versehen, um Cumulus heißen zu können. Die Walzenwolke kann alle Übergänge zum Altostratus zeigen. Der Stratocumulus ist überhaupt eine Wolkenart mit oft wechselndem Gesicht. Er kann besonders in der Abenddämmerung am Himmel wahre Kunstwerke bilden.

Der Stratocumulus zeichnet sich durch eine wechselnde Bewölkung aus, durch deren Wolkenlücken die Sonne ab und zu scheint, der blaue Himmel sichtbar wird, oder die Sonnenstrahlen auseinander strebend hindurchscheinen, das so genannte »Wasserziehen«. Er ist im Allgemeinen eine dünne Wolkenschicht, die trotz ihres bedrohlichen Aussehens meist keinen Niederschlag bringt!

Stratus (St); niedere Schichtwolke
Höhe: 0–460 m
Temperatur: +15 bis 0 °C
Der Stratus ist eine mit gleichmäßiger Untergrenze (erinnert an Wellen) den gesamten Himmel bedeckende graue,

Wolken – Wetterzeichen am Himmel

einförmige, aus Wasser bestehende, meist flache Wolkenschicht (Hochnebel). Diese niedere Schicht ist in ihrem Erscheinungsbild insgesamt trist und unspektakulär. Stratus-Wolken lassen sind vornehmlich im Herbst beobachten.
Der Stratus ist eine sehr niedrige Wolkenschicht, die Direktkontakt mit der Erde haben kann. Kleinere Hügel oder Gipfel können deshalb über der Wolkendecke liegen. Der Stratus entlässt Sprühregen oder feinen Schnee, aber trotz des bedroh-lichen Aussehens sind größere Niederschlagsmengen nicht zu erwarten. Weil die sonnenverhüllende Wolkenschicht dünn ist, ist es in höheren Lagen oder im Gebirge sonnig, und man kann auf die Stratus-Bewölkung hinabschauen. Da die genauen Umrisse nicht zu erkennen sind, ist es nicht leicht, Schichtwolken exakt zu beschreiben. Ein entscheidendes Merkmal ist hingegen, dass kein Himmelsblau zu sehen ist, wenn erst einmal Schicht- bzw. Stratus-Wolken aufgezogen sind. Ein Stratus-Wolkengebiet entwickelt sich mit dem Vordringen von Warmfronten, indem wärmere Luftmassen auf kältere aufgleiten.

Cumulus (Cu); Haufenwolke
Höhe: 460–2000 m
Temperatur: –15 bis –60 °C
Der Cumulus ist eine einzelne dichte, weiße, aus Wasser bestehende Haufenquellwolke mit flachem Unterrand und blumenkohlartig gewölbter Oberseite. Cumulus-Wolken bilden sich in der Regel in den Vormittagsstunden. Die sonnenbeschienenen Wolkenköpfe sind gleißend weiß, die Grundfläche ist dunkel und schattig. Der flache Cumulus ist die typische

Schönwetterwolke der warmen Jahreszeit, die sich aber auch in eine Gewitterwolke auswachsen kann, wenn die Quellwolken mit ihrem blumenkohlartigen Aussehen in die Höhe wachsen. Kleinere Exemplare lösen sich bei stabiler Hochdrucklage nach einer Lebensdauer von ca. 10 Minuten wieder in Wasserdampf auf, sie verschwinden förmlich vor unseren Augen.
Wenn Cumulus-Wolken keine nach oben wachsende Tendenz aufweisen oder sich im Tagesverlauf verkleinern, bleibt es niederschlagsfrei. Am Himmel bestehen meist größere blaue Wolkenlücken und auf die Erde fallen nur kurze, leichte Wolkenschatten. Fängt eine Haufenwolke zusehends an, sich nach oben wachsend auszufransen (zu »rauchen«), droht Gewitter. Verdichten sich solche Wolken, kann es anhaltenden Niederschlag geben. Dabei ist der Niederschlag umso stärker, je dunkler die Wolkenuntergrenze ist. Der Cumulus kann dabei auch in Nimbostratus übergehen.
Eine seltene Sonderform ist die Höckerwolke, der Mammatocumulus. Sie ist düster grau und unten blumenkohlartig gewölbt, umgekehrt wie beim Cumulus. Meist wird die Höckerwolke in Begleitung von Gewittern beobachtet.

Cumulonimbus (Cb); Gewitterwolke
Höhe: 460–2000 m, teilweise bis 10 km mächtig; in den Tropen sogar bis 17 km
Temperatur: +15 bis –60 °C
Die Gewitterwolke ist eine dichte, schwere, turmförmige Haufenwolke mit dunkler Basis, die schnell bis in die zweite Wolkenschicht blumenkohl- oder ambossartig aufsteigen kann. Sie besteht aus Wasser und Eis. Häufig beobachtet man, dass die Wolke nicht als Ganzes mit der allgemeinen Luftströmung zieht, sondern an der Stelle verharrt. Eine Front Gewitterwolken zieht oft in Form eines weit ausgedehnten Bogens vom Horizont herauf.
Der Cumulonimbus verdunkelt völlig die Sonne und vermag es, einen fast nachtähnlichen Zustand zu schaffen. Meist in den Sommermonaten sind aus diesem Wolkenkoloss Schauerniederschlag und Gewitter, begleitet von Blitz und Donner mit z. T. kräftigen Gewitterböen, zu erwarten. Nimmt die Wolke

Was jeder beobachten kann

ein unwirklich fahles, gelblichgrünes Leuchten im Inneren an, ist immer mit Hagelfall zu rechnen.
Solange die Gewitterwolke noch scharf begrenzte Quellungen hat, wächst sie weiter. Beginnt sie oben zu vereisen und die Konturen werden unscharf und verwischen, ist in kurzer Zeit Schauerniederschlag zu erwarten (mehr hierzu siehe im Kapitel Gewitter).

Wetterveränderungen an den Wolken erkennen

Sollen Wolken allein zur Wettervorhersage dienen, ist es empfehlenswert, die Wolkenentwicklung über einen längeren Beobachtungszeitraum zu verfolgen. Man achte auf die Lebensdauer, die Zugrichtung, Zu- oder Abnahme der Bedeckung. Lösen sich die Wolken auf oder verdichten sie sich, sind sie glattrandig oder verschwommen, hell oder dunkel, verwandeln sie sich in eine andere Wolkenform, und zu welcher Tageszeit entstehen sie?

Das Aussehen der Wolken bei schönem Wetter

Schon an den Wolkenrändern lässt sich ablesen, wie sich die Witterung gestalten wird. Zeichnen sie sich scharf und deutlich gegen den Himmel ab, darf man mit Fortbestand des Schönwetters rechnen. Diese Wolken sind flache Quell- oder Haufenwolken (Cumulus-Wolken), die vormittags bei Erwärmung des Bodens entstehen und sich gegen Nachmittag auflösen. Sie werden blumenkohlartig, wenn sie erst mittags oder abends entstehen, und künden dann in den nächsten 12–24 Stunden Regen an.

Weiße Wolken befeuchten die Erde nicht, dunkle Wolken künden Regen.

Es bleibt weiterhin schön, wenn
● am Abend die untergehende Sonne die Wolken von unten rot anstrahlt.

Abendrot – Schönwetterbot!

● die Sonne am Morgen rot aufgeht und die Wolken von unten rot anstrahlt.
● der Mond klar bei wolkenlosem Himmel scheint.
● der Horizont bei klarem Himmel dunstig ist, mit Sichtweite über 15 km.
● sich Dunstschichten über Tälern zeigen.

Sind abends über Wiesen und Fluss Nebel zu schauen, wird die Luft anhaltend schön Wetter brauen.

● während der Nacht der Tau sich legt (durch Strahlungsabkühlung der Oberfläche bei klarem Himmel; im Winter oft strenger Frost mit Raureif).

Häufig starker Tau, hält den Himmel blau.

● morgens der Nebel fällt und sich noch vormittags wieder auflöst.

Wenn der Nebel fällt zu Erden, wird bald gutes Wetter werden; steigt der Nebel nach dem Dach, folgt bald großer Regen nach.

● Cirrus-Felder (Federwolken) und Kondensstreifen aus östlicher Richtung kommen und sich auflösen (Kräftigung der Hochdruckwetterlage).
● die Bewölkung ihren typischen Tageslauf hat.
● Cirrus-Wolken (Feder- oder hohe Eiswolken) vereinzelt und unregelmäßig über den Himmel verteilt sind oder stillstehen.
● Weiße Schäfchenwolken (Altocumulus) zeigen an, dass es in den nächsten Stunden trocken bleibt.

Je weißer die Schäfchen am Himmel gehen, je länger bleibt das Wetter schön.
Wenn Schäfchen am Himmel stehen, kann man ohne Schirm spazieren gehen.

● Wenn Haufenwolken im Tagesverlauf kleiner werden, bleibt es niederschlagsfrei.

Wenn große Wolken werden klein, herrscht bald wieder Sonnenschein.

● Weiße Wolken, die als ein Haufen Federn oder weißer Wolle sich in der Luft ausbreiten, wenn die Sonne hoch am Himmel steht, zeigen zugleich klares Wetter an.
● Der Stratocumulus ist die »maritime« Standardwolke. Solange man sie sieht, bleibt das Wetter stabil.

Schönes Wetter verbindet wohl jeder mit einem schönen blauen Himmel, das typische »Himmelblau«. Warum aber ist der Himmel blau und nicht schwarz, wie im Weltall oder auf dem Mond? Der Grund ist unsere Atmosphäre. Die Sonnenstrahlen werden beim Durchbrechen der Luft-

Wolken – Wetterzeichen am Himmel

hülle durch die Sauer- und Stickstoffmoleküle in alle Himmelsrichtungen gestreut, ganz besonders die blauen Lichtanteile. Diese blaue Streustrahlung wird von unserem Auge sehr stark wahrgenommen.

> *Oft genug sehen wir das Blau des Himmels trotz schönen Wetters aber nur blassblau bis weiß. Das liegt an dem ständig wechselnden Gehalt an Wasser und Schwebstoffen in der Atmosphäre.*

Wetteränderung

● Verschwommene und verwischte Ränder von Wolken sind Anzeichen bevorstehender Niederschläge in den nächsten 12–24 Stunden. Man braucht etwas Erfahrung, um Cirrus- und Schäfchenwolken richtig zu deuten.

Wenn der Himmel gezupfter Wolle gleicht, das schöne Wetter dem Regen weicht.

● Ziehen Wolken langsam aus östlicher Richtung heran, während der Wind gleichzeitig abflaut, gewährleisten sie meist gutes Wetter; nähern sie sich jedoch rasch aus westlicher Richtung, während der Wind in den unteren Luftschichten unter allmählicher Stärkezunahme von Südost über Süd nach Südwest dreht, bedeuten sie Wetterverschlechterung und baldigen Regen.

Ziehen die Wolken dem Wind entgegen, gibt's am anderen Tage Regen.

● Wenn die großen weißen Schäfchenwolken (Altocumulus) dunkel werden, kann leichter Regen kommen; schieben sich noch Cumulus-Wolken unter sie, sind eher Schauer wahrscheinlich.

● Wenn schon am Vormittag bei warmer Sonneneinstrahlung die Altocumulus-Wolken türmchenartig nach oben wachsen, kann in der zweiten Tageshälfte Gewitter folgen.

● Fehlt der typische Tagesgang der Bewölkung, folgt meist eine Wetteränderung bzw. unbeständiges Wetter hält an.

● Wenn ein Cirrostratus in Altostratus und später in Nimbostratus übergeht, so folgt Niederschlag.

Wenn die Wolken regnen, so senken sie sich.

● Eine heranziehende Schauer- oder Gewitterfront zieht auf, wenn die Cirrus-Wolken spazierstockartig am Himmel stehen.

● Cirrus-Wolken kündigen ein Warmfront-Tief an (auf der See ein Sturmtief), wenn sich ein Hof um die Sonne zeigt.

Hof um de Sun, da schreien Schippers Frau un Kinner rum.

● Bei besonders tiefblauem Himmel mit guter Fernsicht, bedingt durch die geringe Luftfeuchtigkeit, die eine Sichtweite bis über 200 km gestattet, sollte ebenfalls mit baldiger Wetterveränderung gerechnet werden.

● Kommt ein Bewölkungsaufzug schnell aus einer Richtung, die von der Richtung des Bodenwindes stark abweicht, gibt es einen schnellen Wetterumschlag.

● Sinkt die Wolkenuntergrenze bei raschem Bewölkungsaufzug, dreht sich dabei ein zunehmender Wind und fällt der Luftdruck, so naht eine Warmfront.

● Vor einem Wetterumschlag nimmt die relative Luftfeuchtigkeit in der Höhe zu. Wassertröpfchen kondensieren an Felswänden, aber auch an Holz; solche Flächen erscheinen dadurch dunkler oder weisen dunklere Flecken auf.

Das Wetter verschlechtert sich ferner, wenn

● sich die Cirrus-Wolken südwestlich kommend immer mehr zusammenziehen und sich verdichten (Wetterverschlechterung in 1–2 Tagen).

● sich die Kondensstreifen der Flugzeuge länger halten, sich nicht mehr auflösen und sich sogar noch verbreitern. Dies zeugt von einer Feuchtezunahme in 10 km Höhe und damit von Wetterverschlechterung.

● der Himmel nach einer längeren Schönwetterlage zunehmend klarer und/oder der Himmel dunstig bei klarem Horizont wird, besonders dann, wenn der Wind auffrischt.

● der Mond einen Hof zeigt (siehe Mondhof, S. 58).

● nach klarer Nacht kein Tau oder Reif liegt.

Wenn am Morgen kein Tau gelegen, warte bis Abend auf sicheren Regen; fällt aber Regen wie feiner Staub, an gut Wetter glaub'.

● der Nebel aufsteigt bei aufkommender Wolkenbildung.

● der Himmel nach schönem Wetter milchig wird. Fällt der Luftdruck dabei schnell, regnet es innerhalb der

Was jeder beobachten kann

nächsten 12–18 Stunden. Fällt der Luftdruck langsam, kommt Regen in den nächsten 36–48 Stunden.

Wenn die Sonne scheint sehr bleich, ist die Luft an Regen reich.

- hinter einem Dunstschleier die Sonne ihre Konturen verliert. Aus den dann folgenden Wolken kommt oft länger anhaltender Niederschlag, Sprühregen oder Schneegriesel, beziehungsweise es folgt länger anhaltendes neblig-trübes Wetter. Im Sommer sind bei hoher Feuchte und Wärme auch Gewitter möglich.
- der Himmel statt blau eher weiß aussieht (hoher Staub- und Wasserdampfgehalt der Atmosphäre).
- der Rauch fällt.

Es ist vorhanden des Regens viel, wenn der Rauch nicht aus dem Hause will.
Mag der Rauch nicht aus dem Schornstein wallen, dann will der Regen aus den Wolken fallen.

Bergwanderer wissen das: Zieht der Rauch aus dem Heizofen der Berghütte nicht ab, naht schlechtes Wetter.

- Gegenstände und Flächen (z. B. Fliesen im Keller) mit Feuchtigkeit beschlagen (Zufuhr warmer und sehr feuchter Luft).
- sich Cumulus-Wolken zu Nimbostratus-Wolken verdichten. Der Himmel wird grau bis dunkel und die Sonne bleibt unsichtbar. Der Tag gestaltet sich dann trübe und düster, meist mit anhaltendem Niederschlag. Je dunkler dabei die untere Wolkengrenze ist, desto stärker ist der Niederschlag.

Auf dicke Wolken [schwarze Wolken] folgt schweres Wetter.

Der normale Bewölkungsverlauf an einem Schönwettertag

Jahreszeit	über dem Festland	über dem Meer
Frühjahr	Am Morgen ist es meistens neblig trüb. Ab ca. 12 Uhr bilden sich kleine Cumulus-Wolken, die bis zum späten Nachmittag deutlich an Größe dazugewinnen. Am Abend lösen sie sich wieder auf, die Nacht ist klar und frühmorgens kommt es zur Taubildung.	Morgens ist es meist stark diesig bis neblig. Die Luftmassen sind tagsüber schon deutlich wärmer als das kühlere Meerwasser und die Sonne löst den Nebel spätestens bis zum Mittag wieder auf. Zum Sonnenuntergang wird es wieder kälter, es beginnt diesig zu werden. Dann bildet sich allmählich Nebel aus. Da das Wasser noch wenig verdunstet, gibt es noch keine typische Tagesbewölkung.
Sommer	Morgens ist es wolkenlos. Ab ca. 11 Uhr bildet sich eine kleine Cumulus-Bewölkung aus, welche am Nachmittag mächtiger und zahlreicher wird. Bis zum Sonnenuntergang löst sich die Bewölkung wieder auf, und noch vor Sonnenaufgang beginnt die Taubildung.	Am Morgen meist wolkenlos oder vereinzelte Cumulus-Fetzen. Bis zum Mittag haben sich wieder kleine Cumulus-Wolken gebildet, die am Nachmittag größer werden. In Größe und Anzahl aber deutlich geringer als über dem Land. Zum Abend lösen sich die Wolken zögernd wieder auf.
Herbst	Siehe Frühjahr.	Morgens Taubildung bei dunkler, tief hängender Bewölkung. Bis zum Mittag lösen sich diese Wolken wieder auf und werden durch Cumulus-Wolken ersetzt. Kühlt sich die Luft bis zum Abend stark ab, werden die Cumulus-Wolken über dem jetzt recht warmen Wasser sogar noch größer.
Winter	Keine typische Tagesbewölkung, da die Sonneneinstrahlung zu gering ist.	Überwiegend tief hängende Bewölkung ohne typischen Tagesverlauf. Die Bewölkung (Stratus-Wolken) kann bei stärkerer Luftabkühlung sogar noch anwachsen, da das Meer die Wärme noch gespeichert hat und gut Feuchtigkeit abgeben kann.

Auch am Wind erkennt man das Wetter

● die Sonne an einem bewölkten Horizont untergeht. Es folgt anderntags Regen.

Wer die Wolkenentwicklung regelmäßig beobachtet, kann durch sie eine richtige Wetterprognose bis über 75 % erreichen! Weitere Beobachtungen unserer naturverbundenen Ahnen besagen:

*Aus einer großen Wolke kommt oft nur ein kleiner Regen, aber aus einer kleinen kann großer Regen kommen.
Wenn morgens sich Schäfchenwolken zeigen und abends Haufenwolken aufsteigen, dann zieht der Klee seine Blätter zusammen, ein Gewitter bricht los.
Starke Güsse sind nicht von Dauer.
Tanzt das Stroh im Wirbelwind [Windhose], kommt ein Unwetter geschwind.*

Der normale Tagesverlauf der Bewölkung

Wer mit der Wolkenbeobachtung schon Erfahrung hat, wird festgestellt haben, dass die Wolkenbildung bei ungestörter Schönwetterlage an einen bestimmten Tagesrhythmus gebunden ist, der wiederum jahreszeitlich variiert. Die Tabelle links soll eine Übersicht über den normalen Tagesgang der Bewölkung geben.

Bekanntschaft mit dem Wind hatte wohl schon ein jeder. Wind – die sichtbare und fühlbare Energie des Wetters.

Auch am Wind erkennt man das Wetter

Schon seit Urzeiten beziehen die Wetterkundigen ihre Weisheiten aus erster Hand, nämlich dem Wind.

*Das Wetter erkennt man am Winde, wie dem Herrn am Gesinde.
Zu wissen, woher der Wind weht, ist schon halbe Wetterprophetie.*

Wind kann man, einfach gesagt, als sich bewegende Luft bezeichnen. Luft bewegt sich nur dann, wenn eine Kraft auf sie wirkt. Wie ein Bach, der vom Berg hinab ins Tal fließt, so strömt die Luft von einem Gebiet mit höherem Luftdruck zu einem mit niedrigerem. Die Zentren solcher Luftdruckgebiete bezeichnen die Meteorologen als Hoch mit hohem Luftdruck und Tief mit niedrigem Luftdruck. Wind entsteht demnach eigentlich aus Druck und Sog. Je höher die Luftdruckunterschiede, umso stärker weht auch der Wind, oder anders ausgedrückt, die Windgeschwindigkeit ist umso größer, je näher die Isobaren beieinander liegen. (Isobaren = Luftdrucklinien oder Linien gleichen Luftdrucks, die auf Wetterkarten in verschiedensten Wellenformen, Kreisen oder Ellipsen dargestellt sind; sie können sich nie kreuzen. Sie werden in Abständen von 5 Millibar – der Einheit des Luftdrucks – gezeichnet und ergeben ein Bild der Luftdruckverteilung, bezogen auf das Niveau des Meeresspiegels.)

Eine Eigenschaft des Windes ist, dass sich warme und kalte Luftschichten mischen, es findet Luftaustausch statt. So entstehen Turbulenzen, die

Was jeder beobachten kann

wir auf dem Erdboden als Windböe spüren. Bei Sturm sind die Spitzenböen gerade deshalb so gefürchtet, weil sie überraschend und plötzlich auftreten und deshalb wie ein Hammerschlag wirken. Die Turbulenzen sind abhängig vom Profil der Bodenoberfläche, also der Landschaft, den vertikalen Temperaturschichtungen der Luft sowie der Feuchtigkeit. Jede Änderung der Windrichtung deutet auf eine Veränderung des Wetters hin. Dreht der Wind plötzlich, nachdem er längere Zeit aus der gleichen Richtung gepustet hat, ist eine gravierende Wetteränderung die Folge.

Dreht sich zweimal der Wetterhahn, so zeigt er Sturm und Regen an.
Ander Wind, ander Wetter.
Wenn es aus den Bergen windet, so stürmt es über der Ebene.

> *Will man das Windgeschehen beobachten um zu erfahren, wie sich der Wind in den nächsten Stunden ändern wird, so beobachtet man allgemein den Zug der Wolken, nicht nur die bodennahen Winde. Schon unsere Ahnen wussten um diese Tatsache: »Der obere Wind bleibt Herr.«*

Wenn der Wind in einzelnen Höhenlagen aus verschiedenen Richtungen bläst, so steht fast immer eine Wetterverschlechterung bevor. Charakteristisch ist, dass die Wolken in verschiedenen Höhen gegeneinander ziehen, wobei sich der Wind in den höheren Schichten durchsetzt. Wenn also der Wind bei einer Tiefdruckwetterlage seine Richtung mit der Höhe stark ändert, der Höhenwind (zu sehen an den Wolken) also anders weht als der Bodenwind, so kommt es je nach der Abweichungsrichtung zu einem Warmlufteinbruch mit Dauerregen, zu Kaltluftzufuhr mit Schauern oder zur Wetterberuhigung.

Aus der Zugrichtung der Wolken kann der aufmerksame Beobachter sehen, an welcher Stelle eines Tiefs er sich gerade befindet, ob es abwandert oder auf ihn zu kommt. Dazu braucht er nur die Höhenwinde beobachten (zu erkennen an den hohen Wolken), welche die Zugrichtung des Tiefs erkennen lassen. Der Beobachter stellt sich zur eigenen Wetterprognose mit dem Rücken in den Bodenwind, der ja vom Höhenwind abweichen kann, und merkt sich folgende »Querwindregeln«:

- Wenn der Höhenwind von rechts weht, wird das Wetter bei normalem Rückseitenwetter besser werden, das Tief zieht ab.

Ein Sturm kann Bäume entwurzeln.

- Weht der Höhenwind von links, kommt das Tief direkt auf einen zu, folglich wird sich das Wetter verschlechtern.
- Das Wetter wird sich vorerst nicht verschlechtern, wenn der Boden- wie der Höhenwind in genau entgegengesetzte Richtungen wehen, man steht nördlich des Tiefs. *»Ziehen die Wolken dem Wind entgegen, gibt's am anderen Tage Regen.«*
- Haben Höhen- wie Bodenwind die gleiche Zugrichtung, hält man sich in einem Warmluftabschnitt auf.

Kluge Gärtner sollten sich hüten, längerfristige Gartenarbeiten sofort anzufangen, wenn sie nach einer Reihe von regnerischen und kühlen Tagen plötzlich von einem strahlenden, leuchtenden Himmel am frühen Morgen überrascht werden. Wenn bei auffällig guter Fernsicht Südwind weht, folgt meist noch am gleichen Tag Regen. Noch schlimmer kann es werden, wenn sich eine Kaltfront schleichend nähert. Bei konstanter Windrichtung weht zunächst nur ein leichter Wind, das Barometer fällt langsam, der anschließende Regen beginnt erst leicht und wird dann stärker. Hört es auf zu regnen, ist die Kaltfront durch, und es setzt unmittelbar ein stark böiger Wind ein, der sich zum Sturm auswächst. Die Windrichtung ändert sich jetzt um bis zu 130 Grad. Ein weiteres Anzeichen für Sturm ist dann gegeben, wenn sich die Sicht nach einem Kaltfrontdurchzug mit Temperaturrückgang nicht bessert. Etwas anders sieht es aus, wenn der Himmel aufgelockerte Bewölkung zeigt und der Luftdruck stark fällt. Der zunächst schwache Wind frischt sehr schnell auf und erreicht Geschwindigkeiten bis 50 km/h. Dieser

Auch am Wind erkennt man das Wetter

Herkunft und Eigenschaften des Windes

Luftmasse	Herkunft	Windrichtung	Eigenschaften im Winter	Eigenschaften im Sommer	Allgemeines
kontinentale Polarluft	Russland, Skandinavien, Balkan	Ost, Nordost, Südost, Nord	bei östlichem Wind meist sehr kalt, am kältesten in der Nacht; Nordwind im Winter und Frühjahr windig kalt	besonders bei Ost-Südost warm; höchste Mittagstemperatur, auch nachts warm	relativ trockene Festlandsluft; Bewölkung und Niederschlag gering; besonders sonnig bei Ost-Südost
maritime Polarluft	Grönland, Nordmeer, Island, Atlantik	West, Nordwest	mäßig kalt; bei Nordwest, besonders im April unter Tiefdruckeinfluss, schauerartiger Niederschlag	kühl; bei Nordwest unter Tiefdruckeinfluss wechselhaft; niedrigste Mittagstemperatur	feuchte Meeresluft; große Neigung zu Bewölkung und Niederschlägen
kontinentale Subtropikluft	Balkan	Südost bis Süd	keine Besonderheiten	heiß und sonnig	nur im Sommer
maritime Subtropikluft	Mittelmeer, Azoren	Süd, Südwest	mild	oft schwülwarm mit Sommergewittern	die wärmsten Luftmassen, jedoch feuchte Meeresluft, man kann mit viel Wolken und Niederschlag rechnen

Zustand kann mehrere Stunden anhalten, bis schließlich der Luftdruckabfall stoppt. Erst jetzt fängt es an zu regnen, die Bewölkung kann aber auch wieder auflockern. Man sagt: *»Ist es erst stürmisch mit anschließendem Regen, dann wird sich der Sturm bald wieder legen.«* Typisches Windverhalten unter Hochdruckeinfluss sind abflauender Wind abends sowie nachts und auffrischend am Tage durch Erwärmung.

Der Wind, der sich mit der Sonne erhebt und legt [gegen Abend], bringt selten Regen.
Wenn der Wind der Sonne folgt, so bleibt das Wetter tagelang gut.
Wind von Sonnenaufgang ist schönen Wetters Anfang. Wind von Sonnenuntergang ist Regen Anfang. Wind von Sinken der Sonne ist mit Regen verbündet; Wind von Steigen der Sonne uns gutes Wetter verkündet.

Die Luftzirkulation

Auf- oder abwärts steigende, d. h. senkrecht (vertikal) strömende Winde, so genannte Vertikalwinde, sind vor allem für die Wolkenbildung und Wolkenauflösung, also für die Entstehung des Niederschlags und der Gewitter, von Bedeutung. Eine andere wichtige Aufgabe dieser Winde ist die Übertragung von Wärme und Feuchte von der Erdoberfläche in die Atmosphäre, somit der vertikale Austausch z. B. von Wärmeenergie oder Wasserdampf.

Es gibt aber auch den horizontalen Verlauf der Luftströmungen, die über Länder, Ozeane und ganze Kontinente wehen. Südwinde können sogar nachweislich Saharastaub bis nach Europa transportieren. Weniger bekannt ist, dass der Wind auch seine eigene Bewegungsenergie transportiert. Sturmschäden im Binnenland oder Sturmfluten an den Küsten sind das Resultat solcher Kraftübertragung aus weiten Entfernungen.

Was jeder beobachten kann

Viele Wetterregeln haben unsere wetterkundigen Vorfahren aus der Windrichtung abgeleitet. Auch wenn manche Regel sicher nur lokale Gültigkeit besitzt, ist dieser ganzheitliche Erfahrungsschatz nach wie vor beeindruckend.

Mit Ostwind schön Wetter beginnt. Wenn es im Winter weht aus Ost bei Vollmondschein, stellt sich strenge Kälte ein.
Ostwind bringt Heuwetter, Westwind bringt Krautwetter.
Mit Ostwind schön Wetter beginnt, aber wenn Ostwind lange weht, ein teuer Jahr entsteht.
Kommen die Wind' aus Süd oder Westen, so gehen die Fische aus ihren Nestern.
Südwind bringt Hagelwetter, Nordwind bringt Hundewetter und Südwest – Regennest.
Der Nordwind ist ein rauer Vetter, aber er vertreibt den Regen und bringt beständig Wetter.
Kommt Wind vor Regen, ist wenig daran gelegen, kommt aber Regen vor dem Wind, zieht man die Segel ein geschwind.
Großer Wind ohne Regen, kommt selten gelegen.
Wenn heftige Winde sich legen, so folgt Regen.

Lokale Winde

Von lokaler kleinräumiger Bedeutung sind die See- und Landwinde in Küstennähe oder an größeren Binnenseen beziehungsweise Berg- und Talwinde in Bergregionen. Es sind schwache Luftbewegungen, die sich durch die Thermik vorwiegend im

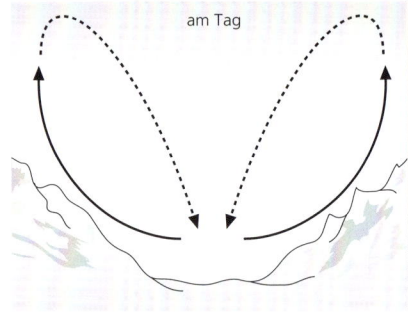
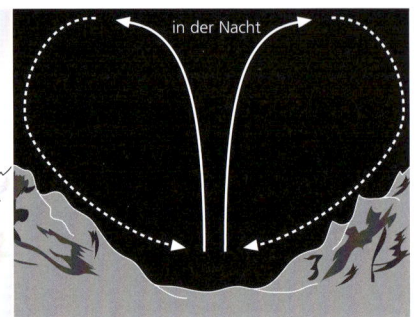

Berg- und Talwinde
(lokale, kleinräumige Luftzirkulationen)

⟶ Warmluft   ┄┄⟶ Kaltluft

Sommer bilden. Das Land wird besonders im Sommer tagsüber mehr aufgewärmt als das Meer. Dagegen speichert nachts das Meer die Wärme besser als das Land. Die Luft über der jeweils wärmeren Fläche steigt auf. Die dadurch entstehenden Druckunterschiede erzeugen Winde, die sich jeweils ca. 50 km auf das Meer oder den See und auf das Land erstrecken.

Im Frühling, wenn die Wassertemperatur noch niedrig ist, können auf engstem Raum größere Temperaturunterschiede zwischen See- und Landluft herrschen, die dann recht unangenehm sein können.

Bei den Berg- und Talwinden werden die Talhänge durch die Sonne vormittags stärker erwärmt als der Talgrund. Somit steigt tagsüber warme Luft an den Hängen auf (Talwind). Der umgekehrte Kreislauf stellt sich nach Sonnenuntergang ein (Bergwind, vgl. Grafik oben), da die Berghänge stärker auskühlen als der Talgrund; die kalte Luft sinkt nach unten.

Seewinde wehen während der Nacht als Landwinde in umgekehrter Richtung und sind immer ein sicheres Zeichen für den Fortbestand einer sommerlichen Schönwetterlage.
Nehmen der normale Berg- und Talwind oder der Land- und Seewind plötzlich einen umgekehrten Verlauf, dann ist mit einer Wetterverschlechterung, vielleicht sogar mit einem Witterungsumschlag zu rechnen.

Was muss ich im Gebirge beachten?

Das Wetter im Gebirge ist oft voller Überraschungen. Die Wetterumschwünge kommen meist unvorhergesehen und plötzlich; eben noch freie Gipfel, und in Minutenschnelle sind sie in Wolken gehüllt. Genauso schnell kann Nebel aufziehen und sich so die Sichtweite auf null senken. Wettervorhersagen im Gebirge machen selbst erfahrenen Meteorologen und routinierten Wetterbeobachtern zu schaffen.

● An der Bergluvseite (zugewandte Wetterseite) sind die Niederschläge ergiebiger als an der (abgewandten) Leeseite (so genannter Regenschatten).

Auch am Wind erkennt man das Wetter

- Ein sich anbahnender Wetterumschwung lässt sich schon Stunden zuvor an der sich ändernden Fernsicht in Berg- und Tallagen erkennen. Je nachdem, ob das Wetter aus westlichen oder östlichen Regionen ins Gebirge gelangt, sind unterschiedliche Veränderungen zu erwarten.
- Im Tal ist es, besonders im Winter bei hohem Luftdruck und Nebel, oft beträchtlich kühler als auf den benachbarten meist sonnigen Höhen.
- Bewaldete Hänge können die Wärme am besten speichern und sind daher nachts der wärmste Ort.
- Bei sommerlichen Kälteeinbrüchen oder in klaren Nächten können Regen- und Schmelzwasser schon bei knapp über 0 °C vereisen.
- Berggewitter sind oft mit sehr starkem Regen, tückischen Winden oder Nebel verbunden; die Blitzschlaggefahr ist sehr hoch. Seltener dringen Gewitter in einen Talkessel ein, aber wenn, dann verweilen Gewitter bei steigernder Heftigkeit über einem Talkessel recht lange.
- Bei angekündigten Kaltfronten sollte eine geplante Berg- oder Gipfeltour lieber verschoben werden.

Land- und Seewind
(lokale, kleinräumige Luftzirkulationen)

- Vor allem mittags droht an Steilhängen, in windstillen Mulden, Rinnen usw. Überhitzung, im Sommer sogar Hitzschlag oder Sonnenstich.
- Zu allen Jahreszeiten herrscht wegen der höheren UV-Einstrahlung erhöhte Sonnenbrandgefahr.
- Für Bergwanderungen sollte genügend Zeit eingeplant werden, um auch für nötige Pausen ausreichend Ruhe zu haben. Die dünne Bergluft ist anstrengend und macht schneller müde, aber ein sportlicher Trainingseffekt erhöht sich um ein Vielfaches in sauerstoffarmer Luft.

Was muss ich am Meer beachten?

An Nord- und Ostsee herrschen ganz eigene Wettergesetze als im Binnenland. Hauptsächlich die häufigen Westwetterlagen mit vielfach stürmischen Winden prägen das Wetter an der Nordsee, während die Ostsee noch etwas geschützter liegt. Im Allgemeinen finden sich aber mit geringen Abweichungen die gleichen Wetterlagen an Nord- und Ostsee. Typisch für das Insel- und Küstenwetter sind:

- Schauer und Gewitter bilden sich vor allem über dem Festland.
- Auf dem offenen Meer kündigen sich Schauer mit Windböen, rauer See und dunklerem Himmel auffallend an. Der Wellengang ist hoch, die Flut ausgeprägt.

Die bewegte See ist der Spiegel des Wetters. An der Wellenhöhe ist mit leicht zeitlicher Verzögerung die Windstärke zu erkennen.

- Sommerliche Wärme wird am Wasser oft unterschätzt und führt oft zu Sonnenbrand.
- Ein Sturmtief ist an der Küste eine imposante Wettersituation, die hauptsächlich von Ende Oktober bis März/April auftritt, aber auch im Sommer vorkommen kann. Die See ist dann rau, die Wellen sind extrem hoch, Schauer und Gewitter ziehen über das Meer, die Brandung ist laut und Baden wäre jetzt lebensgefährlich.

Die Windstärkenskala

Im Jahre 1805 wurde vom britischen Admiral Sir Francis Beaufort eine Skala zur Abschätzung der Windgeschwindigkeit erstellt, welche damals wie auch heute (in abgewandelter Form) in der Schifffahrt und Meteorologie benutzt wird. Die nach dem Admiral benannte Beaufortskala kann für unsere Beobachtungen und Notizen von großem Wert sein.

⟶ Warmluft ┄┄➤ Kaltluft

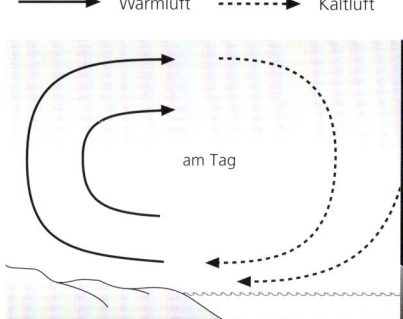

Was jeder beobachten kann

Die Windstärkenskala nach Beaufort (Bft)

Stärke (Bft)	Knoten (kt)	km/h	m/sec	Bezeichnung auf dem Land	Bezeichnung auf der See	Auswirkungen auf dem Land	Auswirkungen auf der See
0	0 – 1	0 – 1	0,0 – 0,2	Stille, Windstille	Stille	Rauch steigt gerade auf	spiegelglatte See
1	1 – 3	1 – 5	0,3 – 1,4	leichter Zug	leiser Zug	kaum wahrnehmbar, Rauch steigt noch fast gerade empor	kleine schuppenförmige Kräuselwellen ohne Schaum
2	4 – 6	6 – 11	1,6 – 3,0	leichter Wind	leichte Brise	Wimpel oder Laub bewegen sich, Windfahnen zeigen Richtung an; für das Gefühl eben bemerkbar	kurze, ausgeprägte Wellen; Kämme sehen glasig aus, brechen aber nicht
3	7 – 10	12 – 19	3,3 – 5,3	schwacher Wind	schwache Brise	streckt Wimpel, dünne Laubzweige in dauernder Bewegung	Kämme beginnen sich zu brechen; Schaum meist glasig, ganz vereinzelt
4	11 – 15	20 – 28	5,5 – 7,7	mäßiger Wind	mäßige Brise	dünne Äste bewegen sich, Staub, loses Papier und lockerer Schnee wirbeln auf	Wellen noch klein, werden aber länger; verbreitet weiße Schaumköpfe
5	16 – 21	29 – 38	8,0 – 10,5	frischer Wind	frische Brise	kleinere Laubbäume beginnen zu schwanken, Äste bewegen sich; für das Gefühl schon unangenehm	mäßige Wellen mit ausgeprägter langer Form; überall weiße Schaumkämme; ganz vereinzelt schon Gischt
6	22 – 27	39 – 49	10,8 – 13,6	starker Wind	starker Wind	bewegt große Äste; pfeift oder heult in Freileitungen oder in Bäumen ohne Laub, in Häusern hörbar; Regenschirme schwierig zu benutzen	Beginn großer Wellenbildung; Kämme brechen, breiten sich über große Flächen aus; etwas Gischt

Auch am Wind erkennt man das Wetter

Stärke (Bft)	Knoten (kt)	km/h	m/sec	Bezeichnung auf dem Land	Bezeichnung auf der See	Auswirkungen auf dem Land	Auswirkungen auf der See
7	28 – 33	50 – 61	13,8 – 16,9	steifer Wind	steifer Wind	ganze Bäume schwanken; fühlbare Behinderung beim Gehen gegen Wind	See türmt sich, Gischt wirft aus stehendem Wasser überstürzende Wellen
8	34 – 40	62 – 74	17,2 – 20,5	stürmischer Wind	stürmischer Wind	bricht Zweige von Bäumen und bewegt große Bäume; im Freien erheblich erschwertes Gehen gegen den Wind	mäßig hohe Wellenberge mit langen Kämmen; Gischt beginnt abzuwehen, Schaum legt sich in ausgeprägten Streifen in Windrichtung
9	41 – 47	75 – 88	20,6 – 24,4	Sturm	Sturm	kleinere Schäden an Häusern, einzelne Dachziegel können herabgeweht oder aus ihrer Lage gebracht werden	hohe Wellenberge; dichte Schaumstreifen legen sich in Windrichtung; »Rollen« der See beginnt
10	48 – 55	89 – 102	24,5 – 28,3	schwerer Sturm	schwerer Sturm	Bäume werden entwurzelt, größere Schäden an Häusern (seltener im Binnenland, jedoch zunehmend)	sehr hohe Wellenberge mit brechenden Kämmen; See ist weiß durch Schaum; stoßartiges Rollen der See
11	56 – 63	103 – 117	28,4 – 32,5	orkanartiger Sturm	orkanartiger Sturm	selten im Binnenland, meist nur in Gipfelregionen der Hochgebirge; verbreitete Sturmschäden	außergewöhnlich hohe Wellenberge; Kanten der Wellenkämme werden überall zu Gischt zerblasen; Sicht herabgesetzt
12	64 und mehr	118 und mehr	32,6 und mehr	Orkan, Tornado	Orkan, Wirbelsturm	schwerste Verwüstungen; kommt nur in Wirbelstürmen und meist in hohen Luftschichten vor	Luft mit Gischt angefüllt, See vollständig weiß; Sicht stark herabgesetzt

Was jeder beobachten kann

Sonderform Föhn

Der Föhn ist eine besondere Windform im nördlichen Alpen- und Voralpenland, die besonders in den Übergangsjahreszeiten deutlich zu spüren ist. In der österreichischen Stadt Innsbruck z. B. herrscht Föhn über 40-mal im Jahr. Dieser Fallwind auf der Leeseite hoher Gebirge ist extrem trocken und lässt die Wolken sich auflösen. Der Föhn tritt plötzlich auf, bringt starke Erwärmung und dauert gewöhnlich 2–3 Tage. Bei der Bevölkerung heißt es bei länger andauerndem Föhn: »Der Föhn steht durch.« Allgemein gilt: Je höher das Gebirgsmassiv, desto stärker werden die Föhnerscheinungen. Bei starker Föhnlage reicht die Wirkung bis zum mittleren Schwarzwald oder bis zur Donau. Aber auch im Vorland von Mittelgebirgen, etwa am Erzgebirge oder Thüringer Wald, können Föhn-Wetterlagen in abgemilderter Form auftreten.

Die zu beobachtenden Wolken sind die typischen hellrandigen, linsenförmigen Föhnwolken. Bei der Beobachtung des Wettergeschehens fällt auf, dass die ersten Wolken nach dem Föhn fast immer orange leuchten. Sogar nachts, wenn der Föhn kommt, leuchten die Wolken orangerot. Der sehr trockene Fallwind kann eine Menge Wasser lösen, das heißt, die Wolken lösen sich auf, was wiederum mit einem heiteren Himmel verbunden ist.

Wenn Linsenwolken am Himmel steh'n, herrscht Föhn.

Insbesondere im Vorwinter, wenn keine größeren Turbulenzen die Luftmassen durchmischen, gleitet der Föhn manchmal über die kältere Luftschicht hinweg und verursacht dann in den Alpentälern und der Schweizer Hochebene ein tagelanges dichtes Nebelmeer bis in 1000 m Höhe. Aber über dieser Nebelbarriere herrscht eine unsagbar klare Luft von seltsamem Glanz.

> *Das schöne Föhnwetter ist Vorläufer eines heranziehenden Tiefs aus Westen, welches den Föhn beendet. Die trockenwarme Luft wird von Kaltluft und Regen abgelöst.*

Es ist allgemein bekannt, dass nicht nur kreislauflabile, sondern viele Menschen unter Föhnbeschwerden wie z. B. Konzentrationsmangel, Übelkeit, Kopfschmerzen, Schlafstörungen bis hin zu depressiven Anfällen leiden. Aber auch euphorische Zustände können bei Föhnlagen auftreten, der so genannte Föhnrausch. Hermann Hesse schrieb sogar von einem »süßen Föhnfieber«, und Theodor Vischer charakterisiert ihn so: *»Ein wälsches Weib, das mit der einen Hand schmeichelt und die Linke auf dem Rücken hält mit einem Dolche ...«* In der Alpenregion gibt es sogar Schulen, die an Föhntagen keine Klassenarbeiten schreiben lassen. Auch Haustiere können mit Unruhe und Reizbarkeit reagieren. Dazu mehr im Kapitel Biometeorologie.

Verhalten bei schweren Stürmen

Immer wieder hört man von schweren Sach- und Personenschäden, die durch Stürme bei uns in Mitteleuropa verursacht werden. Man glaubt sich hierzulande in Sicherheit zu wiegen, aber weit gefehlt. Auch wenn bei uns keine großen Wirbelstürme ihr Unwesen treiben, so kämpfen wir doch zunehmend mit deren Ausläufern. So haben wir es jährlich mit 40–50 Sichtungen so genannter Wasser- oder Windhosen (Tromben) zu tun, Tendenz steigend. Da die meist recht kurzlebigen Tromben auf lokal begrenzten Gebieten entstehen, werden sie sogar von Wetterstationen nur unzureichend erfasst. Viele Tromben bleiben unbeobachtet, weil die Sichtweite während dieses Wettergeschehens oft durch Regen stark eingeschränkt wird und in der Nacht der »Rüssel« eh nicht zu sehen ist. In die breite Öffentlichkeit gelangen diese lokalen Wirbelwinde nur, wenn sie mit ihrer zerstörerischen Kraft über bewohntes Gebiet ziehen.

Stürme haben besonders in Böen die Macht, Dächer abzudecken und Bäume zu entwurzeln. In Amerika ist man bemüht, die Bevölkerung rechtzeitig vor großen Stürmen wie die Hurrikans und Tornados zu warnen, um Vorsorge zu treffen. Doch wie sieht solch eine Vorsorge aus? Wir sollten ebenfalls lernen, uns auf solche Wetterextreme einzustellen und die wichtigsten Vorsorgemaßnahmen kennen.

● Sich in feste Gebäude begeben; im Freien setzt man sich der Gefahr von herumfliegenden Trümmern, Ästen, Bäumen aus (sicherster Ort im Keller).

Gewitter – die Wetterrevolution

Eine Windhose ist keine Erscheinung jüngster Zeit. Der Holzschnitt zeigt einen »Rüssel« am 2. Juli 1587 in Augsburg.

● Wohnwagen und besonders Zelte bei Stürmen verlassen; sie bieten nicht genug Schutz.
● Fenster und Türen schließen, Rollläden herunterlassen.
● Nicht befestigte Gegenstände außerhalb des Hauses oder im Garten sicher in Haus, Garage oder Gartenhaus verstauen, etwa Mülltonnen, Geräte, Fahrräder.
● Fahrzeuge in Garagen oder Parkhäusern, notfalls unter Brücken unterstellen; Fahrzeuge im Freien wenigstens durch spezielle Wetterhauben schützen (Hagel, Äste, kleine Steine).
● Abdecken von Glasflächen.
● Öffentliche Freiluftveranstaltungen rechtzeitig verlassen, eigene Partys im Freien auflösen.

● Vieh und landwirtschaftliche Geräte in Ställen und Scheunen unterbringen.
● Möglichst keine Fortbewegungsmittel nutzen (Auto, Motorrad, Fahrrad).
● Überrascht Sie im Auto ein Schneesturm, ein Fenster zum Sauerstoffaustausch leicht öffnen, bevor es einfriert.

Gewitter – die Wetterrevolution

Beeindruckendes Naturschauspiel, aber auch der Schrecken der Menschheit: das Gewitter. Jeder weiß die Zeichen zu deuten: schwüle Luft, hoch reichende, schwarz drohende Bewölkung mit beginnendem leisem Grollen aus weiter Ferne. Der Wind wird bei stärker werdendem Donner immer auffrischender und die Blitze sind nachts weithin sichtbar. Bleibt es jetzt nur bei einem Platzregen, hat man Glück, denn es könnte noch viel viel schlimmer kommen.

Da der Motor eines Gewitters der Wasserdampf der Atmosphäre ist, gibt es tägliche und jährliche Gewitterperioden, je nach Verdunstungsgrad über Land oder Meer. Die Haupttätigkeit der Gewitter fällt in Mitteleuropa in die Nachmittagszeit zwischen 15 und 18 Uhr. Insbesondere die Wärmegewitter lösen sich zum Abend wieder auf und hinterlassen bei untergehender Sonne oft ein imposantes Himmelsgemälde. Ein zweites Gewittermaximum ist in der Nacht, wobei die nächtlichen Gewitter an der Küste, auf den Inseln oder auf dem Meer stärker sind als am Tage.

Beobachtungen bei aufkommendem Gewitter

Ein **Wärmegewitter** kündigt sich dem Beobachter mit Schwüle und einer Schleierwolkendecke an (Eiswolken- oder Cirrus-Schleier), durch welche die Sonne mit sichtbaren Sonnenringen (Halos) scheinen kann. In der Ferne sieht man oft schon die dunkle Gewitterwolke sich auftürmen, mit scharfen, manchmal mit golden durchleuchteten Rändern. Das gigantische Wolkengebilde schiebt einen dunklen, drohenden »Gewitterkragen« vor sich her. Noch bevor der Wolkenrand über einem erscheint, frischt der Wind auf, wird böig, und es wird diesig (das Barometer fällt). Unter der Gewitterwolke erscheinen zusätzlich leicht gelbliche zerrissene Wolkenfetzen, die sich er-

Was jeder beobachten kann

heben und den nachrückenden Wolken weichen. Sobald sie über uns sind, sind die ersten großen Regentropfen zu erwarten, der Wind schläft ein (unmittelbar vor dem Gewitter steigt der Luftdruck steil an). Türmt sich die Gewitterwolke bis in die Sperrschicht der Troposphäre (etwa 6000–8000 m) auf und dehnt sich die oberste Wolkenschicht (bestehend aus feinen Eiskristallen) ambossartig aus und kann zudem noch ein unwirklich fahles, gelblichgrünes Leuchten aus dem Innern der schwarzen Wolke beobachtet werden, dann ist ein schweres Gewitter mit Hagelschlag und kräftigen Sturmböen zu erwarten, mit heftigen elektrischen Entladungen.

Lässt die Dunkelheit nach, fühlt man eine deutliche Abkühlung. Nach dem großen Regen können noch mehrere kleine Regenschauer folgen. Auf der Rückseite des Gewitters wird man einen Federwolkenschirm beobachten können, durch welchen sich die Sonne wieder zeigt. Wagt man sich jetzt wieder vor die Tür, ist die Luft wie gefiltert und außerordentlich wohltuend. Der Schriftsteller Jean Paul (1763–1825) riet schon damals zu Spaziergängen nach Gewittern.

Kennzeichnend für ein Wärmegewitter ist, dass dem Schauspiel meistens kein Wetterwechsel folgt. Es bleibt am nächsten Tag oft schön und warm, aber man kann eventuell wieder mit einem Wärmegewitter rechnen.
»Alle bösen Wetter klaren gegen Abend.«

Das Wärmegewitter tritt anders als ein Frontgewitter lokal auf und ist ans Festland gebunden, da Wärmegewitter durch Bodenerwärmung entstehen. Ich habe schon ein Wärmegewitter erlebt, welches auf meinem Grundstück nach kurzer Zeit über 5 mm Regen hinterließ, und in nur 20 m Entfernung blieb alles trocken.

Das **Frontgewitter** oder auch Einbruchgewitter (zumeist Kaltfrontgewitter) könnte man auch als Ganzjahresgewitter bezeichnen, da der Einbruch von Kaltluft zu allen Jahres- und Tageszeiten auftreten kann. Im Gegensatz zu Wärmegewittern treten Frontgewitter auch über dem Meer und im Winter auf. Sie ziehen linienhaft in breiter Front, die mehrere hundert Kilometer lang sein kann, mit Geschwindigkeiten bis 100 km/h über das Land/Meer.

Dem Beobachter zeigt sich schon mehrere Stunden zuvor der Gewitterschirm, zumeist vom Westen heranziehend. Erst viel später wälzt sich auf breiter Front eine dunkle, schwere, tiefblaue Wolkenmasse auf ihn zu und verdeckt die darüber liegenden Haufenwolken mit ihren Quellkuppeln und Türmen. Kurz vor dem Gewitterausbruch schiebt sich eine besonders dunkle Wolkenwalze heran. Die kräftige Thermik an dieser Stelle saugt die vor der Front liegende Luft an. Der Wind schläft für eine kurze Zeit ein, dann wird es warm und schwül, der Wind weht wieder leicht bis böig (das Barometer fällt bis zur Frontannäherung kontinuierlich und steiler werdend ab). Ein Richtungswechsel des Windes lässt schließlich Kaltluft hereinbrechen.

Bei Frontgewittern schieben sich kalte Luftmassen unter eine wärmere bodennahe Luftschicht und zwingen diese zum Aufsteigen. Die Front kommt immer aus der Richtung des spürbaren Windes.

Der Auftrieb vor den Wolken ist noch so stark, dass nur wenige große Regentropfen oder Hagelkörner aus der dunklen Wolkenmasse herausfallen (der Luftdruck fällt steil nach unten). Unmittelbar dahinter lässt der Aufwind nach und große wie kleine Regentropfen, Graupel oder Hagel ergießen sich unter heftigen elektrischen Entladungen (der Luftdruck steigt schlagartig wieder an). So schnell wie das Unwetter aufzog, überschreitet es auch den Standort. Eine Wetterbesserung ist jedoch nicht zu beobachten. Einzelne schwächere, bald in Schauerform übergehende Regenfälle folgen, die Luft ist merklich kühler, das Wetter hat sich völlig umgestellt. Noch tagelang können sich Wolken, Regen und Sonne ablösen.

Typisch für Gewitter sind folgende Beobachtungen:

● Es bilden sich zuerst meist schmale Wolkenstreifen, aus welchen dann burgartige Zinnen und später die ambossartige Gewitterwolke wachsen.
● Am Abend zuvor geht oft die Sonne bei wolkenlosem Himmel rot unter.
● Wenn der Sonnenuntergang so richtig schön rot glänzt, ist ein nächtliches Gewitter wahrscheinlich.
● Mücken, Bienen und Wespen werden vor einem Gewitter besonders

Gewitter – die Wetterrevolution

lästig und die Singvögel hören plötzlich auf zu singen; es herrscht Ruhe vor dem Sturm.

● Hagel ist zu erwarten von einem unwirklich fahlen, gelblichgrünen Leuchten aus dem Innern der schwarzen Wolke. Dies tritt besonders gern über feuchten, sehr aufgeheizten Böden oder Seen auf, oft streng lokal, z. B. über einer Großstadt.

● Schwül-warmer Wind mit plötzlicher Flaute zeigt ein unmittelbar bevorstehendes Gewitter an.

● Bedecken die Cumulonimbus-Wolken den Großteil des Himmels, ist die Niederschlagswahrscheinlichkeit auf das gesamte Land gesehen eher gering. Turmhohe Riesenwolken dagegen sind ein deutliches Warnsignal für Regen, besonders bei hoher Luftfeuchtigkeit (Schwüle).

● Harte und kurze Donnerschläge deutet auf ein sehr nahes Gewitter hin.

● Mittels eines Radiogerätes in sendefreier Position, vorzugsweise auf einer Mittelwellenposition, lässt sich ein Gewitter gut orten. Ein deutlich hörbares Knistern und Knarren deuten auf ein Gewitter in 10–20 km Entfernung hin.

● Wenn Wolken, Regen und Sonne auf breiter Front sich schnell wechselnd ablösen, handelt es sich meist um eine Kaltfront. Zieht diese rasch (1–2 Stunden), ist die Aussicht auf erneuten Sonnenschein recht hoch. Erwärmt sich hinter der Kaltfront die Luft, bilden sich große niederschlagsreiche Wolkenmassen mit Gewittergefahr.

● Bilden sich schon am Morgen hoch wachsende Quellwolken, so ist schon bald mit einem Gewitter zu rechnen. Kühlt es sich danach merklich ab, kann sich ein erneutes Gewitter bilden, auch in der Nacht.

● Böenwalzen entwickeln sich auf der Vorderseite von Gewitterwolken. Sie bildet sich, indem der kalte Abwind in einer Niederschlag freisetzenden Gewitterwolke sich auf der Erde zunächst weitläufig ausbreitet und die auf die Gewitterwolke zukommenden feucht-warmen Luftmassen anhebt. Durch die Kondensation entsteht eine Wolke, die man auch als Böenkragen bezeichnet. Wenn der Oberteil der Gewitterwolke faserig ausfranst, ist mit solch einem Geschehen zu rechnen.

● Eine vor der Gewitterfront (Kaltfront) entstehende Böenlinie kann in nur wenigen Sekunden Orkanstärke erreichen!

● Bei sommerlicher Hochdrucklage mit fallendem Luftdruck stellt sich häufig eine mehrere Tage anhaltende Gewitterlage ein.

● Im Sommer Nebel bzw. Hochnebel bei großer Feuchte lässt Gewitter erwarten.

● Im Sommer ist es bei schwül-warmem Wetter vor Gewittern zunehmend diesig.

Viele Erfahrungsregeln unserer Ahnen gehen auf das damals so gefürchtete Gewitter ein. Hier eine kleine Auswahl:

Starker Donner macht nur ein kleines Wetter, aber Blitzen, die abseits vom Wetter entstehen, ist nicht zu trauen.

Bleibt's nach dem Gewitter schwül, wird's erst nach dem nächsten kühl.

Gewitter in der Vollmondzeit, verhindern Regen lang und breit.

Ein überraschendes Gewitter kann in jeder Hinsicht finstere Aussichten haben.

Was jeder beobachten kann

Große Unwetter kommen von großer Hitze, aber ein kleiner Regen dämpft ein großes Gewitter.
Dampft's Strohdach nach Gewitterregen, kehrt's Gewitter wieder auf anderen Wegen.
Wie das erste Gewitter zieht, man die andern folgen sieht.
Wenn das erste Gewitter hagelt, so hageln auch die folgenden gern.
Wenn's auf den trocknen Boden donnert, dann blüht eine Hitz',
und wenn's auf den nassen Boden donnert, so blüht ein Regen.
Wenn es blitzt von Westen her, deutet's auf Gewitter schwer; kommt vom Norden der Blitz, deutet es auf große Hitz'.

Donner im Winter, steckt viel Kälte dahinter.

Blitz und Donner

In jedem Augenblick gibt es auf der ganzen Erde gleichzeitig etwa 100 Gewitterentladungen. Ein Blitz erhitzt die Luft in seinem Blitzkanal extrem, sodass sie sich explosionsartig ausdehnt und dabei eine Druckwelle erzeugt, die wir als Donner wahrnehmen. Dieser ist in der Nähe des Blitzes zu hören als scharfer, lauter Knall und in weiter Entfernung als Donnerrollen. Um festzustellen, wie weit ein Gewitter von einem entfernt ist, kann man nach einem gesichteten Blitz die Sekunden zählen, bis der Donner zu hören ist. 3 Sekunden sind 1020 m (Schallgeschwindigkeit 340 m/sec). Man teilt also sein Ergebnis durch 3 und erhält die Entfernung des Blitzes in Kilometern. Ein typischer Blitz (Blitzkanal bis 12 mm Durchmesser) überbrückt eine Strecke von 1–5 km, entweder zwischen den Wolken (zwei Drittel aller Blitze) oder zwischen Erde und Wolke (ein Drittel), und hat eine Geschwindigkeit von 128 000 km/sec. Er erzeugt einen kurzzeitigen Strom von 50 000– 100 000 Ampère und eine Hitze in unmittelbarer Nähe von ca. 40 000 Grad. Diese gewaltige Energie kann

Eine besondere Gegenmaßnahme, um Gewitter und Hagel zu vertreiben, war das bis ins 20. Jahrhundert praktizierte »Wetterschießen«. Auf gewittergepeinigten Anhöhen in österreichischen Kronländern versuchte man die Wolken zu zerschießen – zunächst mit Pfeilen, später mit Gewehr- und Kanonenkugeln.

am Einschlagsort Materialien entzünden oder schmelzen, Dächer durchschlagen und Bäume zerreißen. Wo der Blitz den Boden direkt trifft, hinterlässt er z. T. tiefere Löcher, die manchmal von einer Röhre geschmolzener Erde umgeben sind. Früher konnte man sich derartige mechanische Zerstörung, die der so genannte kalte Blitz an Gebäuden und Bäumen hervorruft, nur durch einen geschleuderten Gegenstand, den Donnerkeil, erklären.

> *Auch ein einschlagender Blitz in der Nähe eines Menschen kann gefährlich sein. Der Blitz kann von Gebäuden, Bäumen oder anderen Erhabenheiten auf Personen oder Tiere in unmittelbarer Nähe überspringen. Ein Teilblitzstrom fließt durch den Körper zur Erde und kann lebensgefährlich sein. Außerdem entsteht beim Einschlag eines Blitzes ein so genannter Spannungstrichter, der starke Strom fließt nach allen Seiten ab. Steht man in oder am Rande eines solchen elektrischen Feldes, fließt Strom durch den Körper, der umso höher ist, je weiter die Beine auseinander stehen (Schrittspannung). Bei Tieren, die durch ihren großen Beinabstand immer eine große Schrittspannung haben, führt dies oft zum Tod.*

Nicht nur Angst (Urangst) ist mit einem Gewitter verbunden, sondern für viele wetterfühlige Menschen auch der Beginn von körperlichem Unwohlsein (siehe auch Biometeorologie).

Gewitter – die Wetterrevolution

Der Gelehrte Benjamin Franklin (1706–1790) hatte 1752 mittels Drachenversuchen die elektrische Natur der Blitze nachgewiesen.

Gewitterschutz

Jedes Jahr gibt es im deutschsprachigem Raum mehr Lottomillionäre als Todesfälle durch Blitzschlag. Gewitter sind dennoch eine ernst zu nehmende Gefahr, besonders für Bergwanderer oder auch für Schwimmer. Menschen werden vom Blitz selten direkt getroffen. Meistens handelt es sich um einen elektrischen Schlag, der durch das Fließen des Blitzstroms im Erdboden entsteht (Spannungstrichter). Die Todesrate der vom Blitz getroffenen Personen liegt immerhin bei 40 %. In der Bundesrepublik gehen pro Quadratkilometer im Jahre etwa 5 Blitze nieder. Gefährlich nahe ist ein Gewitter, wenn zwischen Blitz und Donner weniger als 10 Sekunden vergehen.

Idealerweise hält man sich bei Gewitter natürlich nicht im Freien auf. Gute Beobachtungen der Wetterlage ermöglichen uns auch in unbekanntem Gebiet eine gute Einschätzung des Gewitterrisikos. Ist die Gefahr eines Gewitter groß und lässt sich ein Aufenthalt im Freien nicht vermeiden, sollte man wenigstens überprüfen, ob ein vor Blitzeinschlag relativ geschützter Ort zu erreichen ist. Grundsätzlich vermeiden sollte man Hügel und Bergspitzen, Aussichtstürme und Jägerhochstände, einzeln stehende Bäume und Waldränder sowie Metallzäune und auch Weidezaunanlagen.

Der Blitz trifft mehr Bäume als Grashalme.
Hohe Häuser trifft der Blitz am ehesten.

Nun zu einer der bekanntesten Regeln, die noch fest in uns verwurzelt zu sein scheint. Die Regel *»Eichen sollst du weichen, Buchen sollst du suchen«*, ist nicht immer zutreffend! Einzelne Bäume außerhalb des Waldes sind auf jeden Fall auszuklammern! Dennoch bestätigen Forschungsergebnisse diese Volksweisheit in einem geschlossenen Wald. Man untersuchte 11 Jahre lang ein Waldstück mit einem Buchenbestand von 70 %. Der Blitz schlug innerhalb dieses Zeitraums auf dieser Fläche in 56 Eichen, 20 Tannen und 3 Kiefern, jedoch in keine Buche. Eichen werden wegen ihres hohen Feuchtigkeitsgehaltes 60-mal häufiger vom Blitz getroffen als Buchen.

Die möglichen Verletzungen bei einem Blitzschlag sind neben mechanischen Verletzungen: Herzkammerflimmern, Atemstillstand, Verbrennungen und Schock. An den Blitzeintritts- und -austrittsstellen findet man meist nur einen kleinen Fleck. Auch Verbrennungen sind oft nur schwer erkennbar. Die Druckwelle kann zu schweren Gehörschäden, die Blendung zu Augenschäden führen.

Die Tabelle auf Seite 44 soll Auskunft über die wichtigsten Maßnahmen zum Gewitterschutz geben.

Der Mensch solle nicht in die Herrlichkeit Gottes hineinsehen, so schrieb es der Aberglaube vor. Bis in das 18. Jahrhundert hielt man den Blitz für eine Entzündung brennbarer Dünste, bei deren Verpuffen der Donner und der Brandschaden entstehen.

Was jeder beobachten kann

Richtiges Verhalten bei Gewitter

allgemeine Regeln	bester Schutz
Im Gelände: nicht unter frei stehenden Bäumen oder aufrecht in der Natur verweilen, z. B. weiter spazieren gehen oder Fahrrad fahren. Feuchte Böden sind gefährdeter als trockene.	In freiem Gelände sollte man in die Hocke gehen und die Arme unter den geschlossenen Beinen verschränken; so vermindert man das Risiko, von einem Blitz tödlich verletzt zu werden. In einer Erdmulde (Graben) tief bücken, auf keinen Fall hinlegen! Bei einer Gruppe sollte jeder einzeln in die Hocke gehen und keinen anderen anfassen.
Kirch- und Aussichtstürme meiden, ebenso elektrische Leiter aller Art; dazu zählen neben Spannungsmasten auch Schirme oder Zelte mit Stangen aus Metall sowie Weidezäune.	Im Auto (Faraday'sche Wirkung), aber Fenster muss geschlossen und Antenne möglichst eingefahren sein. In Fahrzeugen mit Ganzmetallkarosserie wie Eisenbahnwagen, großen Schiffen, Metallkabinen von Seilbahnen, Schlepper mit Wetter- und Überrollschutz. In Feldscheunen, Stein- oder Schutzhütten ohne Blitzschutz in der Mitte in Hockstellung aufhalten.
Große Gefahr am Waldrand.	Wenn man überrascht wird, ist es mitten im Wald ziemlich sicher. Wildlagerplätze und Vogelnester weisen im Wald auf relativ sichere Orte hin, weil die Tiere instinktiv blitzgefährdete Stellen meiden.
Bei Gewitter niemals in Freibädern, Seen, Weihern oder Flüssen baden oder sich auf Gewässern aufhalten.	Badende und Wassersportler sollen sofort das Wasser verlassen, besonders im Meerwasser! Segel- und Motorboote ohne Blitzschutz sowie Surfbretter sind eine große Gefahr.
Auf hoher See ist jeglicher Aufenthalt an Deck sowie Hinauslehnen über die Bordwand lebensgefährlich. Bei Gewitter auf See niemals Landkurs nehmen – im Küstenbereich verstärkt sich ein Gewitter und der Wind wird tückisch.	Im Schiff unter Deck gehen. Muss sich jemand auf Deck aufhalten, dann nur in Schwerwetterkleidung, mit dicken Handschuhen sowie in 2 m Abstand zu leitenden Teilen. Nach einem Direkteinschlag sollten Kompasse, Navigationsanlagen usw. überprüft werden. »Spinnen« sie – abwarten, nach einiger Zeit funktionieren die Geräte meist wieder. Zehn Seemeilen Abstand zu den Landmassen halten.
Elektrische Geräte und Anschlüsse meiden;	Wenn kein Blitzschutz vorhanden ist, Stecker von Geräten herauszuziehen: Blitze erzeugen starke elektromagnetische Felder, die auch noch in einiger Entfernung des Einschlages zum Ausfall von elektrischen Geräten führen können.
Im Gebirge einschlagsicheren Platz suchen, z. B. unter Felsvorsprüngen, Füße eng geschlossen halten, Felswände, Seile und Metallgegenstände nicht anfassen.	In speziellen, leicht zu transportierenden Blitzschutzzelten. Hockstellung mit eingezogenem Kopf an unsicherem Ort im Gebirge.
Auch ein Blitzeinschlag in der Nähe kann einen Menschen meterweit wegschleudern.	Die Nähe von Abgründen, Anhöhen und Bergspitzen meiden.

Weitere Wetterzeichen

Weitere Wetterzeichen

Mit Wolken, Wind und Gewitter haben wir die wichtigsten und auffälligsten Wettererscheinungen kennen gelernt. Aber auch andere Wetterphänomene können dem aufmerksamen Beobachter wertvolle Hinweise geben.

Der Regen

Regen ist in allen germanischen Sprachen ein immer wiederkehrendes Wort und ist verwandt mit dem lateinischen »rigare« = netzen. Die ursprünglichste Bedeutung ist wohl »stürzende Wassermasse«.

Regen nennen wir die aus der Luft auf die Erde niederfallenden Wassertropfen, die durch Verdichtung von Dampf in einer Wolke entstanden sind. Das »himmlische Nass« entsteht durch Abkühlung der Luft über den Sättigungspunkt hinaus (Kondensa-

England gilt als Metropole der Regenschirme, der durch Jonas Hanway (1712-1786) populär wurde.

tion). Dieses physikalische Phänomen tritt auf bei Mischung mit kalter Luft (ergibt nur leichte Niederschläge), Ausstrahlung (Nebel, Tau) und Ausdehnung ohne Wärmezufuhr (erfolgt stets durch aufsteigende Luftmassen). Letzteres hat zweierlei Ursachen: lokale Erwärmung oder erzwungenes Aufsteigen über Bodenerhebungen bei horizontalen Winden. Wenn sich die feinen Wassertröpfchen zu schweren Wassertropfen verbunden haben, können sie von den Aufwinden nicht mehr in den Wolken gehalten werden, es regnet.

Wenn man sich die Frage stellt, in welcher zeitlichen Verteilung am Tag der Niederschlag den Weg zur Erde findet, so kann man nur allgemein antworten. Die bevorzugten Regenstunden liegen wegen der günstigen Verdichtungsbedingungen in den frischen Morgenstunden. Ein Aufklaren, wenn überhaupt, in der Zeit um 10 Uhr.

Frühregen entweicht, bevor die Uhr auf 12 zeigt.
Frühregen und Brauttränen dauern so lange wie's Gähnen.

Zur Zeit des größten Luftauftriebs an den wärmeren Nachmittagen gibt es eine zweite gehäufte Niederschlagsperiode.

Frühe Gäste gehen auch früh, Mittagsgäste bleiben bis zum Abend.

Meteorologische Einteilung der Regentypen

	Menge (mm/h)	Tropfendurchmesser (mm)	Tropfenzahl (je m² und sec)
Nebel	0,125	0,01	67 400 000
Sprühregen	0,25	0,96	150
leichter Regen	1,0	1,24	280
mäßiger Regen	3,75	1,60	495
starker Regen	15	2,05	495
sehr starker Regen	40	2,40	818
Wolkenbruch	100	2,85	1216

Was jeder beobachten kann

Regen ist keineswegs immer gleich. Größe und Tempo der Regentropfen geben ihnen ihren Namen. Man unterscheidet gefallenen Niederschlag (Regen, Schnee, Graupel, Hagel), abgesetzten Niederschlag (Tau, nässender Nebel, Reif) sowie abgelagerten Niederschlag (Decken von Schnee oder Hagel).

Von Nebelnässe spricht man, wenn der Regen sehr fein und langsam ist. Höchstens 0,06 mm Durchmesser und ein Tempo von nicht mehr als 20 cm/sec sind hier das Limit. Sprühregen gibt hingegen schon etwas mehr Gas. Die Tropfen sind dann unter 1 mm groß und legen einen guten Meter je Sekunde zurück. Das so genannte Bindfädenregnen sagt man beim Platzregen, der mit bis zu 4 mm Tropfendurchmesser und einem rasanten Tempo von maximal 500 cm/sec heruntergepeitscht.

Von all den Unterscheidungen wussten unsere Vorfahren natürlich nichts, dafür hatten sie aber so viele Beobachtungsregeln gesammelt und überliefert, dass wir heute auf diesen Erfahrungsschatz zurückgreifen können.

*Tönet hell der Glockenschlag,
und das Holz nicht brennen mag,
wenn's überm Berge schwarz aussieht,
bleich erscheinen Himmelshöhen,
Mond und Sterne schwach nur schimmern,
und die Sterne blinken, flimmern,
wenn der Rauch nicht grade steigt,
und der Staub lang in den Lüften bleibt,
Schnecken kriechen auf Beeten und Wegen,
Nässe sich am Salze zeigt,
wenn die Spinnen sich verkriechen,
tief die Schwalben am Boden fliegen,
wenn die Katzen sich lecken und streichen,
das Vieh sich reibt an Hals und Weichen,
dann, sei der Himmel noch so schön,
kommt Regen zu dir, du wirst sehn!*

Es gibt so viele Regeln über den Regen, dass man mit ihnen ganze Bücher füllen könnte. So gibt es allgemein gültige, gebietsgültige, aber auch viele lokal gültige, z. B. für ein Dorf. Sie ähneln sich aber alle. So wie sich in den Dörfern die verschiedenen Dialekte erhalten haben, so haben sich auch viele Wetter- und Bauernregeln über den Regen behauptet. Diese vielen Regeln, die zudem die Großartigkeit unseres alten Wortschatzes widerspiegeln, belegen, dass ohne dieses wichtige Element Wasser nichts gedeiht und kein Leben entsteht. Auch unser Tagesrhythmus, unsere Wochenend- und Freizeitplanung sowie die Urlaubsplanung, alles hängt auch heute noch vom Wetter ab. Wenn wir Wetter sagen, meinen wir damit im Allgemeinen den Regen. Am wichtigsten ist der Regen natürlich für Berufsgruppen wie die Landwirte, welche existenziell davon abhängig sind. Die nachfolgend aufgezählten allgemeinen Regeln aus vergangener Zeit geben uns modernen Menschen Beschreibungen und Aussagen über den Regen, wie wir es nicht mehr gewohnt sind.

*Wechseln Regen und Sonnenschein, wird im Herbst die Ernte reichlich sein.
Zu viel und kalter Regen kommt den Bienen und Weinstock nicht gelegen.
Im Walde regnet's zweimal.*

Regen ist für das Wachstum des Getreides wichtig. Der Wunsch der Bauern war noch direkter: Diese Darstellung aus dem Jahre 1580 zeigt die »... wunderliche Geschicht, wie es in ... Brandenburg Korn vom Himmel geregnet den 23. Aprill ...«.

Weitere Wetterzeichen

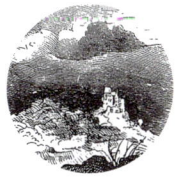

Ein kleiner Regen kann einen großen Wind legen.
Warmer Regen macht die Pilze groß.
1 Tag Regen tränkt 7 dürre Wochen.
Ohne Regen fehlt der Segen.
Besser ein ordentlicher Regen als ein stetes Tröpfchen.
An mäßigen Regen ist viel gelegen.
Unter dem Wasser ist Hunger, unter dem Schnee Brot.
Wenn Berge beregnet werden, so rauchen sie.
Wenn die Wanduhr falsch anschlägt und die Taschenuhr nicht geht, wird's bald regnen.

Auf wunderbare Weise können viele den Regen sogar riechen. Unsere Vorfahren glaubten, dass der Regen seinen Geruch auf dem Weg durch den Himmel an sich nehme. In Wirklichkeit sind es ätherische Öle von Pflanzen, die in die Erde gelangen und bei einer Luftfeuchte von ca. 80 % als ein eigentümlicher, würziger Duft wahrzunehmen sind (feuchte Luft bindet besonders gut Gerüche), den wir unweigerlich mit Regen in Verbindung bringen, welcher auch oft folgt.

Aus dem Miste der Ochsen kann man riechen, ob wir ander Wetter kriegen.

Gemeint ist in dieser alten Regel die erhöhte Luftfeuchtigkeit bei Wetterumschwung, die einen stärkeren Geruch bewirkt. Heute würden wir uns eher auf die Gullydeckel und Abflüsse beziehen, die unter gleichen Umständen zu riechen beginnen. Eine andere Regel sagt:

Wenn der Abort stinkt, kommt schlechtes Wetter.

Dies versinnbildlicht folgenden Zusammenhang: Anaerobe Bakterien (Fäulnisbakterien) werden durch fallenden bzw. niedrigen Luftdruck, welcher meist Regen ankündigt, besonders in ihrem Wachstum gefördert.

Schnee

Wenn wir etwas mit dem Winter leibhaftig verbinden, dann ist es das Erscheinungsbild des Schnees, der binnen kürzester Zeit die vertraute Umgebung in eine Zauberwelt verwandeln kann. Keine Naturerscheinung auf dieser Welt bringt eine solch einschneidende und gleichzeitig zumeist harmlose Veränderung mit sich wie ein ergiebiger Schneefall. Die Landschaft zeigt kaum noch scharfe Konturen, die Härte der Formen und Farben ist gemildert und es wirkt alles viel weicher, zarter ... ja anschmiegsam. Aber man kann jetzt auch gut erkennen, wie viele natürliche Strukturen unsere Kulturlandschaft hat. Man sieht, wo sich ein Flüsschen durch den Landstrich windet, wo ein kleiner See liegt, wo Hecken die Felder unterteilen, und Schneeverwehungen machen deutlich, wo der Wind gute Angriffsmöglichkeiten hat.

Mit dem Schlitten durch tiefen Schnee. Heutige Kinder der Niederungen können sich an ein solches Ereignis kaum erinnern. Klimaerwärmung lässt Grüßen.

Der Klang der Natur ist durch die Wirkung des Schnees ein anderer geworden. Alles ist heller, reiner, stiller und gedämpfter. Die Welt sieht wieder unberührt und unschuldig aus.

Was jeder beobachten kann

Wenn die Temperatur in einer Wolke unter 0 °C sinkt, kann mit der weißen Pracht gerechnet werden. Statt der bekannten Regentropfen bilden sich ab dem Gefrierpunkt winzige Eiskristalle, die schrittweise verkleben und zuletzt als sechseckig gewachsene Schneekristalle langsam zur Erde sinken. Jeder Schneekristall ist übrigens ein Unikat, keine Schneeflocke gleicht einer anderen.

Die Form der Schneeflocken hängt von der Temperatur bei der Entstehung in der Wolke und auf den Weg zum Boden ab. Die Größe der Schneeflocken ist selten über 3–4 cm. Unter günstigen Bedingungen kann sie jedoch über 10 cm erreichen. Die größte beobachtete Schneeflocke hatte einen Durchmesser von immerhin 12 cm! Eine Faustregel zum Verhältnis Wasser/Schneegehalt wird mit 1:10 angegeben. 1 mm Niederschlagsmenge entsprechen 10 mm frisch gefallenen Schnees. Eine Schneeflocke besteht aus bis zu 95 % Luft und hat bei einem Durchmesser von 1 mm eine Fallgeschwindigkeit von 0,8 m/sec. Bei einem Durchmesser von 4 mm beträgt die Fallgeschwindigkeit 0,25 bis 0,35 m/sec. Ohne den hohen Luftanteil würde eine Schneeflocke wohl kaum so schön ruhig, langsam und leise auf die Erde schweben.
Ist der Schnee wirklich so leise? Forscher der John Hopkins University haben festgestellt, dass auf Wasser fallender Schnee für viele Wassertiere sogar eine definitive Lärmbelästigung darstellt. Die in der Schneeflocke eingebetteten Luftbläschen sind hierfür der Grund. Der auf der Wasseroberfläche auftreffende, schmelzende Schnee erzeugt Töne zwischen 50 und 200 Kilohertz, die von uns zwar nicht wahrgenommen werden, für eine Vielzahl der Wassertiere aber geräuschvolle Frequenzen sind.
Die Schneehöhe ist allgemein viel geringer, als die meisten annehmen. Im Flachland wird eine Höhe von 30 cm nur selten überschritten. Grund dieser Überschätzung sind meistens die Schneeverwehungen, die eine Mächtigkeit auch im Flachland von über 2 m haben können. Ganz anders ist es im Gebirge, wo innerhalb eines Tages durchaus 1 m Neuschnee fallen kann. Fabelhöhen von 5–10 m werden aber nicht erreicht. Die wohl oberste Neuschneehöhe dürfte die 3-m-Grenze sein, da noch mehr Schnee durch sein eigenes Gewicht zusammengedrückt würde.
In der heimischen Natur ist der Schnee im Winter sehr willkommen, denn durch den isolierenden Charakter schützt er alles, was von der weißen Pracht bedeckt wird. Die Wärmeleitfähigkeit von Neuschnee beträgt nur etwa ein Zehntel der Leitfähigkeit des nassen Bodens. Darum sinkt die Temperatur an der Bodenoberfläche unter einer schützenden lockeren Schneedecke nur wenige Grad unter Null. Temperaturunterschiede bis zu 15 °C ober- und unterhalb einer Schneedecke sind schon gemessen worden. Auch viele Tiere wie zum Beispiel die Feldmäuse finden unter der schützenden Schneedecke Zuflucht. Das Alpenschneehuhn und der Schneehase lassen sich

Es gibt unzählige verschiedene Schneekristalle. Jede Schneeflocke ist ein Unikat.

Weitere Wetterzeichen

richtig einschneien – manchmal sogar Gämsen, Rehe und Hirsche. Aber nicht nur der winterliche Schnee hat schützende Eigenschaften. Als Beispiel soll ein Erlebnis meines Vaters dienen. In seiner Jugend gab es einmal Anfang Juli einen Temperatursturz, als der Weizen in voller Blüte stand. Über Nacht fiel Schnee und bedeckte das ganze Land. Sofort dachten alle Bauern nur an eines: »Hilfe, unser Weizen!« Der Schnee haftete an den blühenden Ähren und viele glaubten, die Ernte sei verloren, wenn nicht umgehend der Schnee verschwände. So kamen einige auf die Idee, den Schnee durch Ketten und Seile, die zwischen zwei Pferde gespannt waren, von den Ähren zu streifen. Ganze Felder wurden dieser Methode unterzogen. Alle Bauern, die diese Rettungsmethode an ihrem Weizen anwandten, mussten bitteres Lehrgeld bezahlen. Sie konnten ihren Weizen später nicht ernten, denn alle Ähren waren ohne Inhalt. Schon Hölderlin schrieb: »Tief in der Hülse von Schnee schlief das gefesselte Leben«, und er wusste: »Liegt unter kalten Schneen sicher nicht die goldene Saat?«

Herrscht anhaltender Frost, kann eine geschlossene Schneedecke lange liegen bleiben. Die kristallklaren Schneesternchen reflektieren das einfallende Licht so sehr, dass schon eine wenige Millimeter starke Schneeschicht ausreicht, alles in Weiß erscheinen zu lassen. Sie vermag fast sämtliche Sonneneinstrahlung zurückzuwerfen (Albedo). Das bewirkt bei ruhiger, klarer Wetterlage eine Verschärfung des herrschenden Frostes, besonders in Winternächten. Unter Albedo versteht der Meteorologe das Rückstrahlungsvermögen (Reflexion) eines Körpers. Die Albedo wird in Prozent der einfallenden Strahlung angegeben. Zum Beispiel beträgt sie bei einer frisch gefallenen Schneedecke etwa 85, bei Altschnee rund 50, bei Ackerboden 15 und bei Wald etwa 10 %.

In der alten Volkskunde wird die Herkunft des Schnees meist auf eine mythologische Gestalt wie Frau Holle oder in der nordischen Mythologie den Snaer zurückgeführt.

Durch die Beschaffenheit des Schnees kann man sogar die Außentemperatur einschätzen. Ist die Beschaffenheit trocken, pulvrig und locker, ist es unter minus 10 °C (Pulverschnee). Unter dem Druck der Fußsohle zerbrechen die Schneekristalle, der Schnee »schreit oder knirscht«. Ist der Schnee weich und knarrt dumpf unter den Füßen, ist es kälter als minus 5 °C. Wenn sich die weiße Pracht gut zu Schneebällen formen lässt (Pappschnee – der Schnee backt), herrschen ungefähr 0 °C.
Bei leichten Plusgraden beginnt der Schnee zu schmelzen, er wird nass und schwer (Sulzschnee). Wenn bei Schneefall die Schneeflocken größer werden, kann man davon ausgehen, dass in der Höhe die Temperatur zunimmt. Bretthart ist der Schnee, wenn die Oberfläche durch Sonneneinstrahlung oder Regen angetaut ist und dann wieder überfriert (Harsch), bei deutlich unter 0 °C.

Graupel und Hagel

Eine Schwester des Schnees, aber auch des Hagels ist das Graupelkorn. Stößt ein unterkühlter Wassertropfen mit einer feinen Eisnadel oder Schneeflocke zusammen, verbackt er sozusagen zu einem undurchsichtigen Eisgebilde, einem Graupelkorn. Man kann es auch als eine Übergangsform zwischen Schnee und Hagel sehen. Graupel fällt gewöhnlich nur in bescheidenen Mengen. In größeren Höhenlagen der Gebirge ist es jedoch die fast ganzjährige Hauptform der Niederschläge, besonders als Begleiterscheinung von Gewittern. Im Flachland ist diese Niederschlagsform am häufigsten in den Böenschauern des Aprilwetters, vornehmlich am Tage, zu finden. Schnee oder Hagelfälle (z. B. bei Sommergewittern) gehen dem Graupelfall oft voraus, aber folgen selten nach Graupelschauern. Das Wort Hagel leitet sich vom altdeutschen »hag« ab (schlagen, verletzen, beschädigen). Die Hagelkörner werden mancherorts auch »Schlossen« genannt. Früher wie heute wird der Hagel verwünscht und verflucht. Er galt früher als Strafe des Himmels. Im Mittelalter war man der Meinung, dass so genannte Schwarzkünstler, Zauberer und Hexen den Hagel machen würden, um ihren Feinden Schaden zuzufügen. Deshalb betete man, um den Schaden abzuwenden.

Wenn's donnert oder hagelt, läutet man die Glocken.

Eine besondere Gegenmaßnahme, um den Hagel zu vertreiben, war das bis ins 20. Jahrhundert praktizierte »Hagelschießen«. Dieser Brauch ist

Was jeder beobachten kann

auf Seite 42 unter »Wetterschießen« näher beschrieben.

Hagel ist wohl die gefürchtetste Niederschlagsform, die wir kennen. Er ist fester Niederschlag, der aus Eiskugeln oder Eisklumpen besteht. Die Größe ist recht unterschiedlich und beträgt durchschnittlich Erbsen- bis Haselnussgröße. Ein Hagelkorn kann aber auch einen Durchmesser von bis zu 10 cm und ein Gewicht bis zu mehreren Kilogramm erreichen. Das schwerste Hagelkorn aller Zeiten wurde in Kasachstan gefunden mit einem Gewicht von 1,9 kg. Berichte über große Hagelkörner sind mit Vorsicht zu werten, da sie auf der Erde zusammenbacken können und somit den Eindruck eines großen Findlings vortäuschen. Sogar Mensch und Tier kann ein plötzlicher Hagelschlag übel mitspielen. Tiere bis zur Größe eines Fuchses können getötet, ganze Ernten vernichtet und Gebäude beschädigt werden. Fällt starker Hagel zusammen mit Sturmböen, werden Fensterrollläden zerschossen, Autos einem Beulenmuster unterzogen, Dachziegel zermalmt, der Putz von Wänden geraspelt, ganze Ernten umgemäht, Büsche und Bäume entlaubt ... Und das Schlimmste: Nichts, aber auch gar nichts kann solch ein Unwetter aufhalten.

Hagel ohne Gewitter ist sehr selten. Einem Hagelschlag voran kommen manchmal einzelne große Regentropfen, die nichts anderes sind als geschmolzener Hagel. 90 % allen Hagels fallen in den Monaten Mai bis August, vornehmlich in der wärmeren Nachmittagszeit zwischen 14 und 18 Uhr. Hagel ist zu erwarten, wenn wir ein unwirklich fahles, gelblichgrünes Leuchten aus dem Innern einer schwarzen Wolke (Cumulonimbus) beobachten. Dies tritt besonders gern über feuchten, sehr aufgeheizten Böden oder Seen auf, oft sehr lokal, z. B. über einer Großstadt.

Wenn das erste Gewitter hagelt, so hageln auch die folgenden gern.

Tau, Dunst und Nebel

Waren sie schon einmal an einem schönen Sommermorgen nach einer windstillen klaren Nacht bei Sonnenaufgang in der frischen, erwachenden Natur? Es lohnt sich, denn so Rückert: *»Der Morgen hat die weichen Tauperlen schon geweint«.* Es ist wahrhaft ein Genuss, die sanft aufgehende Morgensonne in den unzähligen kleinen edelsteinartigen Tautröpfchen regenbogengleich sich spiegeln zu sehen.

Taubildung tritt ein, wenn die Luft auf kalte Flächen trifft, deren Temperatur unter ihrem Taupunkt (Sättigungsmaximum des Wasserdampfes der Luft) liegt. Jeder kennt das Beispiel von der kalten Flasche aus dem Kühlschrank, die in wärmerer Umgebung beschlägt. Nichts anderes geschieht in der Natur, vornehmlich am frühen Morgen während der warmen Jahreszeit bei klarem Himmel mit keiner oder nur schwacher Windbewegung. Tau fällt also nicht, sondern schlägt sich nieder. In einer reichen Taunacht unserer Breiten bis zu einem Drittel Millimeter (in den Tropen können dies 2–3 mm sein). Beispiel: 20 °C warme Luft mit 15 % relativer Luftfeuchtigkeit enthält 9 g Wasserdampf pro Kubikmeter. Kühlt sich diese Luft auf 10 °C ab, so besitzt sie nach wie vor 9 g Wasserdampf pro Kubikmeter, nun jedoch 100 % relative Luftfeuchtigkeit, da kalte Luft nicht so viel Wasserdampf halten kann. Bei weiterer Abkühlung kondensiert Wasserdampf (z. B. als Tau am kühlen Boden, an Gräsern oder Blättern).

Naturfreunde können in den frühen Morgenstunden zur »Tauzeit« ganz leicht eine außergewöhnliche Erscheinung beobachten. Denn wenn man die Sonne im Rücken hat und der eigene Schatten auf das mit Tau benetzte Grün fällt, sieht man oftmals um den eigenen Kopf einen hellen Lichtschein wie einen Heiligenschein (Nimbus), der den eigenen Bewegungen folgt.

Voraussetzung für jeden Nimbus ist die Kombination aus Licht plus Tau, denn wenn die Lichtstrahlen der Sonne auf einen Tautropfen fallen, werden sie in gerade diesem gebündelt. Auf der »Tauunterlage«, in den meißten Fällen Gras, Blätter oder Erde, wird der gebündelte Lichtstrahl schließlich reflektiert. Die Folge: Das Licht streut in alle Richtungen und erzeugt so den Nimbus-Effekt.

Auch wenn sich die leicht mystische Erscheinung selten ganz offensichtlich zu erkennen gibt, kann man doch einiges tun, um sie selbst einmal direkt zu erleben. Sichtbar wird das Ereignis prinzipiell nur dann, wenn Sonne, Beobachter und Schatten eine Gerade bilden. Aus diesem Grund kann auch jeder Mensch nur seinen ganz persönlichen Heiligenschein wahrnehmen. Schon um den Schatten der seitlich ausgestreckten Hand ist der Lichtschein nicht mehr zu erkennen. Bester Ausgangspunkt für eine erfolgreiche Beobachtung

Weitere Wetterzeichen

sind ein niedriger Sonnenstand und eine in weißgraue Tautropfen getauchte gemähte Wiesenfläche.

Im Winter gibt es natürlich auch Tau, der bei Frostgraden jedoch die Gestalt von Reif annimmt. Er besteht aus kleinsten Eiskügelchen, die bei zunehmender Kälte immer feiner werden. Reif löste früher oft Angst und Schrecken aus, denn er kündigt kontinuierliches Frostwetter an.

Wird nach einer längeren Kälteperiode im Winter wärmere Luft herangeführt, schlägt sich an den noch kalten Zweigen der Bäume und Sträucher der dem Wind zugekehrten Seite die mit Wasserdampf gesättigte Luft als Raureif (Raufrost, Rauchfrost, Unraum) nieder. Frei stehende und raue Oberflächen begünstigen diesen Vorgang. Besonders schön bildet sich Raureif an Ufern von noch nicht zugefrorenen Flüssen und Seen zur Wasserseite hin aus. Die hier aufsteigende feucht-warme Luft setzt sich an die viel kälteren Äste ab. Hält dieses Geschehen in der Natur mehrere Tage an oder wechselt es noch mit dem Fall von nassem Schnee, der später abermals wieder mit Reif überzieht, wird alles in dicke Eishüllen eingepanzert. Jetzt hat es die Tierwelt schwer, denn die meiste Nahrung bleibt ihnen verborgen, die Vögel verstummen. Das Gewicht der wachsenden und glitzernden Eiskristalle kann so immens schwer werden, dass Äste abbrechen oder Überlandleitungen zerreißen.

Alles freut sich, wenn der Winter, der grausame Herr, mit seinen Rittern Reif und Frost das Land räumt.

Viele Eigenschaften des Nebels beschreiben recht zutreffend der Volksmund und die Dichtung. Goethe sagte einmal. *»Im Nebel tief verborgen liegt um mich her die Welt«*. Einfacher und treffender kann man den Reiz des Nebels auf unser Empfinden wohl kaum ausdrücken. Es ist oft vom »Bruder der Wolke« die Rede. Und so könnte man den Nebel auch beschreiben: als eine der Erde aufliegende Wolke. Ebenso wie diese ein Gebilde, in dem sich der Wasserdampf in tropfenförmiger, flüssiger Gestalt ausscheidet.
Auch Nebel und Dunst geben uns Hinweise auf das lokal kommende Wetter. Schon früher waren sie verlässliche Wetterpropheten der Bauern:

Kommt abends über Wies' und Fluss der Nebel auf an Tages Schluss, und morgens dann, wenn Sonneskraft ihn wieder kann vertreiben, so wird's schön Wetter bleiben.

Nebel entsteht bei Abkühlung der Luft durch Ausstrahlung einer kälteren Boden- oder Wasserfläche, so genannter **Strahlungsnebel.** Er bildet sich bei klaren, windstillen Wetterlagen vornehmlich in den Übergangszeiten Herbst/Winter und Winter/Frühjahr, aber auch im Sommer, und ist anfänglich meist bodennaher Frühnebel, der sich durch Sonneneinstrahlung »hebt« (mit einer deutlichen Untergrenze von ca. 1–200 m), um sich dann aufzulösen. Bei einer Mächtigkeit des Nebels von 200 bis 300 m reicht die Erwärmung oft nicht aus, um ihn ganz aufzulösen. Es bleibt den ganzen Tag nebelig. Früher sagte der Volksmund an solchen Tagen: *»... dann kochen die Füchse Kaffee, und die Hasen backen Kuchen, und am Abend sagen sich dann Fuchs und Hase gute Nacht«.*

In einer klaren Ausstrahlungsnacht erscheinen zunächst zarte Nebelfäden, die sich zusehends verdichten und sich schleierartig über das Land ausweiten. Die Bodennebelbildung wird über feuchtem Gelände wie Mooren, Wiesen, Flüssen und Seen begünstigt, da die stärkere Verdunstung einen zusätzlichen Wärmeverlust mit sich bringt. Wir fühlen eine deutliche Abkühlung (Verdunstungskälte). Oft haben diese Frühnebel (Dampf-Nebel) nur eine Höhe von 1–2 m und sind sehr scharf auf ihre Entstehungsgebiete begrenzt. Ein Spaziergang oder eine Fahrt durch die späten Abend- und ersten Morgenstunden gewinnt hierdurch einen ganz besonderen Reiz.
Strahlungsnebel sind aber nicht nur an feuchte Gebiete gebunden, sondern findet sich zudem in hügeligem Gelände, in dessen Täler und Niederungen die Kaltluft wie Wasser hineinfließt. In diesen Kaltluft-Sammelbecken hüllt der Nebel alles ein. Auf erhöhten Stellen können wir das sanft wogende Nebelmeer sehen und beobachten, wie sich der Nebel allmählich im Kampf mit der Sonne auflöst. Derartig hoch reichende Strahlungsnebel finden wir auch im Flachland, in erster Linie zur Herbst- und Winterzeit, die dann eine Mächtigkeit von mehreren hundert Metern erreichen können. Die schwache Son-

Was jeder beobachten kann

neneinstrahlung ist zu dieser Zeit oft machtlos und lässt die »feuchte Suppe« besonders in Tälern und Ebenen tagelang bestehen. Erst aufkommende Winde vermögen die Kaltlufthaut zu zerreißen den Nebel fortzuräumen. Eine weitere Nebelform ist der sogenannte **Mischungsnebel,** der sich durch Mischung feucht-warmer Luft mit kälteren Luftmassen bildet. Er grenzt sich nicht so klar ab wie der Strahlungsnebel. Im Winter leitet diese Nebelform nach einer längeren Kältezeit fast immer das Eintreten von Tauwetter ein. Allgemein ist diese Nebelform sehr dicht, hält zumeist jedoch nur wenige Stunden an.
Im Winter schiebt sich manchmal sehr kalte, feuchte Luft unter relativ wärmere Luft. Es entsteht eine Inversionswetterlage, die ihre obere Grenze etwa bei 2000 m hat. Wir haben dann Kaltluft und Hochnebel unter dieser Schicht in 2000 m Höhe, oberhalb davon Warmluft bei klarem Himmel und einer guten Fernsicht.

Bei Sichtweiten von 1–8 km spricht man von Dunst, bei Sichtweiten unter 1 km von Nebel. Die Luft ist mit Wasser so sehr gesättigt, dass man es sehen, aber auch fühlen kann. Bei zunehmender Verdichtung des Nebels (Hochdrucklage) vergrößern sich die einzelnen Nebeltröpfchen immer mehr, bis sie schließlich als feiner Regen zu Boden sinken. Dieser Vorgang ist uns als »Nebelreißen« bekannt, welcher im Winter oft gefährliches Glatteis hinterlässt.

Grundsätzlich löst sich der Nebel bei zunehmender Erwärmung vom Boden her auf. Man hat den Eindruck, dass er fällt. Wenn aber schon morgens die Sonne den Nebel nach oben treibt, so kühlt er sich pro 100 m um 1 °C ab. Je höher, desto kühler, je kühler, desto mehr Kondensation; es entstehen oder wachsen Wolken, die letztendlich Niederschlag bringen.

Was als Dunst aufsteigt, fällt als Regen nieder.

Nebel hat bei uns Menschen schon immer eine mystische Vorstellungswelt angeregt. In der Undurchsichtigkeit des Nebels sehen wir ständig wechselnde Gestalten und Gefahren, die nicht vorhanden sind, oder wir steigern die vorhandenen ins Übertriebene. Der Nebel ist die Personifikation des Verborgenen und Bedrohlichen. Im Mittelalter glaubte man, dass der Nebel Ursache der Pest war. Wir verbinden Nebel mit dem Gefühl der Einsamkeit sowie Schwermut der Seele. Ab Oktober beginnt die Zeit der Nebel, welcher besonders gegen Abend schnell aufziehen kann. Gerieten früher die Hirten mit ihrer Herde in solch einen Nebel, bekamen sie panische Angst, denn sie glaubten, der Nebel könne die Tiere verschlucken. Sahen die Hirten Nebel auf die Herde zukommen, entzündeten sie Feuer und wirbelten den aufsteigenden Qualm mit heftigen Armbewegungen dem Nebel beschwörend entgegen in der Hoffnung, den »weißen Schrecken« damit zu vertreiben.

Schönes Wetter ist zu erwarten, wenn
● sich Dunstschichten über Tälern, Wiesen und Flüssen zeigen.
● der Nebel fallend sich auflöst.
● sich starker Reif oder Tau in der Nacht bildet.
Wetter- und Bauernregeln knüpfen an. Seit Jahrhunderten hat man Folgendes beobachtet:

Sind abends über Wies' und Fluss Nebel zu schauen, wird Petrus anhaltend schön Wetter zusammenbrauen.

Reisen durch unwegsame, nebelreiche Niederungen und Moorgebiete galten stets als besonders gefährlich. In dieser Darstellung des Erlkönigs wird dieser als unheimlicher, dem Nebel entsprungener Geist dargestellt.

Weitere Wetterzeichen

Wenn Nebel von den Bergen absteigen oder vom Himmel fallen oder in den Tälern liegen, bedeutet's schönes Wetter.
Auf gut Wetter vertrau', beginnt der Tag nebelgrau.
Wenn der Nebel Häusele baut, wird trocken Wetter.
Reif und Tau macht den Himmel blau.

Schlechtes Wetter kommt, wenn

- Dunstschichten sich auflösen (nicht Nebel).
- gute Fernsicht herrscht und klarer Himmel am Morgen bei zunehmendem Wind ist.
- die Nebel aufsteigen.
- Flächen und Gegenstände beschlagen.

Die Erfahrungen unserer Ahnen sagen das Gleiche:

Steigt morgens der Nebel empor, so steht Regen bevor.
Nebel, der sich steigend hält, bringt Regen.
Eine tropfende Wurst, ein nasser Speck, eine angelaufene Sense prophezeien Regen.
Wenn die Sonne Wasser zieht, gibt's bald Regen.
Dicke Abendnebel hegen öfters für die Nacht den Regen.

Der Regenbogen

Der Regenbogen gilt als eines der eindrucksvollsten Naturphänomene und ist auch zweifellos die häufigste und bekannteste optische Erscheinung der Atmosphäre, die wir im mitteleuropäischen Raum kennen.

Nach Gewitter- oder Regenschauern, wenn die Sonne auf eine Regenwand strahlt, oft bei schnell wechselnder Bewölkung, kann man im Gegenpunkt der Sonne den durch Brechung und Reflexion des Sonnenlichtes in den Regentropfen entstehenden Regenbogen bewundern. Dabei ist der Regenbogen umso farbiger und intensiver, je größer die Regentropfen sind. Der Beobachter steht stets mit dem Rücken zur Sonne und schaut in Richtung der Regenwand. Einen vollen Regenbogen-Halbkreis erblickt man jedoch nur in den Morgen- und Abendstunden um Sonnenaufgang bzw. Sonnenuntergang.

Der Regenbogen erscheint umso kleiner, je höher die Sonne am Himmel steht, und reduziert sich ganz, wenn die Sonne den höchsten Punkt erreicht hat. Der Haupt- oder Primärregenbogen hat einen Radius von 40–42 Grad, der durch Mehrfachbrechung entstehende Nebenregenbogen 51–55 Grad, vom Betrachter gerechnet.

Hat es am Tage noch nicht geregnet, so gibt ein Regenbogen in der Erntezeit Anlass zur Eile, denn es kommt Regen oder Gewitter. Östliche Winde bringen im Juli/August Wärmegewitter.

Die Farben gehen von außen Rot über Orange, Gelb, Grün, Blau und Indigo bis Violett und beim Nebenregenbogen umgekehrt von Rot innen bis Violett außen. Innerhalb des Regenbogens kommt es zu einer typischen Aufhellung. In sehr seltenen Fällen kann sogar ein dritter Bogen gesichtet werden. Bei der Beobachtung der leuchtenden Himmelserscheinung zählen wir also 7 Farben – oder sind es weniger? Isidor von Sevilla behauptete im 7. Jahrhundert die Farben Weiß und Schwarz als äußere, begrenzende Farben erkennen zu können und dazwischen nur noch die Farben Gelb und Purpur. In einigen christlichen Bildern sieht man nur Rot für das Jüngste Gericht und Blaugrün für die Sintflut. Aristoteles sah 3, die Chinesen sehen 5 Farben und Vergil sprach sogar von 1000 Farben.

Was jeder beobachten kann

... da hebt von Berg zu Berg sich, prächtig ausgespannt, ein Regenbogen übers Land. (SCHILLER)
Einen Regenbogen, der eine Viertelstunde steht, sieht man nicht mehr an. (GOETHE)

Meistens ist ein Regenbogen am späteren Nachmittag zu beobachten, wenn die Sonne vom Westen auf die dunkle östliche Wetterseite scheint. Man wird feststellen, dass in aller Regel nachmittägliche Schauerniederschläge vorherrschen mit intermittierenden Wolkenlücken, z. B. nach Durchgang einer Kaltfront, durch die die Sonne scheint und einen Regenbogen hervorruft. Die Witterung deutet möglicherweise auf abziehende Regenwolken hin, besonders nach einem Gewitter. Bei anhaltenden Flächenniederschlägen in Schlechtwettergebieten ist kein farbiger Bogen zu erwarten, da die dichten Schichtwolken eine Sonneneinstrahlung verhindern.
Sehen wir den Regenbogen allerdings schon am Morgen, ist er immer in westlicher Richtung zu finden, aus der Luftmassen mit hoher Feuchtigkeit und größerer atmosphärischer Labilität zu erwarten sind. Diese Beobachtung deutet fast immer auf ein anziehendes Schauer- oder Regengebiet bei Westwetterlage hin. Auf eine kurzfristige Wetterbesserung ist meistens nicht zu hoffen. Die Schauerlage wird sich tagsüber sogar noch verstärken. So sind auch folgende alte Wetterbeobachtungen zu verstehen.

Regenbogen am Morgen, des Hirten Sorgen, Regenbogen am Abend, den Hirten labend.

Regenbogen am Abend lässt gut Wetter hoffen, Regenbogen am Morgen lässt für Regen sorgen.

In den folgenden Wetterregeln erscheint der Regenbogen eher widersprüchlich und für Wetterprognosen zweifelhaft.

Wenn ein Regenbogen bei Sonnenuntergang sich zeigt, so donnert es und regnet leidlich.
Regenbogen nach 4 [16 Uhr], gibt dem anderen Tag mehr.
Regnet es abends in den Regenbogen, so regnet es anderentags weiter.

Der Regenbogen, unerreichbar fern und doch traumhaft nah. Der scheinbar grundlos entstehende und spurlos verschwindende farbige Bogen hat in vielen Völkern nicht nur Bestand in Kunst und Mythologie, sondern auch viele Namen und viele schöne Erzählungen um sich versammelt. So nennt man ihn: Himmels- oder Sonnenring, farbiger Sonnenbogen, himmlischer Bogen, Götterstühlchen, Wolkendeichsel, der Weg der Engel, Brücke zwischen Himmel und Erde (das Christkind rutscht auf ihm herab) sowie die Peitsche Luzifers (er züchtigt in der Mythologie mit dem Regenbogen die kleinen Teufelchen). Bei Sonnenregen schlägt der Teufel seine Großmutter.
Die griechische Mythologie hat dem Regenbogen sogar eine Gottheit zugeordnet: Iris, Göttin des Regenbogens und Tochter des Titanen Thaumas und der Elektra, der Tochter des Titanen Okeanos. Im 15. und 16. Jahrhundert findet man in manchen katholischen Gemälden die Auffahrt Christi in einem Regenbogen dargestellt.
Genauso scharen sich viele schöne Erzählungen aus beinahe allen geschichtlichen Epochen um den Regenbogen mit seinem fast unirdischen Lichterglanz. So meinte man:

Wenn es bei Sonnenschein regnet, so ist in der Hölle Kirmes. Der Teufel tanzt mit seiner Großmutter.

Die erhabenste Bedeutung gab das Alte Testament dem himmlisch farbigen Bogen. Danach setzte Gott den Regenbogen in die Wolken zum Zeichen des Bundes, den er nach der Sintflut mit Noah einging: »Meinen Bogen habe ich in die Wolken gesetzt; der soll das Zeichen sein des Bundes zwischen mir und der Erde.« (1. Mose)
Nach der Bibel hat es ein Reicher schwer, in den Himmel zu kommen, daher freut man sich da oben sehr, wenn ein solcher doch den Weg findet.

Erscheint der Regenbogen, so kommt ein Edelmann in den Himmel.

Eine schwäbische Geschichte erzählt, dass am Tag des Jüngsten Gerichts die gerechten Toten über den Regenbogen in die selige Ewigkeit kommen. Unter den Bösen bricht er aber zusammen.
Unseren Großvätern und sogar noch unseren Vätern dürfte vertraut sein, dass an den Stellen, an denen der Regenbogen die Erde berührt, eine goldenes Schüsselchen vergraben liegt.

Wo der Regenbogen die Erde berührt, steht eine goldene Schale.

Weitere Wetterzeichen

Dieser Aberglaube basiert auf zufällig gefundenen alten keltischen Münzen am Fuße eines Regenbogens und der altheidnischen Auffassung, dass ein Regenbogen göttlichen Ursprungs sei, denn die Himmlischen schoben dem Regenbogen goldene Schüsselchen unter.

An dem Platz, an dem der Regenbogen die Erde berührt, lassen Engel gerne goldene Schüsselchen fallen. Früher war man der Meinung, dass der Bogen praktisch alles in Gold verwandelt, was in den Einflussbereich der Enden kommt, an denen er die Erde berührt. Der Gedanke, magische Energien des Regenbogens könnten die Menschen vermögend machen, ist weit verbreitet. Unsere Jüngsten glauben dies noch heute, denn in Sagen und Märchen wird darüber berichtet – warum auch nicht!

Wo der Regenbogen 3 Tage hintereinander aufliegt, dort ist ein Schatz vergraben.

Ein tibetanischer Mythos erzählt: »Am Anfang vor aller Zeit, als es weder Götter noch Menschen gab, entstand im gestaltlosen Chaos unversehens eine allererste Bewegung, und zwar aus fließenden farbigen Lichtern wie im Regenbogen. Diese Lichtströme umschlangen und verdichteten sich zu einem Ei, aus dem alle Welten mit allen ihren Göttern, Dämonen, Menschen und Dingen hervorgehen sollten.«

Romantische, aber auch spirituell anmutende Erzählungen des symbolträchtigen Regenbogens verarmen leider in der heutigen modernen Gesellschaft immer mehr. Die unterschiedlichen Emotionswerte des Regenbogens sind uns aber erhalten geblieben. Irgendetwas Erwärmendes erregt unsere Seele, wenn wir in düsterer, unfreundlicher Umgebung einen Regenbogen sehen, und die Landschaft, in der wir den farbenprächtigen Bogen erblicken, wird in ihrer emotionalen Erlebniswelt ganz und gar verändert. Manche bekannte Umweltbewegungen und Organisationen wie Greenpeace benutzen den Regenbogen mit seiner typischen Farbenabfolge heute als Symbol für Harmonie, Ganzheitlichkeit oder Naturschutz.

Weniger bekannt und auch seltener ist der »kleine Bruder« des Wetterphänomens, der so genannte **Taubogen.** Er entsteht wie der Regenbogen, nur dass das Licht hier nicht mit Regen, sondern mit Tau zusammentrifft. Ein kompletter Halbkreis ist bei dem wesentlich zierlicheren Taubogen selten, denn gerade durch die Rückstreuung oder den schwachen Kontrast zum Grün einer taubedeckten Wiese ist der zaghafte Bogen oft nur als buntes Aufglitzern an den Seiten des (in seiner Wölbung nach oben unsichtbaren) »Regenbogens« wahrzunehmen. Wenn die Wiesen mit Spinnweben verziert sind, hat man bessere Beobachtungschancen. Auf Waldlichtungen und Wiesen, die morgens sehr lange im Schatten liegen, hat man eine höhere Trefferquote, den Taubogen zu beobachten. Eine weitere Form des Regenbogens ist der **Nebelbogen,** allerdings trägt er statt Bunt lieber schlichtes Weiß und ist auch eine ganze Ecke breiter als sein berühmter Verwandter. Doch warum ist der Nebelbogen weiß? Weil Nebel aus sehr kleinen Wassertröpfchen besteht, bei denen sich die einzelnen Spektralfarben überlagern. Diese Überlagerung sorgt dafür, dass wir am Himmel ein völlig weißes Band sehen. Übrigens ist der Nebelbogen ziemlich lichtscheu. Wenn die Tröpfchen kleiner als 5 Mikrometer sind, kann man die weiße Brücke gar nicht mehr sehen. Und auch, wenn die Sonne sich die Ehre gibt, macht sich der Nebelbogen aus dem Staub.

Morgenrot und Abendrot

Auch und besonders von der Farbe des Himmels kann man das Wetter ablesen. Die allseits bekannten Regeln *»Abendrot – Schönwetterbot«* und *»Morgenrot – mit Regen droht«* haben schon so oft ins Schwarze getroffen. Die Färbung basiert auf dem Wasserdampfgehalt in den unteren Luftschichten. Je mehr Wasserdampf, umso stärker die Rotfärbung des Himmels. Auch Staubteilchen tragen dazu bei. Man denke z. B. an Vulkanausbrüche, die bis in die hohen Schichten der Atmosphäre ihre Staubmassen bringen, welche sich dann sogar global verteilen. Von unserem eigenen Schmutz ganz zu schweigen. Durch die Überlagerung der Spektralfarben Rot, Gelb, Grün, Blau und Violett erscheint tagsüber das Sonnenlicht weiß. Der Himmel ist an schönen Tagen blau, weil die blauen Sonnenlichtanteile allseitig stärker gestreut werden.

Steht morgens und abends die Sonne tief, so nehmen die Sonnenstrahlen einen weiten Weg durch die bodennahen Luftschichten, in denen der meiste Wasserdampf enthalten ist.

Was jeder beobachten kann

Dem Morgenrot ist nicht zu trauen, denn allzu oft folgt am Abend Regen. Dabei gilt: Je intensiver die Färbung, desto früher der Regen.

Das blaue Licht wird auch dabei stärker gestreut, weshalb wir vorwiegend das rote Licht der Spektralfarben der Sonne sehen können, je nach Trübungsgrad der Atmosphäre auch Rotgold, Rosa oder Orange. Die schönste Farbenpracht kann man bei der abendlichen Dämmerung beobachten. Besonders eine Schicht aus Cirrus-Wolken (Cirrostratus) kann auf diese Weise eine ganze Himmelshälfte zum Entflammen bringen.
Bei der Dämmerung handelt es sich um den Übergang zwischen vollständiger Taghelligkeit und der Nachtdunkelheit. Wenn die Sonne weniger als 6 Grad unter dem Horizont steht, spricht man von der bürgerlichen Dämmerung. Sie dauert in Mitteleuropa 37–51 Minuten. Wenn die Sonne 6–12 Grad unter dem Horizont steht, herrscht Nautische Dämmerung, bei einem Sonnenstand von 12–18 Grad astronomische Dämmerung und unter 18 Grad völlige Dunkelheit.
Viele, nicht nur ungeübte Beobachter, wissen gar nicht, dass in der kurzen Zeit der Dämmerung am gegenüber liegenden Horizont des roten Schauspiels auch eine Färbung zu erkennen ist. Die Gegendämmerung entsteht auf der sonnenabgelegenen Seite, also abends im Osten. Man sieht einen schönen violett-orangefarbenen Saum unter dem Himmelsblau und darunter den aufsteigenden dunkelblauen Erdschatten.
Zu den Dämmerungserscheinungen gehört auch das »Alpenglühen«. Dieses beeindruckende Ereignis ist auf den Westflanken der Berge als ein rötlicher Dämmerungsschein zu sehen.
Eine andere Lichterscheinung ist das Purpurlicht. Wenn es hoch oben plötzlich gar nicht mehr blau ist und uns vielmehr ein knallig dunkles Rot entgegenstrahlt, dann ist das keine Fata Morgana, sondern das so genannte Purpurlicht. Diese atmosphärische Erscheinung kann man als Dämmerungsmaximum bezeichnen. Denn das Purpurlicht erscheint nur bei tiefen Sonnenständen von −2 bis −5 Grad. Ursache des tollen Schauspiels sind kleinste Staubpartikel: An denen streuen sich nämlich die Sonnenstrahlen und sorgen so für einen Himmel im Farbrausch.

Man sagt vom Morgen, *»was ein guter Tag werden will, zeigt sich schon früh«*, und erhofft sich allgemein einen schönen Tag.

Der schönste Tag beginnt mit einer stillen Morgenröte.

Aber die besten Erfahrungen beinhalten die folgenden alten Regeln:

Gar so schnell soll die Sonne ihren Lauf nicht beginnen.
Grauer Morgen, schöner Tag [im schönen Morgengrauen].
Auf einen trüben Morgen folgt ein heiterer Tag und ein heller Abend.
Der Morgen grau, der Abend rot, ist ein guter Wetterbot.

> *Wenn die Dämmerung mit Wolken zu sehen ist und wenn die Verfärbung des Horizontes ins Gelbliche bis Weißliche reicht, wird sich das gute Wetter nicht mehr lange halten. Die zuverlässigste Schönwetterprognose ist ein verfärbungsfreies Abendrot bei wolkenlosem Himmel. Mit Hilfe der Beobachtung des Abendrots kann man wirklich bis zu 1000 km in die Wetterzukunft blicken.*

Der Einfluss des Mondes

Dem Morgenrot wird nicht getraut, weil die rote Sonne, die morgens lachte, allzu oft am Abend weint. Immer dann, wenn sich eine Tiefdruckstörung nähert, zieht als erstes Anzeichen der Wetterverschlechterung eine Schicht aus Cirrostratus-Wolken am Westhimmel auf. Im Zenit und in Richtung Osten ist der Himmel aber noch klar. Geschieht dies nun in der Morgendämmerung oder während des Sonnenaufgangs, färbt die klare Sonne im Osten mit ihrem roten Licht die westlich anrückenden Wolken ein. Einige Stunden später trifft eine Warmfront mit Dauerregen und Wind ein. Im Sommer, wenn der Sonnenuntergang so richtig schön rot glänzt, ist ein nächtliches Gewitter ziemlich wahrscheinlich. Man hatte beobachtet:

Geht die Sonne feurig auf, folgen Regen und Wind darauf.
Morgenrot – mit Regen droht.
Morgenröte bringt Abendregen.
Wenn auf Erden die Morgenröte leuchtet, so werden die Wettergucker unruhig.

Besonders im Winter, wenn abends die Sonnenstrahlen am Horizont versinken und die Luft in märchenhafte warme rötliche Farben verzaubert, wird seit Generationen im Advent erzählt, dass die Engelein beim Abendrot die Plätzchen backen.
Man ist sogar ungehalten, wenn sich keine Abendröte zeigt, denn sieht die Sonne abends nur wenig zwischen den Wolken hervor, sind die Wetteraussichten schlecht, und besonders in den Sommermonaten kann man dann auch vor Gewitter nicht mehr sicher sein.

Der Abend rot, der Morgen grau, gibt das schönste Tagesblau.
Wenn die Sonne abends mit roten Wolken untergeht, so wird der Tag danach gewöhnlich schön.
Der Abend rot und weiß das Morgenlicht, dann trifft uns böses Wetter nicht.
Abendrot und Morgenhell, sind ein guter Reisegesell.
Westwind und Abendrot machen die Kälte tot.
Abendrot bei West, gibt dem Frost den Rest.

Der Einfluss des Mondes

Dem Anblick des Mondes können wir uns schlecht entziehen. Die Ehrfurcht vor den Himmelserscheinungen ist in uns allen so tief verwurzelt, wenn auch unbewusst, dass beim Betrachten des Mondes auch der rationale Mensch fasziniert ist. Sei es

Der Anblick des Mondes hat uns Menschen schon immer fasziniert.

auch nur im Urlaub, wenn das Mondlicht die abendliche See oder den Strand in eine geheimnisvolle Aura einhüllt.
Auch wenn wir es uns nicht gern eingestehen, der Mond wirkt in uns, im Körper, in der Seele und in unserem Gefühlsleben. Jeder von uns hat eine innere Monduhr. Vieles in der Natur basiert auf kosmischen Phänomenen wie z. B. den Mondeinflüssen, welche manchmal nicht erklärbar, jedoch vorhanden sind. Man denke da z. B. an höhere Geburtenraten um oder auf Vollmond, die Monatszyklen der Frauen, die Gezeiten Ebbe und Flut und an die Vogelorientierung. Viele können bei Vollmond nicht gut schlafen oder sind unruhig. Gewaltverbrechen steigen in Vollmondnächten an. Pflanzen, die zu einer bestimmten Mondphase gepflanzt oder gesät werden, gedeihen besser und vieles andere. Wissenschaftsgläubige jedoch bezweifeln so manche Macht des Mondes. Die Autoren des Buches »Die Macht des Mondes« schreiben: »Heute leben wir in einer Zeit, in der die Naturwissenschaften die alten Glaubensvorstellungen abgelöst haben. Natürlich hat die Aufklärung die Menschheit von vielen irrationalen Ideen, Zwängen und Ängsten befreit, doch ist sie dabei, wie wir heute sehen, nicht selten weit über das Ziel hinausgeschossen und hat voreilig auch vieles von dem alten Wissen mit über Bord geworfen ...« Die Rhythmen der Sonne, des Mondes und der Erde existieren schon weitaus länger als das Leben auf dieser Erde. Sie begleiten die Entstehung des Lebens und spiegeln sich im Leben wider. Die Lebewesen, welche

Was jeder beobachten kann

allesamt diesen Rhythmen unterlagen, haben sich im Verlauf der Evolution diesen Bedingungen angepasst. Man hat sogar festgestellt, dass die Stämme der Bäume wie das Meer bei Ebbe und Flut durch die Mondkräfte an- und abschwellen. Sogar bei abgesägten Baumstämmen hat man dieses Phänomen gemessen, solange das Holz noch nicht zu trocken war. Während vieler Generationen sammelten Bauern Erfahrungen über den Mondstand, den sie in Verbindung brachten mit der Aussaat, dem Wachstum und der Ernte. Diese Erfahrungswerte hielten sich bis heute in den Aussaat- und Ernteregeln.
Unzählige Beobachtungen verknüpfen auch den Mond mit dem Wetter. Seit Menschengedenken werden ihm besondere Eigenschaften zugeschrieben. Auch die Astronomen erkannten in früher Zeit die Einflussnahme des geheimnisvollen Erdtrabanten auf die Witterung.

Wenn der Nord zu Vollmond tost,
folgt ein langer, strenger Frost.

> Obwohl der Mond auch heute noch nichts von seiner Anmut verloren hat, sind viele Menschen erstaunlich unwissend über die Ursachen seiner Bewegungen oder ständigen Veränderungen von Gestalt und Farbe. Ebendiese sind ein wichtiger Anzeiger für die weitere Entwicklung des Wettergeschehens.

Hat der Mond einen Hof, kündigt dies in den nächsten 1–2 Tagen Niederschlag an.

Der Mondhof

Ein Mondhof oder Mondring entsteht durch die Brechung der Lichtstrahlen in hohen Luftschichten, wo sie auf einfache geometrische Formen von Eiskristallen treffen. Er kündigt fast immer nahendes Regenwetter an. Regen ist auch zu erwarten, wenn die Mondscheibe bei zu- oder abnehmendem Halb- oder Vollmond durch Dunst verschleiert wird. Ist der untere Teil der Mondsichel gleich zu Beginn nach Neumond oder während der ersten Tage danach undeutlich, dunkel und irgendwie verblasst, kann noch vor Vollmond mit schlechtem und stürmischem Wetter gerechnet werden. Auch unsere Ahnen stellten das schon vor Jahrhunderten fest:

Hat einen Hof der Mann im Mond,
bleibst du vor Regen nicht verschont.
Mond mit Ring –
Wasser mit Eimern.

Anders ist es, wenn sich während des Sonnenuntergangs ein großer Mond zeigt. Sieht er dann nicht trübe, sondern leuchtend aus, lässt dies auf mehrtägiges schönes Wetter hoffen. Alte Überlieferungen sagen, dass auch Nebel bei kleinem Mond bald schönes Wetter verheißen soll, jedoch mit stärkeren östlichen Winden.

Nebel und kleiner Mond bringen
bald schon östliche Winde.
Ist der obere Teil der Sichel blass,
kommen die Stürme erst bei abnehmendem Mond.
Ist der Ring nahe Sonne oder Mond,
uns der Regen verschont; ist der Ring
aber weit, hat er Regen im Geleit.

Mit dem Ring ist wieder der Hof gemeint, den man um Sonne oder Mond meteorologisch Zirkumzenitalbogen nennt. Er ist eine so genannte Haloerscheinung, ein Phänomen der Lichtbrechung, das durch Eiskristalle

Der Einfluss des Mondes

in der Atmosphäre zwischen Beobachter und Mond oder Sonne ausgelöst wird. Grundsätzlich ist zu sagen, dass ein Hof in höheren Luftschichten (meist farbloser Ring – Halo) in den nächsten 24–48 Stunden Niederschlag ankündigt. Sieht man den Hof in mittleren Luftschichten (naher heller bis farbiger Hof), besonders bei einer anrückenden Warmfront, ist schon mit einer kurzfristigen Änderung zu rechnen. Bei winterlichen beständigen Hochdruck-(Frost-)Wetterlagen deutet ein Hof auf einen Wetterwechsel hin, der das Frostwetter entschärft oder aufhebt, zum Teil mit ergiebigen Schneefällen.

Die Mondfarben

Die Farben des Mondes selbst geben dem Beobachter weitere Hinweise auf das Wettergeschehen. Das Mondlicht erscheint rötlich, wenn seine mittel- und kurzwelligen Lichtstrahlen die Erde nicht erreichen, weil viel Dunst- und Staubteilchen in der Luft schweben. Das wiederum zeigt häufig größere Turbulenzen in höheren Luftschichten an. Das rötliche Licht des Mondes war unseren Vorfahren als Vorzeichen von Unwetter und Wind wohl bekannt.

Steigt ein großer roter Mond zwischen Wolken auf, kann man einen halben Tag später mit Regen rechnen.
Wenn der Mond neu worden, so merke diesen Orden: Scheint er weiß, so ist das Wetter schön und rein, scheint er rot, so ist er ein Windesbot, scheint er bleich, so ist er feucht und regnerisch.

Im Allgemeinen kann man daraus interpretieren, dass der Vollmond bei blassem Schein Regen bringt, bei rötlichem Aussehen Wind und ein weißer klarer Vollmond helles, klares Wetter.

Das Wetter, welches wir am Mond bzw. Mondhof oder an den Mondfarben erkennen können, ist selbstverständlich nicht direkt vom Mond abhängig, sondern die Beeinflussung des Lichts in hohen Luftschichten zeigt eine anrückende Wetteränderung an. Auf diese Weise können Veränderungen der Temperatur und Luftfeuchtigkeit erkannt werden, die sich beim Bodenwetter erst viel später auswirken.

Die Mondphasen

Die Mondphasen beginnen mit dem Neumond und werden in 4 Quartale (Viertel) aufgeteilt. Das 1. Quartal endet 7,4 Tage nach Neumond, welcher mit der Sonne auf- und untergeht. Vollmond bezeichnet den Beginn des 3. Quartals nach 14,8 Tagen und geht bei Sonnenuntergang auf und bei Sonnenaufgang unter. Nicht nur wegen des Lichtes, nein auch wegen dieser Tatsache sehen wir die Vollmondzeit bewusster. Übrigens, der Mondstand ist im Jahr der Sonne entgegengesetzt. Im Sommer hat er seinen tiefsten Stand und im Winter seinen Höchststand.
Die Mondphasen waren in allen frühen Kulturen ein Maß für den Monat und damit für den Kalender. Die Bauern haben schon vor langer Zeit beobachtet, dass zwischen Mondphasen und Wetter Zusammenhänge bestehen. Seither weiß man, dass sich um Neumond gern das Wetter ändert und dass es an den Tagen um Neumond sowie Vollmond häufiger regnet.

Unmittelbar nach Neu- oder Vollmond gibt es die heftigsten Regenfälle. Wenn der Mond voll wird, geht er gern über.
Der Neumond macht's Wetter, und bei ihm ändert sich das Wetter gern; geschieht es nicht sofort, so ist sicher am dritten Tag damit zu rechnen.
Bei Neumonds dunklen Spitzen, mag man sich wohl vor Regen schützen.

Erwartungsgemäß sind auch an diesen Tagen mehr als an anderen durchgreifende Wetterumschwünge zu erwarten. Hiermit ist aber nicht immer schlechtes Wetter gemeint. Für den Monat August gibt es beispielsweise eine oft zutreffende Erfahrungsregel. Sie besagt, dass man an den 4 Tagen vor dem Augustvollmond die Mondspitzen beobachten sollte. Sind sie rein, so kann bis Ende des Monats auf gutes Wetter gehofft werden. Sind die Hörner des Augustmondes aber trüb, dann soll es, oft sogar bis Monatsende, stürmen und regnen.

Bleibt das Wetter beim ersten Mondviertel schön, so kann man noch eine Zeit lang bei Sonnenschein spazieren gehen.
Wenn kurz vor Vollmond der Sonnenaufgang nebelig war, wird das Wetter in den nächsten Tagen warm und klar.

Was jeder beobachten kann

Viele dieser alten Regeln sind zwar wissenschaftlich noch nicht belegt, dennoch können wir unseren Alten ihre Erfahrungen nicht absprechen, treffen sie doch oft ins Schwarze. So auch die folgenden.

Kam nach dem Fallen des Wetterglases kein Regen, sondern neues Steigen bei Mondänderung, so regnet es doch, aber bald darauf heitert es sich.
Ist der Himmel bei Neumond und auch noch 4 Tage danach gleich bleibend klar, wird das Wetter für längere Zeit schön. Ist der Himmel dagegen gleichmäßig bedeckt, gibt es Regen.
Bei Vollmond sind die Nächte kalt.
Ein neuklares Mondlicht gibt von sehr trockener Zeit Bericht; wenn aber solches gleichsam schwimmt, als dann das Nass die Herrschaft nimmt.
Am jungen Licht ein schwarzes Horn – im alten wird's ein Regenborn.

Deshalb sieht man dunkle Flecken nach Neumond nicht gern. Ebenfalls wird in der Vollmondzeit nicht gern Gewitter gesehen. Bäuerliche Erfahrungswerte bündeln sich hier in der Aussage:

Gewitter in der Vollmondzeit, verkünden Regen lang und breit.

Noch umstritten sind die alten Regeln, die den Wind betreffen. Sie müssten einzeln längere Zeit in verschiedenen Landesteilen beobachtet werden, um allgemein gültige Aussagen treffen zu können, da es viele lokale Winde gibt. Es ist somit anzunehmen, dass die nachfolgend aufgeführten Regeln ausschließlich lokalen Ursprungs sind.

Neumond mit Wind, ist zu Regen oder Schnee gesinnt.
Weht's bei Neumond her vom Pol, bringt es kühlen Regen wohl.
Im Winter Nordwind bei Vollmond sagt, dass uns der Frost 3 Wochen plagt.
Geht der Mondwechsel mit Ostwind einher, bleibt das Wetter während des ganzen Monats schlecht.
Es stürmt selten, wenn der Mond fast voll ist.
Steht der Halbmond aufrecht und bläst ein Wind aus nördlicher Richtung, folgen in der Regel Westwinde. Es bleibt bis Monatsende stürmisch.

Mondphasen in Verbindung mit Aussaat, Pflanzung, Ernte und Lagerung

Was die Wissenschaft heute beweist, wussten schon die Menschen der Antike, nämlich dass der Pflanzensaft mit den Mondphasen fällt und steigt wie der gesamte Wasserkreislauf auf dem Planeten.

Es ist sinnvoll, bei zunehmendem Mond zu pflanzen.
Alles, was gesät wird, wenn der Mond in Erdnähe ist, gerät nicht.

Dies sind nur zwei wichtige Erfahrungen, die mittlerweile durch viele biologisch-dynamisch arbeitende Gärtner, aber auch in der Landwirtschaft bestätigt werden. Viele haben eingesehen, dass man nicht gegen die Regeln der Natur und des Kosmos bestehen kann.

Man kann die verschiedenen Kräfte der 4 Mondphasen für die Gartenarbeit, aber auch in der Landwirtschaft für sich nutzen, denn die Pflanzen haben sich im Laufe der Evolution den verschiedenen Mondrhythmen angepasst. Man muss nur wissen, wie sie sich innerhalb der Mondphasen verhalten.

> *Ist man noch unerfahren im Zusammenspiel Pflanzenwachstum – Mond, sollte man sich auf das Gärtnern innerhalb dieser 4 Phasen beschränken.*

Hat man schon einige Erfahrungen gesammelt, kann man seine neue Handlungsweise noch zusätzlich durch die Berücksichtigung des Mondstandes in den Tierkreiszeichen präzisieren. Aber dies ist erst sinnvoll, wenn man ausreichende Erfahrungen und Erfolge durch das Gärtnern nach den Mondphasen zu verbuchen hat, und das kann durchaus Jahre dauern. Deshalb und weil es nicht Thema dieses Buches ist, möchte ich an dieser Stelle auch nicht darauf eingehen.

Die Wirkung des zunehmenden Mondes
Alles, was in die Höhe wachsen soll, wird bei zunehmendem Mond gesät.

Der zunehmende Mond ist am Abendhimmel zu beobachten. Das 1. Quartal ist die Zeit nach dem Neumond bis zum zunehmenden Halbmond. Es ist gekennzeichnet

Der Einfluss des Mondes

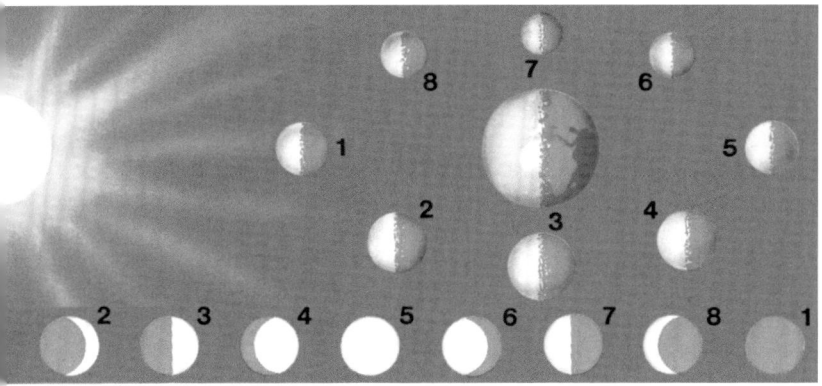

Entstehung der Mondphasen. Oben der Lauf des Mondes um die Erde, darunter die Ansicht des Mondes von der Erde.
1 = Neumond, 2 = zunehmender Mond, 3 = zunehmender Mond, erstes Viertel, 4 = zunehmender Mond, fast Vollmond, 5 = Vollmond, 6 = abnehmender Mond, noch fast Vollmond, 7 = abnehmender Mond, letztes Viertel, 8 = abnehmender Mond, 1 = wieder Neumond.

durch starkes Wachstum. Besondere Kräfte wirken auf alles Aufbauende und Nährende, also für Pflanzen, deren zu erwartender Ertrag über der Erde liegt, wie alle Blattpflanzen, Gemüse und Kräuter. Das sind z. B. Blumenkohl, Weißkohl, Wirsing, Kohlrabi, Porree, Blattpetersilie, Mangold, Spinat und Salate. Für die Rose und alle anderen Sommerblumen ist jetzt die beste Zeit zum Säen oder Pflanzen.
Das 2. Quartal ist die Zeit nach dem zunehmenden Halbmond bis zum Vollmond. Jetzt kommen die aufgestiegenen Nährstoffe des 1. Quartals zur Wirkung. Für Pflanzen, die ihre Samen oder Früchte oberirdisch reifen lassen, ist jetzt die beste Erntezeit. Die Säfte in Obst und Gemüse steigen, die Ernte hält länger frisch und ist besonders schmackhaft und saftig: Kartoffeln, Tomaten, alle Arten Kürbisse, Gurken, Erbsen und Möhren, Erdbeeren, Mais, Sonnenblumen und Getreide, Obstbäume wie Apfel, Birne und Kirsche, Beeren wie Stachel-, Him- und Johannisbeere. Sie alle fühlen sich jetzt besonders wohl und können gepflanzt oder gesät werden. Übrigens, Tannen behalten ihre Nadeln besonders lange, wenn man den Baum 3 Tage vor dem 11. Vollmond des Jahres, meist im November, schlägt. Das betrifft auch die Fichten, sie sollten dann aber kühl gelagert werden. Früher gab der Förster solchen Bäumen einen »Mondstempel«.

Die Wirkung des Vollmondes

Beim Vollmond ist die voll beleuchtete Seite des Mondes der Erde zugekehrt. Der erste große Wendepunkt der Mondphasen ist erreicht. Die Kräfte des aufsteigenden Mondes haben ihren Höhepunkt und beginnen wieder sich abzubauen. Es ist eine kritische Zeit und besser, die Gartenarbeit 3–4 Tage um Vollmond ruhen zu lassen, es sei denn, man baut auf die heilende Kraft der Kräuter. Sie haben jetzt ihre Wirkungsspitze.

Die Wirkung des abnehmenden Mondes

Der abnehmende Mond ist am Morgenhimmel zu beobachten.
Das 3. Quartal ist die Zeit nach Vollmond bis zum abnehmenden Halbmond. Es ist die Zeit des energiereduzierenden Einflusses. Der absteigende Mond zieht die Kräfte mehr und mehr nach unten und fördert die Wurzelbildung. Alles, was in der Erde gedeihen soll, wird jetzt gesät. Das sind z. B. Knollen und Wurzelgemüse wie Radieschen, Sellerie, Rettich, Möhren, Zwiebeln, Knoblauch, Kartoffeln, Futter-, Zucker- und Rote Rüben.
Pflanzen und Bäume enthalten jetzt weniger Saft. Der abnehmende Mond ist deshalb die beste Zeit für den Schnitt und für das Pflanzen von Bäumen, vor allem Obstbäume. Sie alle wurzeln jetzt besonders gut. Blumen, an deren Blüte wir uns erfreuen wollen, sollten jetzt gar nicht mehr gesät werden. Ihre Blüte wird sonst schwach und klein.
Bei abnehmendem Mond hält sich Obst besser in den Lagerräumen. Auch Kartoffeln soll man im Herbst während dieser Phase einlagern, sie keimen dann nicht so schnell.
Das 4. Quartal ist die Zeit nach dem absteigenden Halbmond bis zum Neumond. Es ist die Regenerationsphase der Pflanzen und des Bodens, in dem sich die Nährstoffe neu bilden. Bodenbearbeitung, das Ausbringen von Dünger und Kompost ist jetzt eine gute Vorbereitung für die kommende aufbauende Phase nach Neumond. Man kann Garten- und Ernteraste beseitigen, und die mechanische Unkrautbekämpfung ist jetzt erfolgversprechender.

Was jeder beobachten kann

Die Wirkung des Neumondes

Beim Neumond ist die unbeleuchtete Seite des Mondes der Erde zugekehrt.

Während der Tage um Neumond verhält es sich noch extremer wie zur Vollmondzeit. Man tut gut daran, jetzt alle Gartenarbeit ruhen zu lassen. Unsere Vorfahren wussten dies ganz genau und kannten sogar einen Fachausdruck dafür. Sie bezeichneten diese kurze Zeit von 3–4 Tagen als »Totmond«.

Sonstige Beobachtungen

Schon unsere Vorfahren wussten, dass Handeln und Leben nach natürlichen Rhythmen wie denen des Mondes viel leichter fallen als gegen sie. Man war bemüht um ein Leben im Einklang mit der Natur. In diesem Sinne hier noch einige Empfehlungen.

Neumond/Vollmond
- Planbare Operationen, Untersuchungen oder Behandlungen sollte man möglichst nicht um Neu- oder Vollmond durchführen lassen.
- An Vollmondtagen werden mehr Kinder geboren.
- Relativ natürlich lebende Frauen sind um Vollmond besonders fruchtbar.
- Wenn Holz die letzten 2 Tage vor dem Dezember- und Märzneumond geschlagen wird, dann ist es fast unbrennbar.
- Das beste Holz für Möbel und Schnitzereien wird in den Tagen vor dem Novemberneumond geschlagen. Es reißt dann nicht.
- An Neumondtagen hat die Milch den höchsten Schadstoff- oder Schlackengehalt und den geringsten Nährwert.

Zunehmender Mond
- Will man seinem Körper mit Vitaminen und Spurenelementen zusätzlich etwas Gutes tun, so ist dies sinnvoll bei zunehmendem Mond.
- Haare werden kräftiger, wenn sie bei zunehmendem Mond geschnitten werden.
- Pflegemittel werden von der Haut gut aufgenommen, gröbere Hautunreinheiten wie Mitesser oder Pickel können besser versorgt werden.
- Muttermilch ist besonders nahrhaft.
- Jetzt geschlachtete Tiere haben besseres und festeres Fleisch, welches zudem auch nicht so stark wässern soll.
- In dieser Zeit werden häufig junge Tiere geboren, die zudem auch kräftiger und vitaler werden.
- Für Meeresfrüchte wie Muscheln, Krebse, Garnelen und Fisch beginnt jetzt eine gute Fangzeit.
- Benötigt man Holz im Wasser oder in dauernassen Böden, so ist das Holz besonders haltbar, wenn es bei zunehmendem Mond an einem warmen Sommertag geschlagen und sofort verarbeitet wird.

Abnehmender Mond
- Zahnfüllungen, Brücken und Kronen halten besser, und außerdem ist man dann nicht so schmerzempfindlich.
- Der Körper scheidet vermehrt Salze, Schlacken und Gifte ab. Speisen werden oft als zu süß oder salzig empfunden.
- Eine gewichtsreduzierende Diät fällt uns jetzt leichter.
- Kastrierte oder enthornte Tiere bluten weniger.
- Abgeholzte Bäume und Sträucher wachsen nicht mehr nach, wenn sie am 3. April, 22. Juni und am 30. Juli gefällt werden und der Mond an diesen Tagen abnehmend ist. Alte Regeln sagen sogar, dass auch die letzten 3 Februartage bei abnehmendem Mond zum Roden gut geeignet sind und dass dann sogar auch die Wurzel verfault.
- Gutes Bauholz entsteht, wenn man die Bäume bei abnehmendem Mond im November schlägt.
- Brennholz lagert man am besten während dieser Phase im Schuppen. Es zieht jetzt nicht so viel Feuchtigkeit.

Der Einfluss von Sonne und Sternen

Nicht nur der Mond, auch Sonne und Sterne werden seit Jahrtausenden von Menschen beobachtet. Das Leben und die Arbeit der vom Wetter abhängigen Bevölkerung, vor allem der Bauern, sind im besonderen Maße von der Sonne abhängig. Eine gewisse Abhängigkeit des Wettergeschehens vom Mond ist, wie schon beschrieben, offensichtlich. Dagegen scheint eine Abhängigkeit von bestimmten Planetenkonstellationen unwahrscheinlich. Einleuchtende Wechselwirkungen astronomischer Beobachtungen mit der Witterung sind die 27-tägige Eigenrotation der Sonne und der Zyklus der

Der Einfluss von Sonne und Sternen

Sonnenflecken, die in ihrer Intensität und Anzahl auf der Sonne mit einer durchschnittlich 11-jährigen Periode variieren, was wiederum aus der 22-jährigen Periode der Sonnenmagnetosphärenschwankungen resultiert. Zweifelsohne bleiben solche kosmischen Vorgänge auf der Erde nicht ohne Wirkung, werden jedoch vom viel stärkeren Tages- und Jahresrhythmus der Sonnenstrahlung überdeckt.

Wetter- und Klimaprognose aus den Sternen

Für die Vorhersage von Klimaphänomenen, etwa »El Niño«, sind komplexe Computermodelle notwendig. Dass es auch ohne teure Superrechner geht, zeigen Bauern aus den südamerikanischen Anden. Anhand der Sichtbarkeit von Sternbildern sind sie in der Lage, Wetterprognosen für mehrere Monate, ja sogar Jahre zu machen, so recherchierte die Neue Zürcher Zeitung im Februar 2000. Weiter heißt es, dass die Indios im Juni das Sternbild der Plejaden beobachten. Können die Bauern die Sterne gut sehen, so sagen die Bauern ein regenreiches Jahr und folglich eine reiche Kartoffelernte im kommenden April voraus. Ihren Beobachtungen nach folgt bei einer durch Wolken getrübten Sicht auf die Plejaden ein regenarmes Jahr und sie verzögern den Kartoffelanbau. Diese mindestens 400 Jahre alte Bauernregel aus den Anden überprüften Forscher des renommierten Lamont Doherty Earth Observatory in New York. Sie analysierten 30-jährige Niederschlags-Datenreihen von 4 Messstationen der Anden und verglichen diese mit Wolkendaten von Satelliten. Die Experten staunten nicht schlecht: Es existiert tatsächlich ein Zusammenhang zwischen einem aufkommenden »El Niño«, einem verstärkten Vorkommen von fast transparenter Zirrusbewölkung und einer darauf folgenden Trockenphase. Nun, die Anden sind in weiter Ferne und die Ergebnisse lassen sich sicherlich nicht auf unser mitteleuropäisches Klima übertragen. Dennoch, bestimmte Wetterkonstellationen lassen sich auch hier an den Sternen ablesen. Unsere Vorfahren waren sich dessen bewusst, man muss nur wissen, worauf man achten soll. Etwa in klaren und dunklen Nächten, an denen man besonders gut unser Sternengewölbe beobachten kann.

Klare und dunkle Nächte

Im Glauben zahlreicher Völker ist die Nacht älter als der Tag und in vielen Schöpfungssagen ein Werk des Teufels. Da ist es nicht verwunderlich, dass sich noch heute viele Menschen in der Nacht ängstigen. Viele Hexen-, Dämonen- und Horrorgeschichten basieren auf dieser »Urangst« des Menschen. Die Mythen und Märchen aller Völker werden beherrscht von der Konkurrenz zwischen Tag und Nacht.
Bezüglich des Wetters sagten unsere Vorfahren, dass der Tag umso schöner wird, je dunkler die Nacht ist. Ist die Nacht besonders klar, der Himmel wolkenlos, kann man die Sterne gut beobachten, um Rückschlüsse auf die kommende Witterung zu ziehen. Wie wir wissen, ändert sich das Wetter bei guter Fernsicht. Mit geübtem

Der Blick in den Sternenhimmel trägt unsere Gedanken nicht nur in weite Ferne, sondern man kann am Glanz der Sterne auch einen Witterungsumschwung erkennen.

Auge kann man das auch in der Nacht feststellen. Funkeln und zittern die Sterne in klaren Nächten, so ist mit anderen Winden und damit mit anderem Wetter zu rechnen, besonders dann, wenn kein Tau fällt.

Die Sterne zittern, wir kriegen Wind.

Das Glitzern und Zittern der Sterne am nächtlichen Himmel weist auf

Was jeder beobachten kann

turbulente Vorgänge in unserer Erdatmosphäre hin. Diese Vorgänge sind z.B. Temperaturschwankungen, Luftunruhen, Wolken, Nebel und Dunst. Sobald das Sternenlicht in die Atmosphäre tritt, wird es abgelenkt und reflektiert und lässt so die Sterne zittern.
Wenn der Glanz der Sterne allmählich verblasst, naht Witterungsumschwung:

Erscheinen die Sterne im matten Glanz, obwohl weder Wolken noch Nebel am Himmel sind, so stehen raue und heftige Stürme bevor.

In klaren Nächten mit Taubildung ist uns schon bekannt, dass mit einem Fortbestand einer schönen Wetterlage zu rechnen ist.

Heitern Untergang der sieben Sterne, sieht der Landmann immer gerne.

In den Wintermonaten ist es besonders auffallend, dass die Temperatur in klaren Nächten merklich sinkt. Die Wärme geht nach oben verloren, da eine zurückhaltende Wolkendecke fehlt.

Ist der Himmel voller Stern, ist die Nacht voll Kälte gern.

Wurde die Nacht durch das in unseren Breiten seltene Nordlicht gestört, so sagte man:

*Nordlicht bringt Kälte ein [im Herbst].
Nordlicht an der Himmelshöh, verkündet zeitig Eis und Schnee.*

In klaren Nächten kann man das helle Band der mit vielen Namen und Legenden behafteten Milchstraße, auch Himmelsfurche genannt, besonders gut sehen. Die alten Westfalen sagten: »Wenn de Miälkstrate guet stet, blitt et Wiär ok guet«. Eine gut zu sehende Milchstraße verkündet also gutes Wetter.

Sternschnuppen und Kometen

Nicht nur Sterne oder der Mond beherrschen die Nacht, auch Sternschnuppen und Kometen erregen immer wieder unsere Aufmerksamkeit. Im Allgemeinen rechnete man früher bei aufblitzenden Sternschnuppen mit Kälte und Wind, bestätigen kann man das heute jedoch nicht mehr.

*Sternschnuppen im Winter in heller Masse, melden uns Sturm und fallen ins Nasse.
Wenn sich die Sterne putzen, wird der Himmel wieder rein.
Feuerkugeln bei starker Kälte, bringen bald Sturm und Schnee zur Gelte.*

Regelmäßige beobachtungswürdige Meteoritenschauer

Datum (Maximum)	Sternbild	Name	Zahl/h (Mittelwert)
3. Januar	Bootes	Quadrantiden	50–100
21./22. April	Leier	Lyriden	15
5. Mai	Wassermann	Maiaquadriden	20
28./29. Juli	Wassermann	Juliaquariden	20
11./12. August	Perseus	Perseiden	70–120
22. Oktober	Orion	Orioniden	bis 35
11.–13. November	Stier	Tauriden	15
17./18. November	Löwe	Leoniden	10–1000
13./14. Dezember	Zwillinge	Geminiden	110
22. Dezember	Kleiner Bär	Ursiden	20

Der Einfluss von Sonne und Sternen

Keine Himmelserscheinung hat auf das Gemüt der Menschen aller Zeiten solch eine unvergleichliche Macht ausgeübt wie das Aufleuchten eines Kometen. Nach damaligem Glauben waren die »Wanderer des Universums« Verkünder des Schreckens und aller Unglücksfälle, vor allem von Krieg, Hungersnot, Missernte (und damit einer Teuerung, ausgehend von der Natur) und Wetterkatastrophen. Ferner brachten sie Seuchen, Brände, Mäuse- und Rattenplagen, Raupenfraß und Tod. Dokumentiert wurde solch ein damals einschneidendes Ereignis z. B. am 12. November 1577 in Prag.

Die so genannten Sternschnuppen scheinen immer aus der Richtung bestimmter Sternbilder zu kommen. Der größte gefundene Meteorit (in Hoba, Südwestafrika), der die Erde erreicht hat, wog etwa 60 Tonnen. Ab der Größe eines Pflastersteines erreicht ein Meteor die Erdoberfläche, ohne beim Eintritt in die Atmosphäre zu verglühen. Die einzigen mir bekannten Lebewesen, welche im letzten Jahrhundert von einem kleinen Meteoriten getroffen wurden, waren ein Hund, 1911 in Ägypten, und am 30.11.1954 eine Frau in Alabama (USA).

Die in der Tabelle genannten jährlich wiederkehrenden Meteoritenschauer sollten Sie sich in Ihrem Kalender notieren. Die Intensität des »Sternschnuppenleuchtens« variiert zwar von Jahr zu Jahr, bietet jedoch ganz besonders zu den oben angegebenen Zeiten Beobachtungen und Erlebnisse eigener Art, insbesondere bei Kindern, aber auch bei uns Erwachsenen. Ich kenne viele, die in ihrem Leben noch keine einzige Sternschnuppe gesehen haben, und alle waren bei einer Nachtwanderung zur »Laurentiustränennacht« (11. August) nachhaltig beeindruckt.

Tipps zur Meteoritenbeobachtung
Zur Beobachtung dieses Schauspiels sollte man sich einen Platz aussuchen, der einen freien Blick auf den entsprechenden (Sternbild!) wolkenlosen Himmelsteil bietet. Verändert man seine Beobachtungsposition nicht, dann kann man etwa ein Drittel des Himmels im Blickfeld behalten.

Die Umgebung sollte so dunkel wie möglich sein, idealerweise außerhalb der Stadt. Jedes Fremdlicht wie Straßenlampen, Scheinwerfer, aber auch der Vollmondschein wirken sich negativ aus, da die meisten »Sternschnuppen« sehr kurzlebig ($1/2$ bis 1 Sekunde) und lichtarm sind.

Im Allgemeinen sind alle Himmelsausschnitte zur Beobachtung gleich gut geeignet, eine zeitlich begrenzte Häufung der Meteoritensichtungen lässt sich aus der Tabelle entnehmen.

Der beste Blickwinkel ist 50–70 Grad über dem Horizont. Damit behält man sowohl den Zenit als auch noch den Horizont im Blickfeld.

»Von einem Schrecklichen und Wunderbaren Cometen«, der am Dienstag nach Martine des Jahres 1577 in Prag beobachtet wurde, berichtet diese alte Darstellung.

Was jeder beobachten kann

Unsere Tiere, die Wetterpropheten in Natur und Garten

Um das Wetter der folgenden Stunden bis Tage vorherzusagen, beobachteten unsere bäuerlichen Vorfahren in vergangenen Jahrhunderten nicht nur den Himmel und das (pflanzliche) Umfeld, sondern sehr genau das Verhalten der Tiere, die je nach Art mit ihren angeborenen Instinkten und fein ausgeprägten Sinnen ziemlich genaue Wetterkundler sind.

Die Tiere sind den Launen der Natur ständig ausgesetzt, daher meldet sich das tierische Gespür rechtzeitig, wenn Gefahr bringende Wettererscheinungen im Anmarsch sind. Die Tiere stellen sich in ihrem Verhalten darauf ein.

Ein Wetterumschlag geht oft mit einer Abnahme des Luftdrucks sowie einer Zunahme der Luftfeuchtigkeit einher. Der vom Tier ausgehende Geruch, der so genannte Nestgeruch (hervorgerufen von Schweiß- und Harnausscheidung), macht sich dann in unseren Nasen besonders bemerkbar. Riechen der Hund oder die Tiere in den Stallungen sehr stark, so weiß man, dass das Wetter umschlägt.

Früher galt auch der Storch als Wetterprophet. Ihn kann man jedoch besser als »Wetterfahne« nutzen, denn stets steht er mit dem Schnabel in Windrichtung. So hat er einen niedrigeren Winddruck auszuhalten und das Gefieder wird weniger zerzaust. Tiere reagieren unterschiedlich auf Wetterwechsel. Bei manchen beobachtet man ein »typisches Wetterverhalten« schon viele Stunden bis zu 2 Tage vor einem Wetterwechsel, anderes erst wenige Stunden vorher.

Früher hatte die Beobachtung der heimischen Tierwelt eine umfassendere Bedeutung als heute. Man hatte gelernt, aus dem Verhalten bestimmter Tiere Rückschlüsse auf Wetter und Umwelt zu ziehen.

Unsere Tiere, die Wetterpropheten

Der Maulwurf beispielsweise reagiert erst kurz vor oder nach einer Wetterverschlechterung, indem er viele und hohe Haufen wirft. Er folgt seinen Beutetieren, den Insekten, die sich bei sinkenden Temperaturen und zunehmender Feuchtigkeit (im Sommer nass-kalte Witterung) tiefer in die Erde zurückziehen. Folglich werden die Haufen des Maulwurfs durch seine tiefgründigere Verfolgungsjagd größer.

Die Zuverlässigkeit und Genauigkeit der tierischen wie auch pflanzlichen Wetterpropheten hält zwar nicht mit den meteorologischen Messgeräten mit, derartige Beobachtungen geben aber wertvolle Anhaltspunkte für die eigene Prognose der kurzfristigen Wetterentwicklung vor Ort.

Mit den meteorologischen Messinstrumenten ist man heute sehr gut in der Lage, das kommende Wetter vorherzusagen. Die Erscheinungen in der lebenden Welt, die mit dem Wetter zusammenhängen, werden durch sehr viele, gleichzeitig einwirkende Umstände hervorgerufen, die wir sicherlich noch nicht einmal alle kennen gelernt haben. Das Leben in jeder Form bietet selbst dem Biologen noch so viele Geheimnisse, dass wir in den wenigsten Fällen die Gründe der Lebensvorgänge, selbst auf den untersten Stufen, physikalisch und chemisch, wirklich verstehen können. Von außen einwirkende Wärme- und Feuchtigkeitsreize, der elektrische Spannungszustand der Atmosphäre und der Erdmagnetismus, welche ständig auf uns einwirken, vermögen zwar bestimmte Erscheinungen auszulösen, können aber beim Hinzukommen eines anderen, z. B. eines chemischen Reizes, komplett verdeckt werden. Reize, denen die Mehrzahl der Tiere oder Pflanzen einer Art unterliegen, bleiben bei anderen Artgenossen völlig unbeantwortet oder äußern sich in einer ganz anderen Art und Weise.

Viele Wetterregeln sind Langfristvorhersagen und beziehen sich auf den kommenden Winter. Hier reicht allerdings die alleinige Beobachtung des Tierverhaltens nicht aus. Es treten im Jahreslauf immer bestimmte Witterungszustände ein, die den Tieren die Nahrung mal zu reichlich, mal zu knapp bemessen, die Nahrungsvorräte an den gewohnten Plätzen zu ungewöhnlicher Zeit entziehen oder bescheren, sei es auch nur in lokalen Gebieten.

Leider fehlen zur Zeit noch langjährige regelmäßige Aufzeichnungen, die eine wissenschaftliche Aussagekraft hinsichtlich des Tier- und Pflanzenverhaltens in Bezug auf die Wetterentwicklung haben. Auf diesem sicherlich lohnenswerten Gebiet kann sich jeder durch intensives Beobachten eine eigene Meinung bezüglich dieser Zusammenhänge bilden.

Dem naturverbundenen Menschen bieten sich viele zutreffende Zeichen im Tierreich, die wertvolle Anhaltspunkte geben, einleitende Wetterentwicklungen unabhängig von Messinstrumenten zu erkennen, um diese Beobachtungen seinen ganzheitlichen Wetterprognosen zugrunde zu legen. Leider sind so manche Tierarten, die in den alten Wetterregeln beschrieben werden, selten geworden oder gar gänzlich ausgestorben. Deshalb sind mittlerweile immer mehr Wetterregeln nicht mehr zu verwenden. Sieht man heutzutage am Abend keine Fledermäuse fliegen oder keine Störche in Gewässern waten, muss noch lange kein Regen fallen. Froh sein kann man nur, dass die folgende Regel nicht mehr zutrifft:

Regen künden auch die Flöhe an, wenn sie besonders das schöne Geschlecht stark stechen und saugen.

Insgesamt ist das Fehlen einer artenreichen Tierwelt in unseren Städten, Dörfern und Feldfluren ein Beweis für ein Leben gegen anstatt mit der Natur. Aber ein leises Umdenken hat begonnen, unsere verarmte Tier- und Pflanzenwelt wieder zu fördern. Es werden Wildhecken, Obstwiesen, Tümpel, Teiche und vieles andere gepflanzt beziehungsweise angelegt. Naturnahe Projekte und Lebensweisen liegen voll im Trend.

Wetterriecher unter uns sind selten geworden. Die Tiere sind eben die besseren Wetterpropheten. Selbst Tiervater Brehm sagte, es sei gar nicht unwichtig, wenigstens den Versuch zu machen, durch Beobachten der Tiere die kommende Witterung zu ermitteln. Dabei sind es nicht nur die Schwalben, die auf baldigen Regen deuten, wenn sie Insekten fressend tief fliegen. Eine auf den nahen Winter sich beziehende Wetterregel besagt:

An Schwalben und Eichhörnchen merkt man bald, wenn sie verschwunden, wird es kalt.

Was jeder beobachten kann

Ich will nicht hoffen, dass weiterhin Wetterregeln wegen des Verschwindens von Tier- oder Pflanzenarten überflüssig werden. Jahrhunderte- ja sogar jahrtausendealte Beobachtungen und Erfahrungen gingen verloren. Lassen Sie sich nun von den ganzheitlichen Beobachtungen unseres Tierreichs inspirieren, um selbst zu forschen und um Ihren eigenen Erfahrungsschatz positiv zu erweitern.

Haustiere

Wenigstens auf dem Lande ist es nahe liegend, das Verhalten unserer domestizierten Haustiere zu beobachten, bestimmen sie doch den gesamten Tagesablauf des Bauern, der dörflichen Umgebung, ja sogar ganzer Regionen. Die Abhängigkeit von den Haustieren ist nicht nur das Schicksal des Bauern. Denken wir doch an die vielen Hunde- und Katzenhalter, Kleintierzüchter usw. Viele Hundebesitzer werden dem zustimmen, dass ihre geliebten Vierbeiner bei fortdauernder schlechter Witterung gar nicht so recht in Schwung kommen. Kurz Gassi gehen, und schnell wieder nach Hause. Bei Katzen ist es nicht viel anders, wobei »Ausnahmen die Regel bestätigen«.

Der tierische Instinkt meldet sogar Naturkatastrophen an. Wir wissen heute, dass Katzen und Hunde Erdbeben voraussehen können. Genauso ist es mit Witterungsumschwüngen.

Wenn der Hund das Gras benagt und die Frau ob Flöhen klagt, wenn die Sonne bleich vor Schein, Frösche morgens Quäker sein, die Magd sehr schläfrig sitzt im Haus, der Rauch nicht will zum Schornstein raus, so soll, man glaubt es allgemein, der Regen uns sehr nahe sein.

Ich kenne sogar jemanden, der sich schon seit vielen Jahren eine griechische Landschildkröte mit Namen Leonie hält. Nach der »Winterpause« hat sie den ganzen Sommer über Aufenthalt im Garten. Dort hat Leonie einen Lieblingsplatz, an dem sie eigentlich immer zu finden ist. Nur nicht, wenn Regen droht. Dann verkriecht sich das Tier schon Stunden vorher in seinem Unterschlupf. Ein Wetterriecher mit Verlass.

Alles, was man gern hat, wird genauer beobachtet. Man kennt einander; und wenn dieses Andere ein »Haustier« ist, so wird einem auch sein Verhalten bei verschiedenen Wetterlagen bekannt sein. Dass unsere Vorfahren ihr Vieh so gut kannten, ist verständlich. Ihre Erkenntnisse können uns bei der Wetterbeobachtung heute von unterstützendem Nutzen sein, wobei Veränderungen des Tierverhaltens bei Wetterverschlechterung am auffälligsten sind.

Wenn der Esel die Ohren schüttelt, so wird ihm der Kopf gewaschen [es regnet].
Wir werden schlecht Wetter kriegen, die Eselchen balgen sich [spielen].
Wenn sich die Schafe auf der Weide mit den Köpfen zusammenstellen, folgt Gewitter.

Hochgebirgsschafe suchen bei gutem Wetter ihre Weidegründe hoch oben auf, während sie vor einem Wetterumschwung in geringere Höhen hinabsteigen. Die Tiere fühlen die Wetteränderung, die sich als Erstes in der Höhe durch eine Luftfeuchtigkeitszu-

Das Wetterverhalten der Haushühner war besonders in der Erntezeit in aller Munde.

Unsere Tiere, die Wetterpropheten

nahme auswirkt, in ihrem Haar, welches auf Feuchtigkeit empfindlich reagiert. Schäfer kennen dieses Verhalten, und es ist eine der Grundlagen für die Treffsicherheit ihrer Wetterprognosen.

Wenn die Kuh das Maul nach oben hält im Lauf, so ziehen Gewitter auf.
Merkt, wenn heran Gewitter zieht, schnappt auf der Weid nach Luft das Vieh, auch wenn's die Nasen aufwärts streckt und in die Höh' die Schwänze reckt.
Es regnet, wenn sie springen, sich früh auf die Weide machen, im Heimgehen oft Gras fressen und ungern in den Stall wollen.
Brüllen ängstlich die Küh', ist's gute Wetter bald perdü.
Kommen die Kühe abends lang nicht nach Haus, so bricht am nächsten Tag schlecht Wetter aus.
Es gibt gut Wetter, die Kälber spielen.

Es ist schon viel beobachtet worden, dass die Katzen vor einem nahenden Gewitter unruhig werden, schlecht oder gar nicht fressen sowie nicht schlafen können.
Vor einer Regenperiode kommen Katzen gern ins Haus zurück.

Siehst du die Katze gähnend liegen, weißt du, dass wir Gewitter kriegen.
Wenn die Katzen sich viel putzen, gibt es gutes Wetter.
Fressen die Hunde Gras, wird es heut' noch nass.

Auch manche Hunde können den Regen fühlen. Sie werden träge und lustlos. Setzen sich die Tauben in einer Reihe auf das Dach, kommt schlechtes Wetter.

Wenn die Taube badet, regnet's bald.
Tauben bleiben vor einer nahenden Regenfront auffällig lange auf den Feldern.
Wenn die Gänse stehen auf einem Fuß, dann kommt bald ein Regenguss.
Steigt die Gans hoch hinauf auf Steinhaufen oder Holzstöße, zeigt sie stürmisches Wetter an.

Vor einer nahenden Regenfront plätschern Gänse und Enten auffällig unruhig auf dem Wasser, tauchen, sind erregt und »geschwätzig«.
Seit dem 5. bis 4. Jahrtausend v. Chr. ist nachgewiesen, dass sich die Menschen in Indien Hühner hielten. Seit dem ersten Jahrtausend v. Chr. hielten auch unsere Vorfahren Hühner. Noch bis ins 19. Jahrhundert hinein ersetzte der Hahn auf dem Land sogar des Bauern Uhr.

Steht ein Witterungswechsel bevor, dann lässt die Fresslust der Kühe nach und ihr Gebaren wird auffallender. Sie drehen sich gegen den Wind und fressen träge in dieser Richtung weiter

Der Hahn ist des Bauers Uhr und Kalender.

Es ist zu vermuten, dass einige der folgenden Bauernregeln weit zurückgehen. Übrigens, die allseits bekannte, aber auch verhöhnte Regel vom Hahn auf dem Mist ist in einer Variante tatsächlich sinnvoll. Hahn und Huhn setzen sich auf den Misthaufen, wenn herannahender Regen die Regenwürmer nach oben lockt.

Kräht der Hahn auf dem Mist, das Wetter im Wechsel ist; kräht er auf dem Hühnerhaus, hält das Wetter die Woche aus.

Was jeder beobachten kann

Wenn die Hühner die Schwänze hängen lassen, gibt es bald Regen.
Wenn es regnet und die Hühner treten unter, so regnet es fort; bleiben sie aber im Freien, so hört es bald wieder auf.
Laufen die Hühner nicht unter das Dach vorm Regen, so bleibt er nicht lange zugegen.
Wenn sich die Hennen weit vom Stall entfernen, naht schlechtes Wetter.
Wenn die Hennen krähen, wird schlechtes Wetter.
Wenn die Hennen Gras fressen, kommt Regen.
Wenn die Hennen früh schlafen gehen, wird am nächsten Tag gutes Wetter, wenn spät, schlechtes.
Wenn Hennen viel im Staube wühlen, ist's, dass sie Sturmes Nahen fühlen.
Wenn die Hühner hoch fliegen, so behält man schönes Wetter.
Kräht der Hahn zu ungewöhnlicher Zeit, gibt's bald Regen, kräht er im Hühnerstall, gibt's unter der Trauf einen Wasserfall.
Wenn der Hahn vor Mitternacht schreit, ist Landregen nicht weit.
Wenn man den Hahn krähen hört, muss man nicht glauben, dass es schon Tag ist.

Machen Sie Ihre eigenen Beobachtungen und ziehen Sie Vergleiche. Mit Sicherheit werden Sie viele interessante und erstaunliche Erkenntnisse gewinnen.

Spinnen

Als vorzügliche Wetterpropheten gelten die Spinnen. Sie sind ausgesprochen wetterfühlige Tiere. Die meisten (allein ca. 50 Arten Kreuzspinnen gibt es) bauen nachts ihr Radnetz ab und fressen es auf, um es morgens neu zu konstruieren. Bei stürmischem und regnerischem Wetter allerdings weben sie kein Netz. Wahrscheinlich, um es vor vollständiger Zerstörung durch Wind zu bewahren, denn es wäre nach kurzer Zeit unbrauchbar. Natürliches Gespür oder Erfahrung? Sicher ist, dass Spinnen das Aufziehen eines Tiefdruckgebietes spüren, das habe ich selber ausprobiert.

Ich bastelte mir ein Dachlattengerüst, ca. 1 x 1 x 1 m, bezog es von allen Seiten (außer den Boden) mit etwas gröberem Fliegendraht und stellte die Konstruktion in die Nähe meiner Terrasse ins Blumenbeet, den Witterungseinflüssen ausgesetzt. Ein paar Steine und ein alter Dachziegel sollten als Schutz für die Spinne dienen. Ich suchte mir eine große Kreuzspinne und setzte sie in den Beobachtungskasten. Von Frühsommer bis in

Es ist kaum bekannt, dass aus dem Verhalten der Kreuzspinne das Wetter vorhergesagt werden kann.

den Herbst hinein habe ich das »Wettertier« beobachtet unter Berücksichtigung der unten aufgeführten Bauernregeln. Jede Woche habe ich der Spinne eine Fliege in ihr Zuhause gelassen, die im wahrsten Sinne des Wortes ins Netz ging. Die Natur nahm ihren Lauf, aber nicht immer. Während einer Regenperiode gleich zu Anfang des Hochsommers hat die Spinne innerhalb von 16 Tagen kein Netz gesponnen. Die Witterung hätte es auch nicht zugelassen, obwohl es nicht jeden Tag geregnet hat. Sie ruhte sich unter dem Ziegel aus und wartete wahrscheinlich geduldig auf bessere Zeiten. Spinnen sind wahre Hungerkünstler. Nicht nur, dass ich meine »Hilde« während der gesamten Beobachtungszeit lieb gewann, auch die alten Regeln kann ich fast alle bestätigen. Nur bei der Unterscheidung von Gewitter und normalem Schauer- oder Regenwetter hatte sie ihre Schwierigkeiten. Auch machte sie das Netz bei nahendem stärkerem Wind oder Schauerwetter nicht immer kaputt, sondern kürzte die Fäden, an denen das Netz aufgehängt war. Die Spinne ist tatsächlich ein Tier, welches zuverlässig überall beobachtet werden kann, und auf die folgenden Regeln kann man sich bei ihr meist auch verlassen.

Wenn sie morgens spinnt, am Tag kein Regen rinnt.
Wenn die Spinnen fleißig weben im Freien, lässt sich dauernd schön Wetter prophezeien, weben sie nicht, wird's Wetter sich wenden, geschieht's bei Regen, wird es bald enden.
Ist die Spinne träg zum Fangen, Gewitter bald am Himmel hangen.

Unsere Tiere, die Wetterpropheten

*Wenn große Spinnen herumkriechen, kommt binnen 3 Tagen Regen.
Spannt die Kreuzspinne ihr Netz straff, so ist ruhige Luft zu erwarten, spannt sie es locker, so soll binnen 12 Stunden heftiger Wind aufkommen.
Im Frühjahr Spinnweben auf dem Felde, gibt einen schwülen Sommer.
Wenn im Herbst viele Spinnen kriechen, sie schon den Winter riechen.
Wenn die Spinne ihr Netz zerreißt, kommt schlechtes Wetter allermeist.
Kriecht die Spinne vom Netz ins Loch, gibt's bei Tage Gewitter noch.
Machen die Spinnen ein Häuschen, so wird's kalt; ein dickes Gewebe, kommen Wolken; ein seidenes Rad, so wird's schön.*

Mücken und andere Insekten

Die allseits bekannte Regel: *»Wenn Mücken tanzen, gibt es schönes Wetter«*, bezieht sich auf die Zuckmücken, die in großer Zahl über Wiesen und Bäumen stehen. Sonniges Wetter steht auch bevor, wenn die Stechmücken, besonders bei Nieselregen, ihre Eierschiffchen auf der Oberfläche von Teichen, Tümpeln oder Regentonnen ablegen. An den Grillen kann man sogar sehr gut die Umgebungstemperatur erahnen. Je schneller der Zirp-Rhythmus ist, desto wärmer ist es. Die Grille ist wie alle anderen Insekten wechselwarm. Das heißt, je wärmer die Luft, umso lebhafter die Grille.
Das auffällige Verhalten vieler Insekten bei hauptsächlich sinkenden Temperaturen, zunehmender Feuchtigkeit und Luftdruckveränderungen

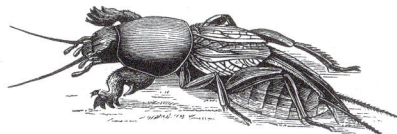

Am Zirpen der Grillen kann man sehr gut die Umgebungstemperatur »ablesen«: Der Zirprhythmus steigt mit der Temperatur.

weist auf eine Wetterverschlechterung hin. Vielen ist dieses Verhalten von den Mücken und Fliegen her bekannt. Sie werden lästig und stechen, ziehen sich in die Häuser und Stallungen zurück, quälen uns, aber auch die Tiere im Stall oder auf den Feldern. Das Verhalten der Insekten ist folglich auch gut aus dem Gehabe höherer Tiere zu erkennen, denen diese Insekten zur Nahrung dienen. Man muss gut auseinander halten, ob sich in einem derartigen Verhalten der eigene Wettersinn oder der eines anderen Tieres, möglicherweise auch eines Gewächses ausdrückt, das z. B. das Tier durch Aussonderung ätherischer Öle anlockt oder abstößt. Bei erhöhter Luftfeuchtigkeit schwärmen die Insekten bekanntlich nahe dem Erdboden, während sie bei Trockenheit höher hinauffliegen beziehungsweise geweht werden. Erklärt sich doch aus dieser Tatsache, dass manche Insekten fressenden Vögel, z. B. Schwalben, tagsüber vor kommendem Regen niedrig fliegen. Schönes Wetter lässt sie den Insekten folgend in höhere Luftschichten steigen.

Wenn die Mücken heute tanzend spielen, sie das morgige gute Wetter fühlen.

*Wenn die Mücken im Schatten spielen, werden wir bald Regen fühlen.
Wenn im Spätherbst sich Mücken zeigen, folgt ein gelinder Winter.
Wenn die Fliegen und Flöhe beißen, tut das Regen bald verheißen.
Wenn die Johanniswürmchen stark leuchten, wird schönes Wetter.
Wenn der Mistkäfer lebhaft und in Mengen des Abends herumfliegt, so folgt ein schöner Tag.
Wenn die Rosskäfer am Morgen fliegen, werden wir mittags Regen kriegen.
Wenn die Ameisen sich verkriechen, sie das schlechte Wetter riechen.
Bringen die Ameisen ihre Eier an die Luft, folgt schönes Wetter.*

Im Sommer kann man eine zunehmende Luftfeuchtigkeit besonders auf dem Lande an der zunehmenden Zahl der bis 2 mm langen, rostroten bis schwarzen Gewittertierchen oder Gewitterfliegen (Getreideblasenfuß) erkennen. Der Getreideblasenfuß schwärmt im Sommer bei schwülem Wetter oft zu Tausenden.
Auch Bienen sind zuverlässige Wetterkünder. Sie fühlen die elektrostatischen Veränderungen vor einem Gewitter, werden aggressiv und kehren schließlich vor dem Unwetter in ihren Stock zurück. Vor einer längeren Regenperiode verlassen sie manchmal schon Tage vorher kaum den Bienenstock. Verlassen die Bienen schon früh am Morgen ihre Behausung, so wird der Tag schön werden.

Fische

Bei vielen Lebewesen, einschließlich uns Menschen, können Wetterände-

Was jeder beobachten kann

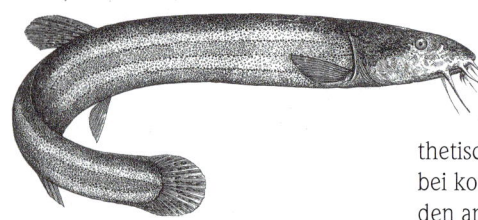

Der seltene Schlammpeizger ist vor einem Gewitter auffallend unruhig.

rungen schon 2 Tage vorher unseren Organismus beeinflussen und unbewusst eine gewisse Vorahnung herbeiführen. Der typische Wechsel von regnerischem zu sonnigem Wetter beginnt in unseren Breiten mit einer Warmfront, die besonders wetterempfindliche Personen wie Rheuma- und Migränepatienten, aber auch Herz-Kreislauf-Patienten zu spüren bekommen. Druck, Temperatur, Feuchtigkeit und Sauerstoffgehalt der Luft verändern sich. In abgeschlossenen Körperhöhlen, z. B. in unserer Kiefern- und Stirnhöhle sowie im Kreislaufsystem, kommt es zu spürbaren Druckschwankungen, auch in der Schwimmblase von Fischen. Manche Fische kommen geraume Zeit vor einem Wetterumschwung (Gewitter) an die Wasseroberfläche, springen sogar oder halten kurz das Maul heraus, um Luft zu schnappen (reduzierter Sauerstoffgehalt des Wassers vor einem Wetterumschwung). Die Schlammpeizger, noch heimisch in einigen Teichen und Sümpfen Norddeutschlands, eilen bei nahendem Gewitter unruhig durch das Wasser und wühlen den Schlamm auf, während sie sich sonst ruhig im Schlamm oder Sand vergraben. Auch medizinische Blutegel zeigen ein ähnliches Verhalten.

Bei Anglern ist bekannt, dass Fische am Tage bei Ostwind schlechter beißen. Die Ursache ist hypothetisch. Möglicherweise herrschen bei kontinentalen kühleren Ostwinden andere Schwingungen als bei den üblichen atlantischen Westwinden. Zudem könnte den Fischen bei den in der Regel kühleren Ostwinden der Appetit vergehen. Suchen wir nicht weiter nach Erklärungen, sondern halten uns an Beobachtungen, die nicht immer wissenschaftlich erklärbar sein müssen.

Geht der Fisch nicht an die Angel, ist an Regen bald kein Mangel.
Wer in kommendes Wetter will Einsicht gewinnen, der frage Grundeln, Frösche und Spinnen.
Wenn die Fische im Wasser emporspringen, so bedeutet das Regenwetter.
Kommt der Fisch früh ans Licht, trau dem Tag, dem Wetter nicht.
Wenn das Wasser arm ist an Fischen, so ist das Land reich an Früchten. – Wenn das Wasser reich ist an Fischen, so ist das Land arm an Früchten.
Wenn die Forellen früh laichen, so gibt es viel Schnee.
Gewitter sind zu erwarten, wenn die Krebse das Wasser und ihre Höhle verlassen und am Ufer umherkriechen.

Frösche

Der selten gewordene Laubfrosch, den wir eigentlich nur im Glas sitzend kennen, auf der Leiter herauf- und herunterkletternd, ist schon seit alter Zeit ein symbolträchtiges Tier. Er wird als Wetterfrosch, Wetterbote oder als Wetterprophet tituliert und ziert in den modernen Medien hier und da als Symbol zusammen mit einem Regenschirm die Wettervorhersagen. Für eine zukünftige Wetteransage ist er jedoch völlig ungeeignet. Er richtet sich nämlich nach dem bereits eingetretenen Wetter und reagiert nicht auf noch anrückende Wetterphasen. Aber: *»Wenn der Laubfrosch schreit, ist der Regen nicht weit.«* Meist leben die Laubfrösche in der schattigen Krautschicht. In schwül-warmen Sommernächten klettern sie gern auf Bäume, um zu singen.

Dagegen geben uns die in fast jedem naturnahen Teich vorkommenden Grasfrösche recht sichere Hinweise auf Wetterveränderungen. Bei sommerlichen Schönwetterperioden sitzen sie geschützt stundenlang und täglich an derselben Stelle. Naht eine Wetterfront, der Sturm und Regen folgen, ziehen sie sich in den Teich zurück.

Wenn der Frosch im Wasser versinkt, kommt Wind und Regen bestimmt.

In dem ältesten deutschsprachigen landwirtschaftlichen Lehrbuch von 1593 schrieb Johann Coler über die Frösche: »So er schreit und sich beklagend seine gewöhnlichen Pflanzen, Seen und Wasser verlässet und mitten im Feld traurig sitzend, so pflegt es ein Zeichen für Sturm und Regen zu sein«.

Frösche auf Wegen und Stegen, deuten auf baldigen Regen.
Wenn die Frösche nass sind, regnet es nicht, sind sie aber trocken, so kommt Regen.

Unsere Tiere, die Wetterpropheten

Wenn die Kröten fleißig laufen, wollen sie bald Regen saufen.
Wenn der Froschlaich im Lenz tief im Wasser war, deutet das auf einen trockenen Sommer; liegt er flach nur oder am Ufer gar, dann wird der Sommer tüchtig nass.
Lassen die Frösche sich hören mit Knarren, wirst du nicht lange auf Regen harren.
Der Frosch hat die Art, dass er vor sich hin schreit, wenn ein Regen kommen will, aber zu anderer Zeit singt er selten oder nimmer.
Wenn der Salamander bergauf steigt, wird schönes Wetter.

Schnecken

Die Schnecken im Gartenteich kriechen bei warmem Wetter oft nahe der Oberfläche. Sind sie verschwunden, deutet dies auf einen Wetterumschwung hin. Nach Durchzug der Regenfronten kommen die Tiere wieder nach oben.
Auch Landschnecken eignen sich als Wetterpropheten. Kriechen sie trotz schönen Wetters früh noch herum und sind viele mit glänzendem Schleim belegte Hochzeitsplätze zu finden, steht lang anhaltendes feuchtes Wetter bevor.

Wenn die Schnecke ein grünes Blatt mit sich führt, es gewiss gut Wetter wird, belädt sie sich mit Grund, so tut sie starken Regen kund.
Wenn die Gartenschnecken kriechen auf Beeten und Wegen, so folgt Gewitterregen.
Wenn sich die Schnecken früh deckeln, so gibt's einen frühen Winter.

Schwalben

Den fliegenden Mücken und anderen Insekten folgen die Schwalben. Allerdings sollte man die Vögel gut genug kennen und die Wolken beobachten, um zu einer sicheren Wettervorhersage zu kommen. Frühmorgens fliegen sie nämlich meistens tief, und ein sonniger Tag folgt. Gegen Abend fliegen die Schwalben hoch, obwohl in der Ferne ein Gewitter naht. Bei einer sonnigen Hochdrucklage werden durch Thermik Mücken und andere kleine Insekten nach oben getragen, denen dann die Schwalben folgen. Dann kann man sagen, dass sich das schöne Wetter halten wird. Bei bedecktem Himmel fehlt diese Thermik, die sozusagen »große Luftblasen« nach oben bewegt, die Schwalben fliegen tief. Zieht ein Hoch ab, frischt der Wind auf, der Luftdruck verändert sich, trotz Sonnenschein verliert sich die Thermik. Damit bleiben die Insekten und die ihnen nachstellenden Schwalben am Boden. Jetzt dauert es nicht mehr lange, und ein Tiefdruckgebiet wird das schöne Wetter ablösen. Damit hat nicht die Schwalbe die Wetteränderung bemerkt, sondern unsere Beobachtungsgabe und das Wissen um diese Zusammenhänge.

Wenn die Schwalben fischen, gibt es ein Gewitter.

Fliegen die Schwalben am frühen Nachmittag niedrig, ist sicher mit einem nahenden Tiefdruckgebiet zu rechnen.

Was jeder beobachten kann

Die Schwalbe fliege vor Regen so niedrig, dass sie mit dem Bauch das Wasser berühret und bisweilen dasselbige in die Höhe schlägt.
Kiebitz tief und Schwalbe hoch, bleibt trocken Wetter noch.
Mariä Geburt [8.9.] fliegen die Schwalben furt, bleiben sie da, ist der Winter nicht nah.
An Schwalben und Eichhörnchen merkt man bald, wenn sie verschwunden, wird es kalt.

Wenn Möwen und Wasserhühner haufenweise zusammenlaufen und sich rasch ans Ufer begeben, kommt schlechtes Wetter.
Wirft der Storch aus dem Nest eins von der jungen Schar, so gibt es ein trocknes Jahr.

Wenn die Störche Eier aus dem Nest fegen, gibt's ein Jahr mit viel Regen.
Siehst du Storch viel waten, kannst du Regen raten.
Bleiben Störche und Reiher nach Bartholomä [24.8.], dann kommt ein Winter, der tut nicht weh.

Andere Vögel

Wesentlich genauere Hinweise geben uns Verhalten und Gesang anderer Vögel. Die meisten Singvögel richten sich nicht nur nach der Länge der Tageszeit, sondern auch nach Temperatur, Luftfeuchtigkeit, Druckschwankungen und nach dem Licht. Kaum merklich ändern sich nämlich vor Wetterumschwüngen die Helligkeit und die spektrale Zusammensetzung des Sonnenlichts. Vögel richten ihren Gesang und ihr Verhalten nach solchen Änderungen. So ist zu beobachten, dass Vögel durch ihre »Regenrufe« auf eine Wetterverschlechterung aufmerksam machen wie z. B. Amsel, Buchfink, Grün- und Schwarzspecht, Krähe, Kranich, Pfau, Pirol, Regenpfeifer und Star.

Wenn die Möwen zum Land fliegen, werden wir Sturm kriegen.
Moven int Land, Unwetter vor der Hand.

Der Storch ist weniger ein Regen-, sondern vielmehr ein Windanzeiger, denn stets steht er bei Wind mit dem Schnabel in Windrichtung.

Unsere Tiere, die Wetterpropheten

Kraniche, die niedrig ziehn, deuten auf warmes Wetter hin.
Wenn Kraniche in Unordnung fliegen, folgt schlechtes Wetter.
Wenn die Reiher mit Geschrei die Fischteiche verlassen, sich mutlos aufs Feld setzen oder hoch in die Luft streichen, wird schlechtes Wetter.
Der Rab verändert seine Stimme nach dem Wetter.
Wenn die Pfauen viel schreien, träge und unmutig sind, folgt schlechtes Wetter.
Wenn die Raben schreien, folgt Regen.
Wenn die Krähe schreit, ist der Regen nicht weit.
Wenn sich die Krähe auf die Mahd setzt, zeigt sie schlechtes Wetter an.
Tummeln die Krähen sich noch, bleibt des Winters Joch, doch wenn sie vom Felde verschwinden, wird sich bald Wärme finden.

Bergdohlen leisten dem Bergwanderer 1–2 Tage vor einer Wetterverschlechterung gute Dienste. Man kann beobachten, dass sie rechtzeitig hinab ins Tal fliegen.

Kreisen Dohlen um den Turm, gibt es Wind und oft auch Sturm.
Kreisen Dohlen in der Luft, kommt Wind.
Wenn die Drossel schreit, ist der Lenz nicht weit.
Amsel zeitig, Bauer freut sich.
Siehst du die Zippen [Drosseln] im Waldgehege, hat's mit der Kälte noch gute Wege.
Wenn die Vögel nicht ziehen vor Michaeli furt [29.9.], wird's nicht Winter vor Christi Geburt.
Bleibt das Rotkehlchen im Nest, kommt ein rauer Sturm aus West,
steigt es aber hoch hinauf, nimmt die Sonne ihren Lauf.
Wenn der Eisvogel am Uferrand die Flügel gegen die Sonne spannt, kommt schönes Wetter angerannt.
Wenn sich das Rotkehlchen versteckt, folgt schlechtes Wetter.
Wenn abends die Rotkehlchen am äußersten Zweig eines Baumes unermüdlich singen, folgt schönes Wetter.
Wenn die »gelbe Bachstelze« sich als Begleiterin von Viehherden einstellt, wird es windig, kalt und regnerisch.
Wenn die Pirole emsig kreischen, wird bald Regen niederträufeln.
Baden Sperlinge und Hühner im Sand, zieht bald Regen übers Land.
Wenn die Teichente ihr Brutnest tief am Wasser anlegt, folgt ein trockener Sommer.
Wenn die Wasservögel tagsüber oft tauchen, wird schlechtes Wetter.

Wenn die Amsel flötet, ist das ein sicheres Zeichen, dass feuchtes und mildes Wetter bevorsteht. Später im Jahr gibt es die allmorgendlichen und abendlichen Amselkonzerte, die sie stets von erhöhter Stelle von sich geben. Singen Amseln im Sommer zu ungewöhnlicher Tageszeit und besonders laut, ist mit Gewitter und länger anhaltendem Schlechtwetter zu rechnen. Das gilt auch, wenn der folgende Tag noch einmal schön wird: Auf Regen und Wind können Sie sich trotzdem schon einrichten. Weitere Wetterpropheten sind die Gartengrasmücken. Sie geben früh am Morgen, selten mittags und dann noch einmal am Abend ein unüberhörbares Konzert. Rotkehlchen singen früh und spätabends, auch bei Dunkelheit. Ertönt der Gesang zu anderen Tageszei-

Die Amsel gilt als »Regenvogel«. Flötet sie übertrieben, ist dies ein sicheres Zeichen, dass feuchtes und mildes Wetter bevorsteht.

ten und auffällig laut, um dann plötzlich zu verstummen, ist ein Gewitter mit nachfolgender Schlechtwetterperiode zu erwarten. Die sprichwörtliche »Ruhe vor dem Sturm«.

Wenn man nach einem Regen tagsüber das Geschrei der Eule hört, wird schlechtes Wetter.
Wenn die Finken vor Sonnenaufgang singen, wird der Tag wohl Regen bringen.
Morgens lauter Finkenschlag, kündet Regen für den Tag.
Putzen die Vögel die Federn, wollen sie den Regen ködern.
Wenn die Wachteln fleißig schlagen, künden sie von Regentagen.

Was jeder beobachten kann

Wenn's Sturm gibt, schreien die Gimpel.
Wenn die Grasmücken fleißig singen, werden sie zeitig Lenz uns bringen.
Ruft die Dützegret [Kohlmeise] erneut, regnet's morgen und noch heut.
Ruft der Kuckuck oft und laut, dumm, wer da der Sonne traut.
Wenn die Lerche hoch fliegt und lang oben singt, dann sie gut Wetter bringt.
Wälzt der Leuling [Spatz] sich faul im Sand, zieht ein Regen übers Land.
Wenn die Wildtaube häufig ruft, wird schönes Wetter.
Das gute Wetter reißt bald aus: Wenn früh rumort und pfeift die Maus,
wenn's Vöglein ängstlich heimwärts zieht und flink ins Nestchen schlüpft,
wenn Kräh und Rabe krächzend fliegt, die Henne im Sande wühlt, die Taube sich badet und die Schwalbe über dem Wasser sich wiegt,
wenn der Esel im Grase sich dreht und man an den Stichen der Mücke vergeht,
wenn Spinne ihr Netz nicht weiter baut, sich verkriecht und es mit dem Rücken anschaut.
Wenn die Grasmücke singt, ehe der Weinstock sprosst, wenn man die Rohrdommel zeitig hört, wenn man an den Nussbäumen mehr Blüten als Blätter sieht, wenn die Saatzeit ohne Regen, dann gibt's reichen Erntesegen.
Wenn die Kälber munter springen, Lerchen sich zum Himmel schwingen, Salamander aufwärts steigen, Spinnen sich im Netze zeigen, Kiebitzvögel tief bewegen, gibt es sicher keinen Regen.

Sonstige Tiere

Die Fledermaus soll durch die Höhe und Dauer des Fluges in die Dämmerung auf Regen hindeuten und umgekehrt beim Schwärmen bei schlechter Witterung baldige Besserung prophezeien. Erhaschen die fliegenden Säugetiere ihre Insektennahrung nahe dem Boden, kann das auf eine Wetterverschlechterung hindeuten. Fliegen sie Insekten suchend in der Höhe, dann wird der nächste Tag schön werden.

Wenn Fledermäuse abends herumfliegen, folgt ein anhaltend schönes Wetter.

Vor einem Gewitter kann man Rehe und Hirsche planlos umherspringen sehen, und ihre Laute klingen auffallend erregt. Ähnlich ist es bei den Eichhörnchen. Sie klettern unruhig an den Bäumen auf und ab und geben ängstliche Rufe von sich. Theophrast, der Schüler des Aristoteles, behauptete schon im 4. Jahrhundert v. Chr., dass das Zischen der Mäuse schlechtes Wetter bedeute. Sie pfeifen laut, wenn der Regen vor der Tür steht.

Schlechtes Wetter wird, wenn die Regenwürmer Erde aufwerfen oder auf der Oberfläche kriechen.
Wenn sich die Blutegel an die Wasseroberfläche begeben, dann ändert sich das Wetter.

War der Tag nass-kalt, aber die Fledermäuse fliegen abends trotzdem (zunächst zaghaft), wird sich am nächsten Tag wärmere Witterung durchsetzen. Fliegen sie nahe am Boden, kann das auf eine Wetteränderung deuten.

Pflanzen, die das Wetter fühlen

Pflanzen, die das Wetter fühlen

Viele Pflanzen lassen kurzfristig erkennen, dass eine Witterungsänderung im Anmarsch ist. Sie zeigen es an ihren Blättern, die sie hängen lassen oder steil aufstellen, an den Blüten, die sie entsprechend öffnen oder schließen, oder daran, wie sie ihre Blüten nach der Sonne drehen. Die Pflanzen reagieren allerdings relativ spät auf Witterungseinflüsse, können uns also nicht schon Tage vorher als Wetterprophet dienen.

Im Volksmund gibt es eine Distel, die den Nagel auf den Kopf trifft, die so genannte Wetterdistel oder Wetterwurz. Gemeint ist die Silberdistel mit ihrem auffallenden Witterungsverhalten. Wenn sie bei Sonnenschein geöffnet ist, so kann man sicher sein, dass es in den nächsten Stunden oder an diesem Tag nicht regnen wird. Bei zu hoher Luftfeuchtigkeit oder beim kleinsten Tropfen Regen schließen sich die Hüllblätter der Blüte für längere Zeit in wenigen Minuten. Wenn sie sich am Nachmittag bei strahlendem Sonnenschein noch nicht öffnet, so wird es sicher anhaltenden Regen oder Gewitter geben. Nicht so eindrucksvoll, aber ähnlich ist es bei vielen anderen Korbblütlern, z. B. der Golddistel *(Carlina vulgaris)*. Manche Wetterbeobachter sind sogar der Meinung, dass die 24-Stunden-Vorhersage durch die Witterungszeichen der Wetterdistel sicherer sei als die der Wetterberichte.

Blüten richten sich vielfach nach dem Sonnenlauf und drehen sich mit ihm. Sehr eindrucksvoll ist das bei jungen Sonnenblumen zu beobachten. Haben sie allerdings ein gewisses Wachstumsstadium erreicht, bleiben ihre Blütenköpfe immer in östlicher Richtung stehen und dienen dann als verlässlicher Kompass.

Auch viele Blätter sind Sonnenausrichter und stehen meist senkrecht zu den auftreffenden Sonnenstrahlen. An Tagen, an denen die Sonnenausrichtung der Blüten nicht funktioniert und die Blätter schräg nach oben gestellt sind, oder wenn z. B. Sauerklee, Tomaten, Bohnen und Gurken ihre Blätter herunterklappen, deutet dies mit einiger Sicherheit auf Regen hin.

Wenn Regen naht, klappt der Sauerklee die Blätter zusammen.

An trüben und feuchten Tagen wird man beobachten können, dass Ringelblumen und Mittagsblumen ihre Blüten schließen und manche Arten sich erst gar nicht öffnen, z. B. Malven und Mohn. Anemonen und Geranien lassen dann häufig ihre Köpfe hängen.

Im Frühjahr wartet man meist ungeduldig auf den ersten günstigen Aussaattermin. Die Temperatur sollte ca. 10 °C betragen. Helfen können uns da die Krokusse und Tulpen. Sie wachsen bei steigender Temperatur und reagieren schnell auf Temperaturschwankungen. Bei Abkühlung schließen sie sich, und bei Erwärmung öffnen sie ihre Blüten wieder. Krokusse beginnen mit dem Blütenschluss schon bei nur $1/2$ °C Temperaturunterschied, Tulpen bei 1 °C. So können wir an diesen Zwiebelgewächsen gegen Ende ihrer Blütezeit den stattgefundenen lokalen Witterungscharakter des Frühlings erkennen. Werden die Blüten bei Tulpen und Krokussen im Frühjahr groß, war das Wetter relativ warm. Sind sie klein geblieben, herrschte oft schlechtes Wetter mit niederen Temperaturen, und die Blüten öffneten sich tagsüber nicht.

Auch im Winter brauchen wir auf Zeichen der Pflanzen nicht verzichten. Von den immergrünen Gehölzen wie Schneeball- und Rhododendrenarten erfahren wir die Temperatur. Sie lassen nämlich ihre Blätter bei wenigen Frostgraden herunterhängen (Verdunstungsschutz) und bei Plusgraden gehen sie wieder in Ausgangsstellung.

Die »Wetterdistel« schließt sich verlässlich bei erhöhter Luftfeuchtigkeit – Zeichen nahenden Regens. Öffnet sie sich vormittags erst gar nicht, ist vom Tag nicht viel zu erwarten.

Was jeder beobachten kann

Wenn die weiße Akazie ihre Blüten schließt, kommt ein Unwetter.
Wenn die Anemonen ihre Blüten weit öffnen, wird das Wetter schön; halten sie die Kronen geschlossen, kommt schlechtes Wetter.
Schönes Wetter wird, wenn die Bibernelle gegen 9 Uhr aufrecht stehende Blätter aufweist, die bis Mittag entfaltet bleiben; hängen Blätter und Blüten, so folgt Regen.
Wenn die Eberwurz schließt ihr Tor, steht kalte, regnerische Witterung bevor.
Wenn die in der Dürre gekrümmten Stängel des Erdrauches sich strecken, kommt Regen.
Wenn die Gänsedisteln nachts ihre Blüten schließen, kommt schönes Wetter; schlechtes, wenn sie offen bleiben.
Bei schönem Wetter sind die Samenträger der Geranien stark gekrümmt; steht Regenwetter bevor, strecken sie sich lang aus.
Solange der Holunder nicht ausschlägt, ist noch Frost zu erwarten.
Der Hopfenblüte Duft verkündet trockene, warme Luft.
Wenn beim Hungerblümchen und beim vielblättrigen Hahnenfuß die Blätter herabhängen, kommt sehr bald, spätestens aber am nächsten Tag Regen.
Lässt die Königskerze den Kopf hängen, steht schlechtes Wetter bevor, besonders, wenn die Spitze ihres Blütenstandes nach Westen zeigt; zeigt sie nach Osten, wird es trocken.
Wenn sich das Echte Labkraut aufbläht und stark duftet, kommt Regen.
Schließt die Lupine ihre Blätter, gibt es sehr bald Regenwetter.

Klappen Sauerklee (Abbildung), Tomaten, Bohnen oder Gurken ihre Blätter herunter, deutet dies auf Regen hin.

Wenn Regenwetter oder Sturm aufzieht, senkt der Mohn seine Blütenköpfe.
Wenn der Echte Sauerklee seine Blätter zusammen faltet, ist Regen zu erwarten.
Wenn Regen bevorsteht, schließt die Vogelmiere ihre Blüten.
Wenn die Zaunwinde ihre Blüten schließt oder am Morgen nicht öffnet, wird es bald regnen.

Im Aberglauben galten Pappeln als Wetterpropheten. *»Wenn die Pappel im Herbst zuerst das Laub an der Spitze abwirft, so bedeutet es einen kommenden milden Winter. Fallen die Blätter zuerst unten ab, so wird der Winter streng.«* Ich werde dieses Phänomen auf jeden Fall in den nächsten Jahren beobachten.
Die Tageszeit spielt eine weitere Rolle bei den Pflanzen. So öffnen und schließen sich die Blüten unterschiedlicher Arten zu verschiedenen Tageszeiten. In manchen Landes- und Bundesgartenschauen war dies Anlass genug, um verschiedene Pflanzen im Halbkreis (offener Kreis nach Süden ausgerichtet) zu einer »Pflanzenuhr« anzupflanzen. So öffnen sich um 6 Uhr die Blüten der Zaunwinde und der gelb-roten Taglilie, um 8 Uhr das Habichtskraut, um 9 Uhr die Ringelblume usw. bis 18 Uhr, wenn sich dann erst die Blüten der Nachtkerze öffnen. Die ersten Blüten schließen sich bei der Gemeinen Wegwarte und dem Bocksbart um 12 Uhr, bei der Pfingstnelke um 13 Uhr, Ringelblume um 14 Uhr, Zaunwinde gegen 16 Uhr usw.
Vielleicht möchten Sie Ihre eigenen Beobachtungen manchen. Experimentieren Sie ein wenig mit den Blütezeiten der Blumen, und vielleicht haben Sie sogar einen kleinen Fleck Garten für Ihre Blumenuhr übrig. Früher richteten sich die Landarbeiter nach dem Bocksbart *(Tragopogon),* der in der Blüte dem Löwenzahn ähnelt. Schloss dieses Kraut seine Blüten, wurde Mittag gemacht.

Früher machten die Landarbeiter Mittag, wenn der Bocksbart (gegen 12 Uhr) seine Blüten schloss.

Die Natur als Wegweiser

Die Natur als Wegweiser

Vieles kann man der Natur abringen, Bodenschätze, Holz, Wasser, tierisches wie pflanzliches Eiweiß und vieles, vieles mehr. Es ist für uns selbstverständlich geworden, von der Natur zu nehmen, ohne zu geben. Das sollten wir mal in einem Geschäft wagen, Güter zu nehmen, ohne sie zu bezahlen. Fangen wir bei der Bezahlung an die Natur doch wenigstens damit an, sie zu achten, dann sind wir schon einen Schritt weiter.

Bei Ausflügen und Wanderungen in unbekannter Natur, in mitteleuropäischen Urlaubszielen und sogar in heimatnaher Umgebung, kann man sich durchaus verlaufen. Ohne Kompass oder Landkarte können Schwierigkeiten vorprogrammiert sein, und wenn die Schwierigkeit auch nur darin besteht, sich eine Stunde zu verspäten. Auch hier lässt uns die Natur nicht im Stich. Sie bietet viele Möglichkeiten einer relativ sicheren Orientierung. Dieses Wissen ist uraltes Menschenerbe, an welchem sich schon unsere Vorfahren orientiert haben. Am Tage erkennen wir die Himmelsrichtungen an unserem Zentralgestirn, sofern die Sonne nicht durch eine dichte Bewölkung verdeckt ist. Als Kind haben wir über den Sonnenlauf schon gelernt: *»Im Osten geht die Sonne auf, im Süden hält sie Mittagslauf, im Westen will sie untergehen, und im Norden ist sie nie zu sehen«.*

Die Westseite, auch »Wetterseite« (Luvseite) genannt, erfahren wir von frei stehenden alten Zaunpfählen, Telegrafenmasten, Stützpfeilern und Bäumen. Sie sind an der Wetterseite bemoost, rauer und zerfurcht, im Gegensatz zur windabgekehrten Leeseite (Osten).

Die Ostseite zeigen frei stehende Bäume und Büsche an (auch in Hecken oder Alleen). Ihr Astwuchs ist an der Leeseite deutlich verstärkt und ihr Wuchs beugt sich durch die westlichen Winde vermehrt gen Osten. Eingänge geschlossener Vogelnester und natürliche Spechthöhlen weisen zur Sonnenaufgangsseite. Erfahrene Vogelkundler wissen das und hängen künstliche Nistkästen immer mit dem Einflugloch nach Osten.

Die Südseite lässt sich an den Jahresringen frei stehender Baumstümpfe feststellen. Die sonnenverwöhnte Südseite bewirkt ein stärkeres Dickenwachstum der Bäume. Das kann man an den einseitig breiteren Jahresringen gut beobachten. An der kälteren Nordseite des Stammes sind die Ringbreiten am schmalsten.

Die wärmende Wirkung der Sonneneinstrahlung machen sich auch die Ameisen zunutze. Sie legen ihre Eier während der Sommermonate an die Südseite des Ameisenhaufens oder bauen ihre Nester an der Südseite von Trockenmauern oder Lesesteinhaufen. Um die Eier zu sehen, muss man in das Nest gewaltsam eindringen – und das, versteht sich, macht man nur in Notfällen!

Achtet man mal auf die Nest- und Schlupflöcher von Hummeln, Wespen und wilden Bienen, wird man feststellen, dass diese ebenfalls nach Süden ausgerichtet sind.

Die Nordrichtung kann man nachts bei klarem Himmel am »Nordstern« feststellen: Der nicht besonders helle, im Norden sichtbare Polarstern ist der erste Deichselstern des wohl allseits bekannten Sternbildes »Kleiner Wagen« (Kleiner Bär).

So richtige »Plaudertaschen« sind frei stehende Felsen. Ihre Westseite (Wetterseite) zeigt sich vom Wetter bröcklig und blank gewaschen. Die sonnenlose Nordseite ist von Flechten bewachsen und die Ostseite von den anspruchsvolleren Moosen. Auf der sonnenverwöhnten Südseite wachsen Blumen und höhere Pflanzen.

Manchmal kann es sogar hilfreich sein zu wissen, wie schnell ein Bach fließt. Hierzu misst man am Ufer eines Baches oder Flusses eine 10 m lange Strecke aus. An beiden Messenden steckt man einen Stock ins Ufer. Nun setzt man ein leichtes Stück Holz, Rinde oder Kork am oberen Messpunkt der Strömungsrichtung auf das Wasser und misst die Zeit, bis das schwimmende Stück am unteren Messpunkt angekommen ist. Wie viele Meter der Fluss in der Sekunde zurücklegt, erfährt man aus der Rechnung: Zehnmeterstrecke geteilt durch die ermittelte Zeit. Beispiel: Das Stück Schwimmgut benötigt für die 10 m lange Strecke 25 Sekunden. Daraus ergibt sich eine Fließgeschwindigkeit von 0,4 m/sec.

Zur genauen Feststellung der Südrichtung am Tage ist ein »Werkzeug« erforderlich, das mittlerweile fast jeder ständig mit sich führt, die Armbanduhr (jedoch mit Zeigern). Der kleinere Stundenzeiger wird auf die Sonne gerichtet. Der kleinere Winkel zwischen Stundenzeiger und der Ziffer 12 wird halbiert. Die dabei entstehende Winkelhalbierende zeigt genau die Südrichtung an. (Während der Sommerzeit die Uhr zur Richtungsbestimmung 1 Stunde vorstellen!)

Phänologie – der Kalender, den die Natur schreibt

Die Wissenschaft, die sich mit den jährlich immer wiederkehrenden periodischen Erscheinungsformen beschäftigt, nennt sich Phänologie. Aus dem Griechischen übersetzt heißt das »Lehre von den Erscheinungen«. Gemeint sind die periodischen Wachstums- und Entwicklungserscheinungen aller »pflanzlichen und tierischen Lebewesen in ihrer Witterungsabhängigkeit«. Die Phänologie untersucht die Entwicklung der Pflanzen und Tiere im Jahreslauf, indem sie die Eintrittszeiten auffälliger Erscheinungen notiert. Bei Pflanzen sind dies z. B. Daten für Blattentfaltung, Blüte oder Fruchtreife, bei Tieren periodische Wanderungen oder bestimmte Verhaltensweisen zur Fortpflanzung.

Im Laufe ihrer Geschichte begannen die Menschen irgendwann einmal, die Pflanzen genauer zu beobachten. Sie gaben Acht auf die jährlich unterschiedliche Knospenbildung, das Aufblühen der Blüten an Bäumen, Büschen und Blumen sowie auf die Reifung von Samen und Früchten. Es kristallisierten sich im Laufe der Zeit viele typische Pflanzen heraus, welche die natürlichen Jahreszeiten anzeigten. Diese Zeiger- oder Signalpflanzen wurden von den Landwirten genutzt, um den richtigen Zeitpunkt für die Bodenbearbeitung und Aussaat zu finden. Der Kalender der Natur war entdeckt.

Die längsten uns bekannten phänologischen Aufzeichnungsdaten kommen aus England. Über 6 Generationen (1736–1925) schrieb die Familie Marsham bei Norwich in Norfolk, später auf Rippon Hall phänologische Daten von 13 ausgewählten Laubgehölzen sowie die Wanderung einiger Zugvögel und das erste Quaken von Fröschen auf.

Natürlich reagiert die Natur nicht nur auf jahreszeitlich unterschiedliche klimatische Faktoren, sondern jeder Landstrich, ja sogar jeder Garten hat sein eigenes Kleinklima. Das ist abhängig von der geografischen Lage, von der Gegend und vom Boden. Der viel herbeigesehnte Frühlingsanfang hängt z. B. von einer ganzen Reihe von Faktoren ab. Das wären die geografische Lage des Gebietes, Höhe, Distanz von Meeren oder großen Wasserflächen, Geländeneigung, Längen- und Breitengrad, Sonneneinstrahlung, vorherrschende Windrichtung, offene oder geschützte Landschaftslage wie Stadt- oder Landlage. All diese Faktoren spielen eine große Rolle und man wird sich bewusst, dass jeder Garten und jedes Fleckchen Erde ein eigenes klimatisches Universum ist.

Der Naturkalender ist eines der lohnendsten und interessantesten Kapitel für alle, die sich für und an der Natur begeistern können. Beobachtungen und resultierende Erfahrungen sind fast unerschöpflich.

Kein Jahr gleicht dem anderen, sagt man. Das hat seine Berechtigung. Trotzdem rennen wir bei den ersten warmen Sonnenstrahlen im Frühling hinaus in den Garten, um schon mal die Gartengeräte bereitzustellen. Um den 21. März ist zwar Frühlingsanfang, es muss aber noch lange kein Frühling sein, denn 6 Wochen Differenz zwischen den Vegetationszuständen in verschiedenen Jahren sind keine Seltenheit. Es kann fatale Folgen haben, wenn man sich z. B. nur nach den Aussaatzeiten der Samenpackungen richtet, ohne dabei die Natur zu beobachten. Sehr viel verlässlicher als der altbekannte Kalender mit 4 Jahreszeiten in den 12 Monaten ist der »Naturkalender«, denn

(Fortsetzung auf S. 89)

Zeigerpflanzen

▲ Die Silberdistel *(Carlina acaulis)* ist mit ihrem auffallenden Witterungsverhalten ein guter Wetterprophet. Im Volksmund wird sie daher auch Wetterdistel oder Wetterwurz genannt. Offene Blüte (links): trockenes, schönes Wetter. Geschlossene Blüte (rechts): erhöhte Luftfeuchtigkeit, drohender Regen.

◀ Die Zaunwinde *(Calystegia sepium),* die als fast »unbesiegbares Unkraut« in den Sommermonaten vielerorts ihre weißen, kurzlebigen Blüten zeigt, ist ebenfalls ein guter Wetteranzeiger. Wenn sie ihre Blüten schließt oder am Morgen nicht öffnet, wird es bald regnen. Ähnliches gilt für die rosafarbenen Blüten der Ackerwinde *(Convolvulus arvensis).*

▲ Der Wald- oder Echte Sauerklee *(Oxalis acetosella)* kann durch die Ausrichtung seiner Blätter die Witterung anzeigen. Sind die Blätter wie auf dem Bild heruntergeklappt, so deutet dies mit einiger Sicherheit auf Regen hin. Ähnlich reagieren auch die Blätter von Tomaten, Bohnen und Gurken.

Der Frühling

▶ **Vorfrühling:** Der erste große Vorfrühlingsbote in unseren Hausgärten ist das Schneeglöckchen *(Galanthus nivalis)*. Der Volksmund kennt die Pflanze auch unter den Namen Märzglöckchen und Schneetröpfchen. Nicht selten werden diese ersten Blüten des Jahres nochmals von spätem Schnee bedeckt.

◀ Die erste Frühjahrsphase in der Natur, der **Vorfrühling**, beginnt mit dem Stäuben der Haselnuss und des Rohrkolbens. Die Blüte der Salweide (Foto) stellt bereits das Ende dieser Phase dar. Ist die überschüssige Winterfeuchtigkeit verschwunden und der Boden genügend abgetrocknet, sind dies Anzeichen für Bauern und Gärtner mit der Arbeit auf dem Feld oder im Garten zu beginnen.

▶ **Erstfrühling:** Die Blüten von Forsythie, Traubenhyazinthe, Buschwindröschen und Himmelsschlüssel lassen den Erstfrühling beginnen. Jetzt ist auch die Zeit der Haferaussaat. Entfalten sich die Blätter der Kastanie (Foto) und die Blüten der Stachelbeere, ist schon die Mitte erreicht. Die Phase endet mit der Blüte der Roten Johannisbeere und des Löwenzahns.

◀ **Vollfrühling:** Das Kennzeichen des Vollfrühlings ist eigentlich die Blattentfaltung der Stieleiche, aber auffälliger ist die Blüte der »Volksfrucht der Deutschen«, des Apfels. Die Blütenknospen öffnen sich zuerst im Südwesten und ca. 16 Tage später im Nordosten. Die Apfelblüte als Frühlings- und Klimaindikator zeigt an, wie der Frühling langsam von den warmen zu den kühleren Gegenden des Kontinents vorwärts zieht.

▼ Die Rosskastanienblüte (Foto) sowie der unverwechselbare Duft des Flieders und der des Goldregens sind untrübliche Zeichen des **Vollfrühlings**. Das schießen des Wintergetreides, die ersten blühenden Gräser und der erste Duft von Heu lassen den Vollfrühling ausklingen.

Der Sommer

▶ **Frühsommer:** Typisches Zeichen der 4. phänologischen Jahreszeit ist der Blühbeginn des Schwarzen Holunders, der im Volksmund auch unter dem Namen Hollerbusch bekannt ist. Anschließend folgen die Blüte der Heckenrose und des Klatschmohns.

▲ Am Ende des **Frühsommers** wird der geduldige Gärtner mit den ersten Köstlichkeiten des Jahres belohnt: Frühe Erdbeeren werden reif, ihre auffällige rote Farbe signalisiert, dass sie geerntet werden können. Auch frühe Süßkirschen kennzeichnen das Ende er Phase.

▲ Die von Bienen umsurrten Blüten der Sommerlinde (Foto oben rechts) kennzeichnen den Beginn des **Hochsommers**. Im Nutzgarten sehen wir das an den ersten reifen Johannisbeeren, der Blüte der Madonnenlilie, des Phlox und der Kartoffeln.

▼ Mit der Blüte der Sonnenblume verbinden wir automatisch die Mitte des **Hochsommers**. Die Haupterntezeit der Süßkirschen und erste reife Sauerkirschen beenden die Phase.

◀▲ **Spätsommer:** Sehen wir überall auf dem Land abgeerntete Getreidefelder, so legt der Sommer schon seinen Endspurt ein. Dies erkennt man auch an den weithin leuchtenden reifen Früchten der Eberesche. In unseren Gärten beginnt in dieser Phase die Ernte der Äpfel und etwas später die der reifen Pflaumen.
Ein typischer Geruch des Spätsommers ist der von geschnittenem Heu, denn jetzt beginnt die Zeit des 2. oder Silageschnittes (Grummet). Den Sommerabschied zeigt uns die Blüte der Herbstzeitlose (Foto links).

Der Herbst

▲ **Frühherbst:** Die 7. phänologische Jahreszeit beginnt mit der Reife der Früchte des Schwarzen Holunders, die sich zur Safterzeugung prima eignen. Auch die Früchte der Rose (Hagebutten) und des Weißdorns sind reif.

▲ Der 2. Grasschnitt hat im Spätsommer begonnen und findet spätestens zu Anfang des **Frühherbstes** seinen Abschluss. Im Hausgarten werden jetzt Brombeeren und Birnen geerntet.

▲ Die reifen Früchte der bei den Kindern beliebten Kastanie leiten über vom **Frühherbst** in den Vollherbst. Mit den letzten Früchten der Rosskastanie fallen dann auch schon die ersten Blätter.

▲ **Vollherbst:** Markantestes Zeichen des Vollherbstes sind die ersten herunterfallenden Eicheln der Stieleiche. Fallen von ihr oder der Rotbuche die ersten Blätter, geht es in die letzte Herbstphase.

▼ ▶ **Spätherbst:** Jetzt werden die letzten Früchte wie Äpfel, Birnen und Trauben geerntet. Am auffälligsten ist aber sicher der Laubfall im Spätherbst. Das Laub fällt nicht jedes Jahr zur selben Zeit, sondern dieses Phänomen ist abhängig von Temperatur und Sonneneinstrahlung. Als Erstes entblättern sich meist Rosskastanie, Eberesche und Hängebirke, gefolgt von Stieleiche und Rotbuche (Foto unten). Im Garten wie auf dem Feld wird es Zeit für die Bodenbearbeitung, denn ist diese nicht mehr möglich, dann hat die 10. und letzte phänologische Jahreszeit begonnen, der Winter. Zuvor schenkt uns die Natur mit dem Auflaufen des Winterweizens nochmals einen grünen Lichtblick für das nächste Vegetationsjahr.

Der Winter

▼ Der auf den Zweigen und in Windrichtung der Baumstämme haftender Schnee lässt auf Schneeschauer in den vergangenen Tagen schließen mit Temperaturen um den Gefrierpunkt und starkem Wind. Bei Temperaturen deutlich unter 0 °C wäre deutlich weniger Schnee auf den Zweigen oder an den Stämmen zu finden.

▲ Der Winter im Naturkalender tritt ein, wenn der Boden so stark gefroren ist, dass eine Bewirtschaftung nicht mehr möglich ist. Die Natur kommt aber nicht ganz zum Stillstand, denn in ruhenden Samen und Knospen finden wichtige Lebensvorgänge statt. Zahlreiche Wildpflanzen benötigen Frost, damit ihre Samen später keimen können.

▶ Winterliche Schauerwetterlagen sind wohl das Ungemütlichste, was man sich vorstellen kann. Auf dem Bild bleibt wesentlich weniger Schnee auf den Ästen oder Stämmen liegen als auf dem oberen Bild. Dies lässt vermuten, dass es auch wesentlich kälter ist.

Phänologie – der Kalender, den die Natur schreibt

für Pflanzen sind die Tageslänge und die Temperatur entscheidend und nicht das Datum. In der Natur gibt es kein Kalenderjahr. Jede Zeit hat ihre eigenen Ausdrucksformen von Leben, jedes Geschöpf eine andere Möglichkeit gefunden, mit den Klimafaktoren umzugehen.
Das Jahreszeitempfinden wird in uns durch Schneeglöckchen-, Weiden- und Löwenzahnblüte, erntende Maschinen, reife Früchte und fallendes Herbstlaub ausgelöst. Der Zeitpunkt ist von Ort zu Ort und Jahr zu Jahr völlig unterschiedlich. Jede Jahreszeit hat in der Natur ihren eigenen, unverwechselbaren Charakter und ihr eigenes Gesicht, die sich in den typischen »Kennpflanzen« widerspiegeln, die uns ihrerseits Rückschlüsse auf das Klima in der unmittelbaren Umgebung geben. Ob die Jahreszeiten in der Natur ihre Optima erreicht haben, verrät uns nicht der Kalender, sondern nur die Natur selbst. Diese »Eintrittszeiten« sind von Ort zu Ort verschieden. In 50 km Entfernung erfreut uns schon die Apfelbaumblüte, während vor Ort erst die ersten grünen Knospen zu sehen sind. Wer sich nach dem Naturkalender richtet und zudem noch das Wetter beobachtet, kann im Garten eigentlich kaum mehr Fehler machen.

Sitzt im November fest das Laub, wird der Winter hart, das glaub.
Siehst du schon gelbe Blümlein im Freien, magst du getrost den Samen streuen.
Wenn das Feld arm ist, so sind die Bienen reich.
Je stärker im Walde die Bäume knacken, je höher wird der Winter packen.
Je früher im April der Schlehdorn blüht, desto früher der Schnitter zur Ernte zieht.
Viele Eicheln im September, viel Schnee im Dezember.

> *Die Eintrittszeiten phänologischer Phasen spiegeln alle Umwelteinflüsse wider. Daher können aus diesen Daten sich ändernde Umweltbedingungen ermittelt werden.*

Die Daten, welche die Phänologen z. B. des Deutschen Wetterdienstes jährlich immer wieder neu zusammentragen, sind in ihren Anwendungsmöglichkeiten von allgemeinem Interesse. Sie finden Verwendung in der Agrarklimatologie, bei Warn- und Beratungsdiensten für die Landwirtschaft, im Pflanzenschutz, bei Pflanzenzüchtungen, zur Abschätzung der voraussichtlichen Erntetermine und Ernteerträge, zur Ursachenforschung neuartiger Waldschäden, Klimaveränderungen usw. Auch Medien und Reiseunternehmen sind an phänologischen Prognosen interessiert, z. B. an der Obst- und Heideblüte oder an der Laubverfärbung des Waldes. In der Medizin ist die Vorhersage der Blütezeit von Pflanzen mit allergieauslösenden Pollen gefragt, damit die Allergiker rechtzeitig Schutzmaßnahmen ergreifen können. Auch die Imker führen ihre Bienenvölker nach den phänologischen Jahreszeiten. Besonders in der Landwirtschaft sind die Daten zur Vegetationsperiode von großer Bedeutung. Sie geben Auskunft darüber, welche Pflanzen in heimischen Gebieten am besten gedeihen und welche zur ertragslohnenden Kultivierung ungeeignet sind. In einigen Wachstumsphasen benötigen z. B. Getreide besonders viel Wasser (Ährenschieben), in anderen ist es besonders anfällig für Krankheiten und Schädlingsbefall. Der Landwirt kann dann zur richtigen Zeit die effektivsten Maßnahmen ergreifen wie Bewässerung oder Schädlingsbekämpfung. Das schont die Umwelt und seinen Geldbeutel. Wer seinen eigenen Garten beobachtet und mit offenen Augen durch die Natur mit ihren Jahreszeiten geht, erfährt, dass die Pflanzen die verschieden Jahreszeiten bzw. Vegetationsphasen anzeigen, nach denen man die Garten- und Feldarbeit, Freizeit, Urlaub, Feste und vieles andere ausrichten kann, so, wie es unsere Vorfahren seit Jahrtausenden schon immer gemacht haben. Diese Fähigkeit ist uns nur nicht mehr so bewusst und leider bei vielen auch verloren gegangen. Die verschiedenen Signalpflanzen kommen in fast allen Landschaften Deutschlands, ja sogar Zentraleuropas vor, können also jederzeit und überall beobachtet werden. Es lohnt sich für jeden, sich Notizen über die eigenen Beobachtungen zu machen, da im Vergleich mehrerer Jahre Unterschiede deutlich werden, dadurch Prognosen genauer werden und auf jeden Fall das Verständnis für und die Liebe zur Natur wachsen.
In den nachfolgenden Tabellen werden die Wachstumsphasen in ihren 10 von den Phänologen definierten Jahreszeiten mit typischen Signal- oder Kennpflanzen aus Natur, Landwirtschaft und Obstgarten vorgestellt. Die Tabellendaten sind langjährige Mittelwerte. Dabei ist zu beachten, dass sich von Jahr zu Jahr und Ort zu

Phänologie – der Kalender, den die Natur schreibt

Ort natürliche Abweichungen dieser Mittelwerte ergeben können. Mehrere Tage bis Wochen sind da je nach Witterung durchaus normal. Besonders im Frühjahr merkt man, dass die Natur sehr vom jeweiligen Witterungseinfluss abhängig ist. Hier sind die Normabweichungen am größten. Sie verringern sich in den nachfolgenden Jahreszeiten fast genauso, wie sich das Wetter bis in die Herbstmonate stabilisiert.

Frühling

Ein Blick auf den Kalender kann im Frühling resignierend wirken, wenn Gras, Laub und Sonnenschein auf sich warten lassen, denn die Natur pfeift auf das Datum 21. März (Frühlingsanfang zwischen 20. und 23. März) und lässt sich oft Zeit. Aber wenn die Kraniche vom Süden kommen, die Frösche anfangen zu quaken und Weide wie Erle ihre Knospen springen lassen, dann lacht der Frühling. Jetzt müssen auch gewisse Arbeiten in Natur und Garten erledigt werden. Unsere Vorfahren freuten sich, wenn sie an aufblühenden Blumen oder heranziehenden Vögeln den Beginn der für viele schönsten Jahreszeit, Frühling, Frühjahr, Lenz, Frühzeit oder Maienzeit, ablesen konnten. All diese Zeichen wurden in den folgenden Regeln festgehalten:

Wenn die Drossel schreit, ist der Lenz nicht mehr weit.
Früher Vogelsang macht den Winter lang.
Kommt die wilde Ent, so hat der Winter ein End.
Der Frosch spricht vom Frühling.

Gibt's im Frühjahr viel Frösche, so geraten die Erbsen.
Im Frühjahr Spinnweben auf dem Feld, gibt einen schwülen Sommer.

Seit 1983 fordert die Naturschutzjugend des NABU Kinder zwischen 5 und 15 Jahren auf, in einem Wettbewerb nach Frühlingsboten Ausschau zu halten, z. B. nach Singdrossel, ersten Kreuzspinnen, Eichhörnchen, Bärlauch, blühendem Haselnuss-Strauch, Schneeglöckchen usw. Jedes Jahr soll nach verschiedenen anderen Frühlingsobjekten im Kinderwettbewerb »Erlebter Frühling« gesucht werden. Nähere Auskünfte beim NABU in Ihrer Nähe oder im Internet.
Noch vor 2 Jahrhunderten waren die Türmer der deutschen Städtchen und Städte angewiesen, nach den nahenden Störchen im Frühling Ausschau zu halten. Erblickten sie die Frühlingsboten, so war anzublasen. Dafür bekam der Erstentdecker im Ratskeller einen Ehrentrunk kredenzt. Die meisten Türmer gingen in der heutigen Zeit wohl leer aus, da die Störche ausblieben. Auch das erste Veilchen als Frühlingskleinod konnte mancherorts vom Finder beim Türmer abgegeben werden. Er wurde dann ebenfalls mit einem Ehrentrunk bedacht. Der eigentliche Frühlingsbote jedoch ist der Kuckuck. Einer alten deutschen Rechtsformel nach begann der Lenz, »wann der gauch [Kuckuck] guket«. Wenn der Kuckuck im März viel schreit, kann man sich auf einen nahen Frühling freuen. Der eigentliche Kuckucksmonat ist der April. Man spricht sogar vom Kuckucksvierteljahr, welches bis Anfang Juli dauert. Seine Zeit ist erst da, wenn er sich im Laub verstecken kann. Ruft er vor dem 14. April, so muss er sich, des schlechten Wetters wegen, noch 14 Tage im hohlen Baum versteckt halten.

Solange der Kuckuck schreit, fürchte die Trockenheit.

Wenn das allseits bekannte Gänseblümchen mehrere Blüten öffnet, so ist für viele der Frühling ins Land gezogen. Man hat der überaus winterharten Pflanze viele Namen gegeben, z. B. Maßliebchen, Monatsblümchen, Marienblümchen, Tausendschön, Herzblümchen und Sommertierchen.

Der Frühling ist da, wenn dein Fuß auf drei Gänseblümchen treten kann.

Leider immer häufiger wird die Freude am Frühling durch allergieauslö-

Frühling

sende Pollen von Bäumen, Sträuchern, Wildkräutern, Getreide und anderen Gräsern getrübt. Jetzt beginnt für viele Pollenallergiker eine Zeit des Leidens.

Pollenallergie

Beim bekannten und meistverbreiteten Heuschnupfen handelt es sich nicht nur um eine Allergie gegen Heu, sondern gegen Pollen. Neben einer juckenden Nase mit Niesreiz und den Niesanfällen ist der Heuschnupfen auch häufig an einer gleichzeitigen Entzündung der Augenbindehaut zu erkennen. Hinzu kommen ein allgemeines Krankheitsgefühl mit Kopfschmerzen und Müdigkeit und einer daraus resultierenden Leistungsminderung. Dabei kann es auch zu Fieber und Hautreaktionen, wie Ekzemen oder Nesselsucht, kommen.

Etwa 20 Prozent der Bevölkerung (bei Kindern noch mehr) leiden unter Heuschnupfen und anderen pollenbedingten Allergien, mit steigender Tendenz.

Um rechtzeitig vorbeugende Maßnahmen einleiten zu können, ist es von großem Interesse, die regional unterschiedlichen Blütezeiten der Pollenpflanzen festzustellen. Neben den phänologischen Daten informiert der Pollenkalender über die Hauptblütezeiten der verschiedenen Pollenpflanzen. Dieser ist fast das ganze Jahr in Apotheken, Drogerien oder Arztpraxen zu bekommen.

Der Frühling ist im Allgemeinen immer wieder durchwachsen mit Kältestörungen. Die vielen zarten Blüten der zahlreichen Frühlingsblüher wissen ihre kostbaren und empfindlichen Blüteninhalte zu schützen. Bei anhaltendem kühlem »Schmuddelwetter« öffnen sich z. B. die Blüten des Löwenzahns erst gar nicht, um ihren nässe- und kälteempfindlichen Blütenstaub zu schützen.

Der Vorfrühling

(zwischen Januar und Ende März)

Mit Tempo 30 kommt der Vorfrühling sehnsüchtig erwartet ins Land und steigt dabei täglich 30 m in die Höhe. Von der Iberischen Halbinsel im Südwesten wandert die Pflanzenentwicklung nach Skandinavien im Nordosten, vom Flachland in das Gebirge und von den Küstengegenden in das Landesinnere. Gut 6 Wochen dauert die Frühlingsreise durch Deutschland.

Der Vorfrühling beginnt mit dem Stäuben der Haselnuss und des Rohrkolbens. Der zweite große Vorfrühlingsbote ist das Schneeglöckchen; sein Name bedeutet wörtlich übersetzt »Milchblüte«. Ist die überschüssige Winterfeuchtigkeit verschwunden und der Boden genügend abgetrocknet, sind dies Zeichen für Bauern und Gärtner, mit der Arbeit auf dem Feld oder im Garten zu beginnen.

In diesen Tagen blüht auch die Schwarzerle. Bei den Ahornen schwellen die Blattknospen an, die von den Spatzen gerne abgesucht werden. Die schwarzen Früchte des Efeus reifen und werden vor allem bei späten Wettereinbrüchen gern von vielen Vogelarten gefressen. Die folgende Blüte der Salweide, der Beginn des Stachelbeeraustriebs und der Beginn der Sommergetreide-Aussaat sind der leitende Übergang in den Erstfrühling.

Die folgenden Daten und die entsprechenden Angaben bei den anderen

Der Vorfrühling

	Natur	Landwirtschaft	Obstgarten
Anfang	Haselnuss, Schneeglöckchen, Winterling: Blüte		
Mitte	Schwarzerle, Huflattich, Pestwurz: Blüte		
Ende		Dauergrünland: Ergrünen	
	Krokus: Blüte		Stachelbeere: Austrieb
	Kornelkirsche, Salweide: Blüte		

Phänologie – der Kalender, den die Natur schreibt

phänologischen Jahreszeiten basieren auf langjährigen Mittelwerten verschiedener typischer Vegetationsregionen.
- Beginn der Haselblüte: Geisenheim am Rhein und südl. des Taunusgebirges 15. 2.; Bremen 18. 2.; Münsterland 19. 2.; Würzburg 22. 2.; Freising 7. 3.; Hohenpeißenberg (Voralpenland) 10. 3.
- Schneeglöckchenblüte: in der Kölner Bucht 20. 2.; Würzburg 21. 2.; Bremen 23. 2.; Geisenheim 25. 2.; Nord-Brandenburg 27. 2.; Freising 4. 3.; Mecklenburg, Ostseeküste 5. 3.; Hohenpeißenberg 7. 3.
- Beginn der Huflattichblüte: Geisenheim 8. 3.; Hohenpeißenberg 12. 3.; Freising 15. 3.; Paderborn 16. 3.; Mecklenburg, Ostseeküste 20. 3.; Bremen 25. 3.; Mark Brandenburg 30. 3.
- Beginn der Feldarbeiten: Bremen 7. 3.; Freising 23. 3.; Hohenpeißenberg 4. 4.
- Beginn der Schwarzerlenblüte: Freising 25. 2.; Hohenpeißenberg 14. 3.
- Beginn der Salweidenblüte: Paderborn 20. 3.; Geisenheim 21. 3.; Freising 24. 3.; Bremen 28. 3.; Mark Brandenburg 31. 3.; Mecklenburg, Ostseeküste 7. 4.

Gartenarbeiten zur Schneeglöckchenblüte
Im Glashaus: Paprika, Sellerie, Tomaten pflanzen.
Im Frühbeet: Erste Radieschen, Spinat, Dill, Pflücksalat, Kresse aussäen.
Unter Folie: Kohlrabi und Kopfsalat pflanzen.

Gartenarbeiten zur Huflattichblüte
Im Freiland: Aussaat von Spinat, Puffbohnen, frühen Mohren, Mairüben, Zwiebeln. Bei schweren Böden erst zur Forsythienblüte.
Sonstiges: Winterschutz entfernen.

Der Erstfrühling
(zwischen Ende März und Ende April)

Waren die Kennpflanzen im Vorfrühling spärlich, so beginnt jetzt ein wahres Wachstumsfeuerwerk. Die ersten bunten Blumensträuße können nach der langen Winterpause einen Ehrenplatz im Wohnzimmer finden. Die markanteste Beobachtung im Erstfrühling ist die beginnende Blattentfaltung der Stachelbeere, ein sicheres Zeichen für den Anfang des Erstfrühlings. Die Stachelbeerblüte kennzeichnet die Mitte der Erstfrühlingsphase. Diese beiden Naturerscheinungen signalisieren in der Landwirtschaft, dass mit der Haferaussaat begonnen werden kann, das Sommergetreide wird bald aufgehen. Jetzt beginnen sich aufgrund stärkerer Sonnenintensität die Bodenverhältnisse spürbar zu verbessern. In den oberen Bodenschichten wird es deutlich wärmer (10 °C), besonders zum Ende der Phase. In 1 m Tiefe wird es dann wieder kälter (vgl. Frühherbst). Mit dem zunehmenden Graswachstum wird auch das erste Vieh auf die Weiden getrieben. Die Wälder bekommen ihren ersten zarten Hauch Grün, und überall sieht man nacheinander blühende Kirsch-, Pflaumen- und Birnenbäume. Am Boden blühen Scharbockskraut, Hornveilchen, Leberblümchen und die Taubnessel. Sie alle sind zu Anfang der Blühsaison wichtige Futterpflanzen für Insekten. Gleichzeitig mit der Süßkirsche blühen auch Schlehe und Ahorn. Einige Zeit später beginnt die Laubentfaltung von Rosskastanie und Birke. Das Ende des Erstfrühlings wird eingeläutet mit der Blüte der Roten Johannisbeere und des Löwenzahns sowie der Blattentfaltung von Rotbuche, Linde und letztlich Ahorn.
- Beginn der Stachelbeerblattentfaltung: Geisenheim 28. 3.; Freising 29. 3.; Bremen 5. 4.; Brandenburg 8. 4.
- Beginn der Forsythienblüte: Bremen 2. 4.; Freising 7. 4.; Hohenpeißenberg 18. 4.
- Beginn der Stachelbeerblüte: Geisenheim 8. 4.; Freising 15. 4.; Cottbus 20. 4.; Rügen 29. 4.

Mit der Blüte des Schneeglöckchens hält nicht nur der Erstfrühling Einzug, sondern auch unsere Gefühlswelt erfährt beim Anblick der ersten Zwiebelpflanze ein erbauendes Frühlingshoffen.

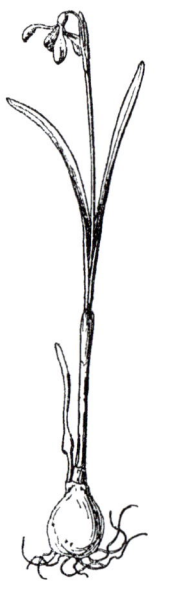

Frühling

Der Erstfrühling

	Natur	Landwirtschaft	Obstgarten
Anfang		Hafer: Bestellung	
	Forsythie, Traubenhyazinthe: Blüte		Stachelbeere: Blattentfaltung
	Buschwindröschen, Himmelsschlüssel: Blüte	Kartoffel Beginn Bestellung	
	Rosskastanie: Austrieb	Hafer-Auflaufen; Betarüben: Bestellung	
	Eberesche: Austrieb		
		Winterraps: Beginn des Schossens	
			Apfel: Austrieb
	Europäische Lärche: Nadelentfaltung; Hängebirke: Austrieb		
Mitte		Sonnenblume: Bestellung	Stachelbeere: Blütebeginn
	Spitzahorn: Blüte; Rosskastanie, Schwarzerle, Hängebirke: Blattentfaltung		
	Hängebirke, Schlehe: Blüte; Eberesche: Blattentfaltung		
Ende	Löwenzahn: Blüte		Rote Johannisbeere: Blüte Weinrebe: erstes Bluten
	Tulpe: Blüte	Graswachstum zunehmend	
	Narzisse: Blüte	Beginn Weidenaustrieb	
		Winterraps: Knospenbildung; Winterroggen: Beginn des Schossens	
		Wintergerste: Beginn des Schossens	Süßkirsche: Blütebeginn
		Mais: Bestellung	Birne: Blütebeginn
	Esche: Blüte		Süßkirsche: Vollblüte
	Rotbuche: Blattentfaltung		Sauerkirsche: Blütebeginn
		Betarüben: Auflaufen	Birne: Vollblüte

● Blattentfaltung der Rosskastanie: Geisenheim 7. 4., Freising 18. 4., Bremen 23. 4., Hohenpeißenberg (Voralpenland) 30. 4.

● Beginn der Rosskastanienblüte: Brandenburg 27. 4.; Geisenheim 28. 4.; Freising 8. 5.; Bremen 14. 5.

● Löwenzahnblüte: Freising 19. 4.; Münster 22. 4.; Hohenpeißenberg 25. 4.; Brandenburg 26. 4.; Rügen 30. 4.; Paderborn 1. 5.

Phänologie – der Kalender, den die Natur schreibt

- Schlehenblüte: Geisenheim 10. 4.; Bremen 18. 4.; Paderborn 21. 4.; Freising 23. 4.; Hamburg 29. 4.
- Beginn der Süßkirschenblüte: Geisenheim 15. 4.; Freising 24. 4.; Bremen 25. 4.; Brandenburg 27. 4.
- Beginn der Sauerkirschblüte: Geisenheim 22. 4.; Bremen 1. 5.; Rügen 11. 5.

Gartenarbeiten ab Stachelbeer-Blattentfaltung

Im Frühbeet: Blumenkohl, Brokkoli, Kohlrabi pflanzen; Kopfsalat für Setzlinge aussäen.
Im Freiland: Spinat, Pflücksalat, späte Möhren, Mangold, Rote Bete, Erbsen, Petersilie aussäen.

Gartenarbeiten zur Stachelbeerblüte

Pflanzen von Kohlrabi, Steckzwiebeln, Sommerlauch, Kopfsalat, Eissalat. Sommerblumenaussaat Vorkultur. Sonstiges: Frühjahrsschnitt bei Rosen; erster Rasenschnitt; Gehölze, die am einjährigen Holz blühen, zurechtschneiden.

Der Vollfrühling

(zwischen Ende April und Ende Mai)

Als Beginn des Vollfrühlings gilt eigentlich die Blattentfaltung der Stieleiche, aber allgemein populärer ist der Apfel. Erblüht er, so ist für uns der Vollfrühling ins Land gezogen. Die Blütenknospen öffnen sich zuerst im Südwesten und ca. 16 Tage später im Nordosten. Dass die allgemeine Witterung dabei eine große Rolle spielt, zeigen die 30-jährigen Datenreihen vom Hohenpeißenberg. Dort öffneten sich die Apfelblüten am 18.4. 1974 am frühesten und am 6. 6. 1970 am spätesten. Für Biologen und Klimaforscher gilt die Apfelblüte als definitives Zeichen für den Einzug des Frühlings in der Natur. Die Apfelblüte als Frühlings- und Klimaindikator zeigt an, wie der Frühling langsam von den warmen zu den kühleren Gegenden des Kontinents vorwärts zieht.

Die Blüten der Rosskastanie als auch der unverwechselbare Duft des Flieders und der des Goldregens sind ton- bzw. duftangebende Pflanzen am Anfang der Phase. In den kommenden Wochen gehen Kartoffeln und Futterrüben auf, die Halme des Wintergetreides schieben sich nach oben (schießen) und die ersten Ähren des Winterroggens können schon aus der obersten Blattscheide herauskommen.

Überall herrscht üppiges Blühen und die Wälder werden frischgrün. Man findet jetzt gehäuft den gelben Blütenstaub, der auf Autos, Dächern und nach Regenschauern in Pfützen und Regentonnen als weißlichgelblicher Film auf dem Wasser zu sehen ist. Gegen Ende dieser Phase blühen die ersten Gräser und die Wiesen werden das erste Mal gemäht. Der Sommer kündigt sich an.

- Spätkartoffelbestellung: Freising 19. 4.; Geisenheim 24. 4.; Bremen 26. 4.
- Beginn der Apfelblüte: Geisenheim 25. 4.; Würzburg 27. 4.; Freising 3. 5.; Brandenburg 7. 5.; Bremen 9. 5.; Hohenpeißenberg 13. 5.; Rügen 17. 5.
- Beginn des Fichten-Maitriebes: Freising 9. 5.; Brandenburg, Bremen und Hohenpeißenberg 14. 5.; Rügen 15. 5.
- Rosskastanienblüte: Geisenheim 28. 4.; Freising 8. 5.; Brandenburg 14. 5.; Bremen 14. 5.; Paderborn

Mit dem sehnlich erwarteten Frühling beginnt ein neuer Jahreszyklus. Der Vollfrühling zieht mit dem Beginn der Apfelblüte mit Tempo 30–40 Kilometer pro Tag über das Land.

Frühling

Der Vollfrühling

	Natur	Landwirtschaft	Obstgarten
Anfang	Stieleiche: Blattentfaltung	Winterweizen: Beginn des Schossens	
			Apfel: Blütebeginn; Sauerkirsche: Vollblüte
		Sonnenblumen: Auflaufen	Süßkirsche: Blütenende
	Fichte: Maitrieb	Winterraps: Bestellung	
			Weinrebe: Austrieb
	Esche: Blattentfaltung		Birne: Blütenende; Apfel: Vollblüte
	Rosskastanie: Blüte	Sonnenblume: Blattbildung	
	Flieder: Blüte; Kiefer: Maitrieb; Goldregen: Blüte		Sauerkirsche: Blütenende
Mitte	Zweigriffliger Weißdorn, Eberesche: Blüte		
		Mais: Auflaufen	
			Apfel: Blütenende; Weinrebe: Blattentfaltung
	Kiefer: Blüte	Hafer: Beginn des Schossens	
Ende	Wiesenfuchsschwanz: Blüte;	Winterroggen, Wintergerste: Ährenschieben	
	Wiesenfuchsschwanz: Vollblüte	Mais: Beginn des Schossens	
		Dauergrünland: erster Heu, bzw. Silageschnitt	Himbeere: Blüte

18. 5.; Hohenpeißenberg und Rügen 20. 5.
● Fliederblüte: Freising 13. 5.; Bremen 15. 5.; Paderborn 18. 5.; Hohenpeißenberg 19. 5.
● Beginn Wiesenfuchsschwanzblüte: Geisenheim 12. 5.; Freising 16. 5.; Würzburg 25. 5.; Bremen 26. 5.
● Beginn des Ährenschiebens beim Roggen: Geisenheim 16. 5.; Würzburg 17. 5.; Freising 19. 5.; Brandenburg 20. 5.; Bremen 23. 5.; Rügen 25. 5.

Gartenarbeiten ab Apfelblüte
Unter Glas: Zucchini und Gurke vorziehen; Tomaten und Paprika pflanzen.

Gartenarbeiten im Freiland vor den Eisheiligen
Aussaat Sommerradieschen, Karotten, Pastinaken, Chicorée, Erbsen, Mangold, Rote Bete, Spinat. Pflanzung von Herbstkohl, Kartoffeln, Winterlauch, Kohlrabi, Kopfsalat. Sonstiges: abgeblühte Zwiebelgewächse zurückschneiden, Blätter stehen lassen; Sommerblumensaat, z. B. von Ringelblume, Kornblume, Tagetes, Bechermalven, Sonnenblumen, Astern (noch keine frostempfindlichen).

Gartenarbeiten nach den Eisheiligen oder der Eschenblüte
Aussaat Stangen- und Buschbohne. Saat oder Pflanzung von Tomaten, Gurken, Auberginen, Zucchini, Rosenkohl, Knollensellerie.

Phänologie – der Kalender, den die Natur schreibt

Sonstiges: Alle frostempfindlichen Blumen pflanzen; Rasenneuaussaat; Mulchen.

Die Blüten der Esche sind sehr frostempfindlich. Die Natur hat es so eingerichtet, dass ihre Knospen erst bei einer günstigen Großwetterlage anfangen auszutreiben. Die Blüte der Esche fällt dann meist in eine günstige Zeit ohne Nachtfröste. Sehen wir eine blühende Esche, so ist nur noch selten Nachtfrost zu erwarten.

Wenn die Esche Knospen trägt, gibt's keinen Frost mehr.

Anknüpfend an diese Frühjahrsphasen belegen jahrhundertealte Erfahrungen in Bauernregeln das Frühjahr.

Die blauen Blümchen frage, ob nahen die warmen Tage.
Werden früh die Wiesen bunt, labt ein edler Wein den Mund.
Wenn frühe blühen die Schlehen, magst früh nach der Ernte du sehen.
Trauert im Frühjahr das Feld, so lacht im Herbst die Scheune.
Wie schnell oder langsam der Flieder blüht, es ebenso mit der Ernte geschieht.
Je reicher die Bohnen strotzen, desto schlechter gerät das Korn.
Wie die Kirschblüt', so die Wein- und Kornblüt'.
Blüte schnell und ohne Regen, verspricht beim Obste großen Segen.
Gibt's recht viele Eichenblüten, wird der Herr das Korn behüten.
Wenn die Eiche Blätter kriegt, ist der Frost gewiss besiegt.

Sommer

Mit sorgendem und zuversichtlichem Auge sahen zu allen Zeiten die von der Natur abhängigen Personen und Berufsgruppen, insbesondere die Bauern, dem Wachsen, Blühen und Reifen der Saat entgegen, denn die Arbeit eines Jahres basiert auf den Erfolgen dieser uralten Kulturpflanzen. Eine gute Ernte ist von der Witterung schicksalhaft abhängig, und die Hoffnung eines ganzen Jahres verbindet sich mit ihr. Viele Naturgewalten wie Nässe, Kälte, Dürre, Sturm und Hagelschauer vermögen diese Hoffnung in wenigen Augenblicken zu zerschlagen. In den Sommermonaten ist eine ausreichende Wasserzufuhr für die Pflanzenentwicklung wichtig. Je wärmer und trockener die Luft ist, desto mehr Wasser verbrauchen die Pflanzen. Eine Faustformel besagt, dass die Luft pro 10 °C höherer Lufttemperatur doppelt so viel Feuchtigkeit aufnehmen kann. Bei 20 °C sind das 14,4 g und bei 30 °C 27,2 g Wasserdampf pro kg Luft. Die Feuchtigkeit kommt auf dem Festland aus dem Boden und vom Stoffwechsel der Pflanzen. Die Verdunstung steigt sowohl bei höheren als auch bei kälteren Temperaturen mit stärkerem Wind. An warmen, sonnigen Tagen verliert ein feuchter Boden bei stärkeren Winden fast 40 % mehr Feuchtigkeit als bei schwacher Windbewegung.

Nur wer sich vergegenwärtigt, wie verbunden unsere Vorfahren mit ihren Feldern und deren kostbarem Gut waren, wird verstehen, wie wichtig all die kleinen Zeichen der Natur sind, die Rückschlüsse auf die Witterung geben. In der heutigen Zeit können wir mit Hilfe dieser Erfahrungsregeln, nicht nur unsere Freizeit positiv gestalten.

Eine Lerche, die singt, noch keinen Sommer bringt, doch rufen Kuckuck und Nachtigall, so ist der Sommer überall.
Ik kümmer mik nich um dat ganze Vagelschrai, wenn de Kukuk roppet, ward't Sommer.

Eine bemerkenswerte Regel, die auf einen schönen Urlaubssommer deutet, lautet:

Wenn die Seeschwalben auf Sandbänken bauen, kann man auf trockenen Sommer trauen.
Ruft nach Johanni der Kuckuck noch lang, wird's dem Bauern um seine Ernte bang.
Nicht jedes Froschgeschrei zieht den Regen herbei.

Sommer.

Sommer

Viel Fliegen im Sommer, im nächsten Jahr viel Korn.
Wenn der Holler [Holunder] blüht, sind auch bald die Hühner müd [legen nicht mehr].
Bellt der Fuchs im grünen Wald, stellt sich ein der Regen bald.
Wenn am Abend die Fledermäuse fliegen, werden wir gut Wetter kriegen.
Baut die Ameise hoch ihr Haus, fällt der Winter trocken aus.
Je größer die Ameisenhügel, je krasser des Winters Zügel.

Sind die ersten Erdbeeren reif, findet der Frühsommer schon sein Ende.

Der Frühsommer

(zwischen Ende Mai und Mitte Juni)

Typische Zeichen des Frühsommers sind der Beginn der Holunderblüte und der Blühbeginn der Gräser. Auf den Grasflächen blüht zuerst der Wiesenfuchsschwanz, auf den Getreidefeldern der Winterroggen. Es ist um diese Zeit zwar meist noch kühl, aber sonnig. In diese Phase fällt auch die Heuernte, zusammen mit dem ersten Erscheinen der Rispen bei den rest-lichen Getreidearten. Sieht man den roten Klatschmohn in Getreidefeldern blühen und die Heckenrosen am Wegesrand, so wissen wir, dass die Rosenblüte bei uns zu Hause bald anfängt. Die typischen Düfte des Frühsommers sind die der Rosen sowie des in der Mitte der Phase blühenden Jasmins und des Ligusters. Ist die Luftfeuchtigkeit jetzt hoch oder hat es gerade geregnet, so verspüren wir die Frühsommerdüfte am intensivsten. Die ersten reifen Erdbeeren und Süßkirschen kündigen schon den Hochsommer an.

- Beginn der Holunderblüte: Geisenheim 21. 5.; Brandenburg 6. 6.; Bremen 8. 6.; Freising 10. 6.; Alpenvorland 14. 6.; Rügen 16. 6.
- Beginn der Robinienblüte: Würzburg 27. 5.; Freising 7. 6.; Rügen 16. 6.
- Winterroggenblüte: Freising 2. 6.; Brandenburg 6. 6.; Bremen 8. 6.; Ahrensburg 11. 6.; Rügen 12. 6.; Paderborn 17. 6.
- Beginn Heckenrosenblüte: Freising 9. 6.; Rügen 11. 6.; Hohenpeißenberg 17. 6.
- Ernte früher Süßkirschen: Geisenheim 11. 6.; Brandenburg 17. 6.; Freising 19. 6.; Bremen 26. 6.; Rügen 27. 6.
- Riesling in Geisenheim: Austrieb 3. 5.; Blüte 22. 6.; Ernte 20. 10.

Der Frühsommer

Anfang	Natur	Landwirtschaft	Obstgarten
	Schwarzer Holunder: Blüte		
	Robinie, Wiesenknäuelgras: Vollblüte	Winterroggen: Blüte	
Mitte	Hundsrose, Margerite, Klatschmohn: Blüte		
	Liguster, Falscher Jasmin, Staudenrittersporn: Blüte	Winterroggen: Vollblüte; Winterweizen: Ährenschieben	
Ende		Hafer: Ährenschieben	
		Betarüben: Bestandschluss	frühe Süßkirschen: reife Früchte
		Sonnenblume: Knospenbildung	frühe Erdbeeren: reife Früchte

Phänologie – der Kalender, den die Natur schreibt

Gartenarbeiten zur Holunderblüte
Im Freiland: Säen später Möhren, Bohnen, Radicchio, Kopf-, Schnitt-, Pflück- und Eissalat, Winterporree. Pflanzung von Paprika, Winterkohl, Brokkoli.
Sonstiges: Aussaat 2-jähriger Sommerblumen; Beetstauden nach der Blüte zurückschneiden.

Der Hochsommer

(zwischen Mitte Juni und Anfang August)

In der Natur sehen wir als erste Signalpflanze des Hochsommers die duftenden Blüten der Sommer- und Winterlinde mit eine Woche Differenz, meist um Anfang Juli. Im Garten sind es die Blüten der weißen Madonnen-

Die Fruchtreife der Süßkirschen fällt genau in die Mitte des Hochsommers.

lilie, von Lavendel und Phlox sowie der Kartoffeln und die reifen Roten Johannisbeeren. Weitere Früchte des Hochsommers im Obstgarten sind Kirschen, Stachelbeeren und Himbeeren. Unübersehbar ist jetzt der Einsatz der Mähdrescher auf dem Land. Als Erstes werden Wintergerste und Winterraps geerntet, in der Spätsommerphase gefolgt von Roggen und Winterweizen. Als Letzte werden Sommerweizen und Hafer gedroschen. Zeigen sich neben den Stoppelfeldern die ersten Blüten des Heidekrautes und die ersten reifen Sauerkirschen, wendet sich der phänologische Jahreslauf zum Spätsommer.

● Beginn Sommerlindenblüte: Geisenheim 10. 6.; Freising 24. 6.; Bremen 28. 6.; Ahrensburg 1. 7.; Rügen 3. 7.; Hohenpeißenberg 11. 7.
● Ernte der frühen Süßkirsche: Geisenheim 11. 6.; Bremen 26. 6.; Ahrensburg bei Hamburg 6. 7.; Hohenpeißenberg 11. 7.

Der Hochsommer

	Natur	Landwirtschaft	Obstgarten
Anfang	Sommerlinde: Blüte		Weinrebe: Blüte
			Weinrebe: Vollblüte
	Madonnenlilie, Lavendel, Wegwarte, Wilde Möhre: Blüte		Rote Johannisbeere, Stachelbeere: Fruchtreife
	Johanniskraut: Blüte		Weinrebe: Blütenende
		Wintergerste: Gelbreife	
Mitte	Beifuss: Blüte	Mais: Rispenschieben	
			Süßkirsche: Fruchtreife
	Winterlinde: Blüte	Sonnenblume: Blüte; Wintergerste: Ernte	
		Winterweizen, Hafer: Milchreife	
		Mais-Blüte; Winterraps: Vollreife	
Ende		Winterraps: Ernte; Winterroggen: Gelbreife	Sauerkirsche: Fruchtreife

Sommer

- Ernte der Roten Johannisbeere: Geisenheim 25. 6.; Bremen 9. 7.; Ostseeküste Mecklenburgs 15. 7.; Freising 21. 7.
- Ernte der späten Süßkirschen: Freising 12. 7.; Ahrensburg 17. 7.; Hohenpeißenberg 25. 7.
- Ernte der Wintergerste: Brandenburg 14. 7.; Geisenheim 16. 7.; Freising 17. 7.; Ostseeküste 20. 7.; Ahrensburg 24.7.
- Blüte Winterlinde: Geisenheim 19. 6.; Freising 4. 7.; Hohenpeißenberg 21. 7.
- Erntebeginn der Sauerkirsche: Geisenheim 12. 7.; Bremen 19. 7.; Hohenpeißenberg 4. 8.

Gartenarbeiten zur Madonnenlilienblüte

Im Freiland: Chinakohl, letzten Kopfsalat, Knollenfenchel, die zweiten Buschbohnen, Mangold, Pflücksalat, Winterlauch, Feldsalat und letzte Möhren und Kohlrabi aussäen.

Gartenarbeiten zur Fruchtreife der Johannisbeere

Pflanzung von Endivie, Grünkohl, Kopfsalat, Kohlrabi, Kohlrüben. Sonstiges: Gründüngung leerer Beete, Erdbeeren säubern; Auslichten von Him-, Johannis- und Stachelbeere, Schwarze Johannisbeere zurückschneiden; Zurückschneiden abgeernteter Süß- und Sauerkirschen, Sommerschnitt junger Apfel- und Birnbäume, Beginn des Heckenschnitts.

Die beginnende Getreideernte zeigt uns den Spätsommer an. Abgebrochene Getreideähren, die heute untergepflügt werden, sind früher in mühevoller Kleinarbeit aufgelesen worden.

Der Spätsommer

(zwischen Anfang und Ende August)

Der Beginn des Spätsommers ist im Allgemeinen in der zweiten Augustwoche. Die Daten der Sommerphasen liegen in Mitteleuropa erstaunlicherweise dicht zusammen. Sie klaffen erst im Frühherbst wieder auseinander. Der Geruch reifen Getreides sowie roter Ebereschentrauben, blühendes Heidekraut, dies alles lässt uns erfahren: Es ist Spätsommer, der Sommer hat seinen Zenit überschritten. Ebenfalls in diese Sommerphase fällt die Reife der frühen Äpfel; die späten Getreidearten Roggen und Hafer werden geerntet und der zweite Grasschnitt (Grummet) ist im vollen Gang.

Auch im Zier- und Nutzgarten ist jetzt Hochsaison; die königlichen Rosen haben ihren Blühhöhepunkt schon überschritten. Abblühende Goldruten und die reifen Samenstände der Disteln geben uns ein deutliches Zeichen für den Übergang in den Herbst. Die jetzt blühende Herbstzeitlose nimmt übrigens einen Sonderplatz in der Pflanzenentwicklung ein. Nach der Blüte verwelkt sie nach der Befruchtung, der Fruchtknoten überwintert vor der eigentlichen Samenreife. Die Laubblätter mit dem Fruchtstand erscheinen im Frühling und sind schon im Spätfrühling verwelkt; die Samenkapsel springt im Sommer auf. Der Samen erscheint also vor der Blüte, es ist eine so genannte Unzeitpflanze, die alle Entwicklungsstadien scheinbar umkehrt. Deshalb wurde sie früher auch »Sohn-vorm-Vater« genannt.

- Beginn der Frühkartoffelernte: Geisenheim 16. 7.; Freising 17. 7.; Hohenpeißenberg 24. 7.

Phänologie – der Kalender, den die Natur schreibt

Der Spätsommer

	Natur	Landwirtschaft	Obstgarten
Anfang		Winterweizen: Gelbreife	
			frühe Äpfel: Fruchtreife
		Hafer: Gelbreife; Winterroggen: Ernte	
	Eberesche: Fruchtreife; Heidekraut: Blüte		
Mitte			frühe Pflaumen: Fruchtreife
		Winterweizen: Ernte	
	Goldrute: Blüte	Dauergrünland: 2. Heu- bzw. Silageschnitt	
Ende		Hafer: Ernte	
		Mais: Milchreife	
	Herbstzeitlose: Blüte		

- Ernte der Sommergerste: Geisenheim 31. 7.; Freising 3. 8.
- Reife Kraräpfel (Frühapfel): Freising 29. 7.; Land Brandenburg 3. 8.; Würzburg 4. 8.; Mecklenburg (Ostseeküste) 9. 8.; Bremen 12. 8.
- Ernte Winterroggen: Würzburg 29. 7.; Geisenheim 1. 8.; Bremen 1. 8.; Freising 6. 8.; Hohenpeißenberg 18. 8.
- Beginn Heidekrautblüte (Spätsommerbeginn): Freising 7. 8.; Mecklenburg (Ostseeküste) 9. 8.; Brandenburg 11. 8.; Hohenpeißenberg 18. 8.; Würzburg 21. 8.
- Ernte Winterweizen: Geisenheim 4. 8.; Freising 5. 8.; Brandenburg 10. 8.; Mecklenburg (Ostseeküste) 16. 8.; Raum Hamburg 28. 8.
- Haferernte: Brandenburg 7. 8.; Geisenheim 8. 8.; Freising 11. 8.; Hohenpeißenberg 30. 8.
- Beginn Herbstzeitlosenblüte: Geisenheim 21. 8.; Würzburg 28. 8.; Freising l. 9.; Hohenpeißenberg 1. 9.; Bremen 15.9.

Gartenarbeiten zur Ebereschenfruchtreife

Im Freiland: Aussaat von Feldsalat, Spinat, Herbstrüben, Sommerradieschen und Winterzwiebel. Pflanzung von Endivie und Kohlrabi. Sonstiges: Blütenstände bei Tomaten nach der 5. Blüte ausbrechen; Erdbeeren pflanzen; Sommerschnitt der Obstgehölze; Blumenzwiebeln stecken; beste Schnittzeit für immergrüne Hecken.

Gartenarbeiten zur Goldrutenblüte

Sommerschnitt der Obstbäume (Konkurrenz- und Steiltriebe entfernen), Heckenschnitt; Blumenzwiebeln stecken; Madonnenlilien pflanzen. Die Sommerphasen wurden auch in alten Erfahrungsregeln festgehalten:

An einem Julitag wächst so viel, wie in einer Augustwoche oder wie im ganzen September.
Wie der Holunder blüht, so blühen auch die Reben.
Wenn der Holler blüht, wird der Boden nicht trocken.
Wenn großblumig wir viele Disteln erblicken, will Gott gar guten Herbst uns schicken.
Der Hopfenblütenduft verkündet trockene warme Luft.
Ist der Hanf ein Riese, so wird die Kartoffel ein Zwerg.
Je mehr Kohl, je weniger Heu, diese Regel ist nicht neu.

Herbst

Das Wort »Herbst« ist verwandt mit dem englischen »harvest«, lateinischen »carpere« (= pflücken) und griechischen »karpós« (= Frucht oder Ertrag). Das Wort kommt vom indogermanischen »sker« (= schneiden). Ursprünglich bedeutete Herbst Zeit der Früchte, des Pflückens und der Ernte.

Der Herbst – es beginnt Abend zu werden im Jahr. Zahllose Vögel ziehen in ferne Länder, und die Daheimgebliebenen müssen sich vor der kälteren Witterung durch aufgeplustertes Gefieder schützen. Die Wiesen und Felder werden oder sind leer geerntet, und es bietet sich einem wieder eine fahle Landschaft. Es hat zwar fast alles Blühen ein Ende, aber »es kann im Herbst nicht mehr verwelken, als im Frühjahr gewachsen ist«. Der Herbst umfasst im Naturkalender die Zeit von der Reife der Rosskastanie bis zum Abschluss der Feldarbeiten. Die astronomisch Herbstzeit geht vom 23. September bis zum 21. Dezember und meteorologisch wird die dritte Jahreszeit vom 1. September bis zum 30. November terminiert.

Den Herbst verbinden wir unwillkürlich mit der Herbstfärbung der Büsche und Bäume, die letztendlich ihre Blätter verlieren. Den ganzen Sommer lang haben sich die Bäume Mühe gegeben, ihr Blätterwerk zu entfalten. Geht die Natur verschwenderisch mit ihren Ressourcen um? Wie kommt es zu diesem farblichen Zauberspiel der Natur?

Das Wasser in den Blättern der Büsche und Bäume würde im Winter zuerst gefrieren und die Pflanzenzel-

len schädigen. Ist der Boden nach längeren Kälteperioden tief durchgefroren, hätten die Wurzeln zudem keine Chance, ausreichend Wasser zu ziehen. Wasserverlust über die große Blattoberfläche könnte nicht ausgeglichen werden. Die Folge wäre ein Kältetod der Bäume. Um dies zu verhindern, werfen die Bäume also ihr Laub ab, um zu überleben. Bevor sie aber ihre Blätter zu Boden fallen lassen, kommt es zur so genannten sprichwörtlichen Herbstfärbung. Das in den Blättern vorkommende Chlorophyll wird jetzt im Herbst schneller abgebaut als die Carotinoidfarbstoffe. Die gelb-roten Carotinoide werden nicht mehr vom grünen Chlorophyll überdeckt. So entsteht das wunderschöne Farbenspiel, das die Natur noch einmal scheinbar erblühen lässt.

Wie der kommende Winter werden wird und ob es ein gutes oder schlechtes Jahr war, kann man auch an den Tieren beobachten. Je dichter und dicker das Winterfell und die angefressene Fettschicht der meisten Tiere, umso strenger soll der Winter werden. Diese Erfahrung spiegelt sich in vielen überlieferten Regeln.

Je fetter die Vögel und die Dachse sind, desto kälter erscheint das Christuskind.

Sind Vögel und Dachse sehr fett, so schaff dir ein warmes Bett.

Auf Schwalb' und Eichhorn merk's bald, wenn sie verschwunden, wird es kalt.

Wenn rau des Hasen Fell, ist Kälte bald zur Stell.

Ist recht rau der Hase, frierst du bald an der Nase, trägt er aber sein Sommerkleid, ist der Winter auch noch weit.

Sieht der Hase aus wie ein Pudel, sucht der Keiler auf das Rudel, darfst sicher sein, dass es friert Stein und Bein.

Schwacher Balg am Wilde zeigt an des Winters Milde.

Halten die Krähen Konzilium, sieh nach Feuerholz dich um.

Ziehen die wilden Gans und Enten fort, ist der Winter bald am Ort.

Hocken die Hühner in den Ecken, kommt der Winter mit Frost und Schrecken.

Wandert die Feldmaus nach dem Haus, bleibt der Frost nicht lange aus.

Sind die Maulwurfshügel hoch im Garten, ist ein strenger Winter zu erwarten.

Läuft viel herum die Haselmaus, bleiben Eis und Schnee noch lange aus.

Phänologie – der Kalender, den die Natur schreibt

*Geht der Hirsch nass in die Brunft,
so kommt er trocken heraus.
Wenn die Bienen zeitig verkitten,
kommt bald ein harter Winter geritten.*

Die Regeln, die sich auf den Vogelzug beziehen, können nicht älter als 150–200 Jahre sein, denn noch bis in das 18. Jahrhundert hinein war man der festen Überzeugung, dass sich Zugvögel wie Drossel, Lerche, Milan, Schwalbe, Turteltaube und sogar Kranich im Herbst im Grund von Seen vergraben, um zu überwintern. Man fasste diese Vögel in der Gruppe der Schlammschläfer zusammen. Da sich viele Vögel im Herbst an Teichen und Seen sammeln, um über Nacht in den Süden aufzubrechen, war die Schlammschläfertheorie eine damals plausible Erklärung über das plötzliche Verschwinden einer Vogelart. Bei den Rotschwänzchen allerdings vermutete man eine ganz andere Überwinterungstaktik. Sie würden sich einfach in ein Rotkehlchen umwandeln, welches sich im Frühling wieder in ein Rotschwänzchen zurückverwandelte. Eine Metamorphose, die sogar vom weisen Aristoteles vertreten wurde.

Die meisten Tierbeobachtungen, die in den obigen Regeln niedergeschrieben sind, kann man nicht nur auf dem Land, sondern auch in Ballungsgebieten nachempfinden. Dass nicht nur Tiere, sondern auch Bäume im Herbst Wetterkünder sein können, gründet sich auf eine geschlechterlange Erfahrung. Wenn im Herbst aus einer angeschlagenen Buche noch Wasser läuft, so ist nach einem Tiroler Volksglauben mit einem regenreichen (nicht kalten!) Winter zu rechnen.

Der Frühherbst

(zwischen Ende August und Mitte/Ende September)

Im Frühherbst könnte man meinen, es sei Frühling. Der lichtblaue Himmel, frisches Grün auf den Feldern (Raps) und verschwenderische Blumenpracht geben uns diesen Eindruck. Im südlichen Deutschland beginnt der Frühherbst im langjährigen Durchschnitt etwa im letzten Augustdrittel, im Binnenland um den 1. September und an den Küsten ab Mitte September. Die typischen Zeichen dieser Vegetationsphase sind die Fruchtreife des Schwarzen Holunders, der in diese Zeit überleitet, die reifen Früchte der Rose (Hagebutten), von Brombeere und Haartriegel.

Der Apfel, unser Volksobst Nr. 1, wird vorwiegend in den ersten beiden Herbstphasen geerntet. Nach Schätzungen gibt bzw. gab es in Europa etwa 10 000 Apfelsorten.

Die Herbstzeitlose, deren Blüten vom Ende des Spätsommers kündeten und die vor allem in Süddeutschland zu beobachten ist, steht im Frühherbst in voller Blüte. Die reifen Kastanien, frühe Birnen- und Apfelsorten als auch die Maisernte auf den Feldern leiten dann den Vollherbst ein.
Die obersten Bodenschichten kühlen jetzt stärker und schneller ab als die tieferen. Gegen Ende dieser Phase wird es in 1 m Tiefe wieder wärmer sein als an der Oberfläche, und das wird sich bis zum Erstfrühling nicht ändern.

- Erste reife Äpfel: Bremen 12. 8.; Hohenpeißenberg 21. 8.
- Ernte früher Birnen: Geisenheim 7. 8.; Hohenpeißenberg 27. 8.; Bremen 1. 9.
- Fruchtreife des Schwarzen Holunders: Geisenheim 19. 8.; Brandenburg 5. 9.; Bremen 9. 9.; Freising 5. 9.; Mecklenburg 13. 9.; Hohenpeißenberg 15. 9.
- Beginnende Fruchtreife der Rosskastanie: Geisenheim 12. 9.; Freising 20. 9.; Land Brandenburg 22 .9.; Mecklenburg (Ostseeküste) 24. 9.; Bremen 1. 10.
- Reife Hauszwetschgen: Freising 16. 9.; Bremen 16. 9.; Mecklenburg (Ostseeküste) 22. 9.; Hohenpeißenberg 29. 9.

Gartenarbeiten zur Fruchtreife des Holunders

Im Freiland: Letzte Aussaat von Feldsalat fürs Frühjahr, Frühjahrsradieschen, Knoblauch stecken; Rosenkohl entspitzen; Rhabarber teilen und neu pflanzen.
Sonstiges: Kornblumen, Ringelblumen und Mohn säen; Pflanzen von Lilien (bis auf Madonnenlilie) und

Herbst

Der Frühherbst

	Natur	Landwirtschaft	Obstgarten
Anfang			frühe Birnen: Fruchtreife
		Winterraps: Bestellung	
	Schwarzer Holunder, Kornelkirsche, Zweigriffliger Weißdorn, Hundsrose: Fruchtreife		Brombeere: Fruchtreife
		Winterraps: Auflaufen	
Ende	Rosskastanie: Fruchtreife	Mais: Teigreife	
		Mais: Ernte (Silageschnitt)	

Pfingstrosen; Rosen, Obstbäume, Sträucher nicht mehr düngen.

**Gartenarbeiten
zur Fruchtreife der Kastanie**

Aussaat von Spinat zur Überwinterung; letzter Termin zum Setzen von Blumenzwiebeln, bis auf Tulpen (bis Spätherbst).

Der Vollherbst

(zwischen Mitte September und Mitte Oktober)

Ein markantes Zeichen für den Vollherbst sind die reifen Früchte des Waldes. Fallen diese Früchte, etwa Eicheln und Bucheckern, reichlich an, so spricht man von einem Mastjahr. Ein anderes wichtiges Zeichen im Naturkalender in der zweiten Hälfte des Vollherbstes ist die Laubverfärbung, beginnend mit der Rosskastanie. Anlass dieser Vorgänge sind die schnell abnehmende Tageslänge bei nun niedrigerem Sonnenstand zur Mittagszeit. Verstärkt und unterstützt wird die Laubverfärbung durch die ersten Nachtfröste. Die Walnüsse sind reif, Spätkartoffeln können geerntet werden und auf dem Land drillen die Bauern Wintergerste und Winterroggen. Die Herbstblüher inszenieren die letzte Farbenpracht. Oft noch vor dem Blattfall der ersten Bäume fahren die Großerntemaschinen zur Zuckerrübenernte auf das Land. Zur ausgehenden warmen Jahreszeit denkt kaum noch einer an Heuschnupfen, den wir eigentlich mit der Frühlingszeit verbinden. Es ist aber noch keine Entwarnung angesagt, denn manche Pollen fliegen ziemlich lange, auch im Spätsommer und Herbst. Gleich eine ganze Serie von Pflanzen vermögen im September und Oktober noch immer triefende Nasen und tränende Augen zu verursachen. Neben Beifuß und Löwenzahn sind jetzt vor allem Spitzwegerich und Goldrute eine echte Qual. Also Vorsicht für alle Allergiker!

Die ersten reifen Eicheln und Weintrauben signalisieren den Beginn des Vollherbstes.

● Laubverfärbung der Rosskastanie: Hohenpeißenberg 3. 10.; Freising 5. 10.; Bremen 8. 10.
● Beginn Rieslingernte in Geisenheim 20. 10.
● Blattverfärbung der Weißbirke: Bremen 1. 10.; Mecklenburg, Ostseeküste 3. 10.; Freising und Hohen-

Phänologie – der Kalender, den die Natur schreibt

peißenberg 4. 10.; Land Brandenburg 5. 10.
- Spätkartoffelernte: Freising 13. 9.; Bremen 17. 9.; Geisenheim 22. 9.; Hohenpeißenberg 27. 9.
- Winterroggenbestellung (Beginn des Vollherbstes): Freising 29. 9.; Geisenheim 7. 10.; Bremen 9. 10.
- Laubverfärbung der Rotbuche: Hohenpeißenberg 6. 10.; Bremen 12. 10.; Paderborn 12. 10.; Freising 15. 10.; Würzburg 15. 10.
- Ernte später Äpfel: Geisenheim 1. 10.; Würzburg 8. 10.; Brandenburg 10. 10.; Freising 14. 10.; Mecklenburg (Ostseeküste) 14. 10.; Bremen 15. 10.

Gartenarbeiten bei Fruchtreife und Blattfall der Rosskastanie

Bodenproben nehmen und analysieren; Vorbereitung des Bodens für den Winter; Stiefmütterchen und Vergissmeinnicht pflanzen; Kübelpflanzen ins Winterquartier bringen; verblühte Stauden zurückschneiden und teilen oder verpflanzen; sommergrüne Gehölze können gepflanzt werden; Ernten späten Obstes und von Nüssen, z. B. Walnüsse. Gab es schon Nachtfröste, so ist das Baumobst entgegen mancher Pessimisten noch nicht verloren. Vor der Ernte muss jedoch auf frostfreies Wetter gewartet werden. Das Obst muss vollständig auftauen.

Der Spätherbst

(zwischen Mitte Oktober und Mitte November – in günstigen Regionen)

Der Laubfall der Rosskastanie sowie der nachfolgenden Bäume charakterisiert den Beginn des Spätherbstes, der im Allgemeinen um Mitte Oktober beginnt. Jetzt ist für die Natur die Vorbereitungszeit auf den Winter. Es kann zwar noch warme Phasen geben, aber die Sonne, die Mittags nur noch in einem Winkel von 20 Grad scheint, hat keine Kraft mehr. Das Laub fällt nicht jedes Jahr zur selben Zeit, sondern dieses Phänomen steht in Abhängigkeit von Temperatur,

Der Vollherbst

	Natur	Landwirtschaft	Obstgarten
Anfang	Stieleiche: Fruchtreife		
		Wintergerste: Bestellung	frühe Weinreben: Fruchtreife
		Mais: Gelbreife	
		Mais: Vollreife	
		Mais: Körnerernte	späte Birnen: Fruchtreife
		Winterraps: Rosettenbildung	späte Weinreben: Fruchtreife
		Sonnenblume: Ernte	
Mitte	Rosskastanie: Blattverfärbung	Wintergerste: Auflaufen	frühe Weinreben: Lese
	Hängebirke: Blattverfärbung		
		Spätkartoffel: Ernte	Süßkirsche: Blattfall
	Europäische Lärche: Nadelverfärbung	Winterroggen: Bestellung	
Ende	Rotbuche: Blattfall		
		Betrüben: Ernte	späte Äpfel: Fruchtreife
	Stieleiche: Blattfall		
			frühe Weinreben: Blattfall

Herbst

Der Spätherbst

	Natur	Landwirtschaft	Obstgarten
Anfang		Winterweizen: Bestellung	
	Rosskastanie: Laubfall		
	Eberesche, Hängebirke: Laubfall		
	Europäische Lärche: Nadelfall		
	Rotbuche, Stieleiche: Laubfall		
Mitte		Winterroggen: Auflaufen	späte Weinreben: Lese
			frühe Weinreben: Laubfall
		Winterweizen: Auflaufen	späte Weinreben: Laubverfärbung
			Apfel, späte Weinreben: Laubfall
Ende	Ende der Vegetationsperiode	Ende der Vegetationsperiode	Ende der Vegetationsperiode

Sonneneinstrahlung und Jahresniederschlag. Ausnahmen vom Laubfall sind z. B. Buchen, besonders die Hainbuche, und Eichen, die den Großteil ihres verfärbten Blätterdaches bis in den Frühling behalten. Kaum bemerkt, werden die letzten gelblichgrünen Blüten des Efeus von den letzten Wespen des Jahres besucht. Wird mit dem Pflug die letzte Winterfurche gezogen oder erzwingt stärker werdendes Frostwetter die Einstellung der Feldarbeiten, geht das phänologische Jahr zu Ende. Das Ende des Spätherbstes und damit das Ende des Vegetationsjahres, gekennzeichnet durch das Auflaufen des Winterweizens, ist zugleich der Anfang des Winters.

● Mittlere Dauer des Spätherbstes (Laubfall bis Ende der Feldarbeit) in Tagen: Geisenheim 16; Hohenpeißenberg 18; Bremen 27; Freising 33

● Winterroggenaufgang: Freising 12. 10.; Bremen 21. 10.; Geisenheim 27. 10.
● Blattfall Rosskastanie: Freising 19. 10.; Nordseeküste 4. 11.; Geisenheim 3. 11.
● Winterweizenaufgang: Freising 23. 10.; Geisenheim 5. 11.; Hohenpeißenberg 30. 11.
● Ende der Feldarbeiten (Beginn des Winters): Bremen 19. 11.; Geisenheim 19. 11.; Freising 20. 11.

Gartenarbeiten zum Laubfall der Rosskastanie

Letztes Lagergemüse ernten; Aussaat von Frostkeimern, z. B. Petersilie; den Boden abdecken mit Laub oder groben Kompost; Pflanzzeit für Gehölze; letzter Rasenschnitt; Bodenbearbeitung; Laub im Wurzelbereich von Bäumen und Büschen als Frostschutz liegen lassen.

Die drei Herbstphasen des Naturkalenders werden in Bauernregeln meist in Bezug zur Ernte und zum nahenden Winter gebracht. Verständlicherweise war man früher mehr als heute um die Vorratshaltung besorgt. In zu langen oder harten Wintern war Hunger keine Seltenheit. Die folgenden Regeln sind zwar nicht alle wissenschaftlich erforscht, begründen sich aber auf so vielen Erfahrungsschätzen, dass es sich lohnt, diese über mehrere Jahre zu überprüfen.

Späte Rosen im Garten, schöner Herbst, und der Winter kann warten.
Fließt jetzt noch der Birkensaft, dann kriegt der Winter keine Kraft.
Halten Birk' und Weide ihr Wipfellaub lange, ist zeitiger Winter und Frühjahr im Gange.
Haben die Eichäpfel Spinnen, wird ein schlecht Jahr beginnen.
Fällt das Laub zu bald, wird der Herbst nicht alt.
Wenn die Bäume zweimal blühen, wird der Winter sich hinziehen.

Phänologie – der Kalender, den die Natur schreibt

Winter

Niemand spürt vor dem Winter, ob er kurz oder lang, weiß oder nass, kalt oder mild sein wird. Will man es erahnen, muss man schon die Tiere und Pflanzen genauer beobachten. Die Natur sorgt dafür, dass sich Fuchs und Reh, Hase und Igel, Vögel und Bienen rechtzeitig und richtig auf den Winter vorbereiten und einstellen können. Wer ihr Verhalten richtig zu lesen versteht, bleibt meistens vor unangenehmen Überraschungen verschont. Unsere Ahnen haben dies auf jeden Fall gemacht und hinterließen uns eine ungeahnte Fülle an Informationen.

An den nachfolgenden Ausführungen können Sie Ihre eigene lokale Winterprognose auf ganzheitlicher Basis erstellen. Sie werden sehen, dass auch Sie den Wetterfröschen durchaus die Hand reichen können!

Normaler Winter

Wenn die nach oben oder unten abweichende Lufttemperatur unter 1,5 °C vom langjährigen Mittel bleibt, spricht man von einem normalen (atlantischen) Winter. Das bedeutet mild-feuchtes Westwetter, Schnee erst oberhalb 500–1000 m, mehrmonatige anhaltende Schneedecke erst oberhalb 1000–1200 m; im Flachland sind größere Schneemengen die Ausnahme, häufiger ruhiges Hochdruckwetter; im Flachland und in den Niederungen Kälte, Dunst, Hochnebel, im Bergland sonnig.

Strenger Winter

Wenn die nach unten abweichende Lufttemperatur über 1,5 °C vom langjährigen Mittel liegt, spricht man

von einem strengen (sibirischen) Winter. Die charakteristischen Anzeichen eines strengen Winters sind ab Anfang Oktober lang anhaltende Hochdrucklage, erst ab ca. 10. Dezember Temperatursturz, »Weihnachtstauwetter«, ab Anfang Januar Kaltluft aus Nord, Mitte Januar bis Mitte März öfter kontinentale kalte, trockene Luft.

Milder Winter

Wenn die nach oben abweichende Lufttemperatur über 1,5 °C vom langjährigen Mittel liegt, spricht man von einem milden Winter. Seine charakteristischen Anzeichen sind Ende November Kaltlufteinbruch, Schnee bis ins Flachland möglich, häufige Westwetterlage (mild), Temperaturanstieg meist um den Jahreswechsel («Silvestertauwetter»), Januar und Februar selten Frostwetter, im März ist der Winter vorbei.

Weiße Weihnachten

● Weiße Weihnachten erleben wir statistisch nur alle 7, in niederen Lagen noch nicht einmal alle 8 Jahre.
● Liegt Anfang Dezember eine geschlossene Schneedecke, sind die Chancen auf weiße Weihnachten recht hoch.

Der Winter

(zwischen Anfang November und Mitte Februar, im Hochgebirge zwischen Ende September und Anfang Mai)

Wenn der Boden so stark durchfroren ist, dass ein Umgraben unmöglich wird, hat das Vegetationsjahr sein Ende gefunden. Jetzt ist Winter, die 10. Jahreszeit, die Natur ruht. Frost, Kälte und Schnee scheinen die Natur zum Stillstand zu bringen. Doch unter der Schneedecke geht das Pflanzenleben weiter. In ruhenden Samen und Knospen finden wichtige Lebensvorgänge statt. Zahlreiche Wildpflanzen benötigen den Frost, damit ihr Samen später keimen kann. Die Knospen unseres Standardobstes Apfel und Birne z. B. kommen nur dann zur Blüte und damit zum Fruchtansatz, wenn die Kälte auf die Knospen eingewirkt hat. Vollkommene Ruhe gibt es auch nicht bei unserem Wintergemüse wie Grünkohl, Porree und Rosenkohl. Sie wachsen unter einer schützenden Schneedecke langsam weiter. An geschützten Stellen können jetzt sogar schon Zaubernuss und Winterjasmin blühen.

Winter

In der Natur kann ein Auf und Ab der Temperaturen im Frühwinter für die jetzt in Kälteresistenz befindlichen Pflanzen fatale Folgen haben. Bei zu warmem Wetter baut sich die winterliche Kälteresistenz ab und Wachstum setzt ein. Einige Gehölze können sogar anfangen, erneut bzw. zu früh zu blühen. Gegen einen plötzlichen Kälterückfall sind sie dann nicht mehr gewappnet.

Baumblüte spät im Jahr, nie ein gutes Zeichen war.

Außer durch Laubfall oder wachsüberzogene Nadeln schützen sich die Pflanzen mit einer so genannten Knospenruhe vor Frost und Austrocknung. Um die Kälteresistenz aufzuheben, benötigt der Apfelbaum bis zu 1200 Kältestunden (unter 6 °C), die nicht einheimische Aprikose nur 700 Stunden. Bevor diese Werte nicht erreicht sind, verbleiben die Gehölze in Winterstarre. Unser Apfelbaum hat diese Anzahl in der Regel im Januar/Februar erreicht. Bis dahin kann er Minuswerte von 20–35 °C vertragen, je nach Sorte. Deshalb können Fröste ab −10 °C im November und März/April sowie −5 °C im Mai Schaden anrichten. Die Kälteresistenz fehlt noch, bzw. ist durch das Knospen aufgehoben.

Im Dezember trocken und eingefroren, macht, dass der Weinstock mehr Kälte als ein Fichtenbaum vertragen kann.

Der Winter ist zu Ende, wenn die Wärme- und Bodenverhältnisse es zulassen, dass die Schneeglöckchen und Winterlinge wieder erblühen. In Höhenlagen muss man da schon mehr Geduld aufbringen als im Flachland. Je höher die Lage, desto mehr verschiebt sich das Schneemaximum nach hinten und der Winter dauert länger. In Höhen von 500–800 m liegt der meiste Schnee im Februar. In Höhen um 1500 m verschiebt sich das Schneemaximum schon in den März, und am längsten fühlt sich der Winter im Hochgebirge ab 2000 m wohl. Dort türmt Frau Holle den Schnee noch bis in den April/Mai immer höher, bevor die Kraft der Sonne den Schnee endgültig zum Schmelzen bringt. In diesen Hochlagen meldet sich Väterchen Frost schon ab September/Oktober erneut an, die Vegetationszeit ist extrem kurz.

Gartenarbeiten im Winter

Mispelernte (ein altes, früher in ganz Mitteleuropa verbreitetes Obstgehölz, welches man erst nach einer Frostperiode ernten kann), Kalken, Winterschutz, Obstbaumpflege, Obst- und Gehölzschnitt, Sprossengemüse in der Wohnung zu treiben oder einen Arbeits- und Pflanzplan für das nächste Jahr zu erstellen, sind jetzt sinnvolle Beschäftigungen.

Eigene Winterprognosen stellen

Hinweise auf einen strengen oder langen Winter

Meteorologisch

● Ein kalter Januar ist zu erwarten, wenn gegen Mitte Oktober die Witterung zu warm, der Oktober durchschnittlich 1,5–2 °C zu warm und mindestens 10 mm zu trocken und der November in Deutschland generell trockener als normal ist.

● Einem sehr kalten Januar folgt häufig ein sehr kalter Februar, und umgekehrt bei zu milder Witterung. Auf einen trockenen, kalten Januar folgt viel Schnee im Februar.

● Sind die Tage Anfang Februar sonnig, so wird der Winter in 6 von 10 Jahren im Februar, und in 7 von 10 Jahren bis März häufig kalt.

● Waren die Tage während der Märzmitte zu kalt, und um den 25. September zu kühl, dann folgt zu über 90% ein kalter Winter. Es

Der Winter

Natur	Landwirtschaft	Obstgarten
Ende des Blattfalls; Vegetationsruhe bis zur Schneeglöckchenblüte	Durchfrorener Boden; Vegetationsruhe	Ernte Spätobst; Ende des Blattfalls; Vegetationsruhe

Phänologie – der Kalender, den die Natur schreibt

kann jedenfalls ein milder Winter ausgeschlossen werden.
● Ist das 2. Maidrittel fortlaufend mindestens 3 °C zu kalt, so folgt im Winter mindestens einmal eine längere Kältewelle von ca. 4 Wochen und/oder mehr.
● Sind die Tage von Ende Juli bis um den 3. August heiß, und um Mitte September zu kalt, dann werden die Weihnachtstage zu 90% frostig. Insbesondere dann, wenn es auch um den 21. August sehr heiß war.

Ausnahmen: Wenn eine oder mehrere der folgenden Wetterlagen zutreffen, verliert jede oben genannte Wetterregel ihre Gültigkeit: um Märzmitte herum sehr warm; Ende Juni extrem heiß (30–35 °C); sehr warmer September (bes. Monatsmitte um 30 °C); erste Oktoberhälfte zu kalt; zu warme erste Dezemberhälfte.

Im Tierreich
Werfen die Ameisen an St. Anna [Ende Juli] höher auf, so folgt ein strenger Winter drauf.
Wirft der Maulwurf hoch im Januar, dauert der Winter bis Mai sogar.

● Wenn die Gänse eine dicke Federschicht haben, wenn sich die Waldbewohner eine dicke Speckschicht angefressen haben, wenn Füchse bellen und Wölfe heulen, wird große Kälte noch lange weilen.

Kommen Hasen und Ammern in die Gärten, will der Winter sich verhärten.
Scharren die Mäuse tief sich ein, wird ein harter Winter sein.

● Haben Ratten, Maulwürfe, Hamster und andere in der Erde lebende Tiere sich große Wintervorräte eingesammelt, hat der Dachs einen besonders warmen Pelz angezogen und eine dickere Speckschicht als gewöhnlich angesetzt, graben sich die Engerlinge und Regenwürmer tief in die Erde, so rechnet man mit einem strengen, anhaltenden Winter.
● Mausern die Hühner sich schon im August, deutet dies auf einen kalten Winter hin.

Im Pflanzenreich
Ist der Nussbaum früchteschwer, kommt ein harter Winter her.
Wenn die Bucheckern geraten wohl, Nuss- und Eichbaum hängen voll, so setzt ein harter Winter drauf, und fällt der Schnee in großen Hauf.
Sitzen die Birnen fest am Stiel, bringt der Winter Kälte viel.
Sitzt im November fest das Laub, wird der Winter hart, das glaub.
Zwiebelschale dick und zäh, harter Winter – herrjemine!
Viele Pilze im Herbst – strenger Winter wird's [lokal].

Hinweise auf einen milden Winter

Meteorologisch
● Waren die Tage um Mitte März sehr warm, dann folgt zu über 90% ein milder Winter.
● Fallen die Tage von Ende Mai bis zum 4. Juni um durchschnittlich 3 °C zu warm aus, so wird der Winter wahrscheinlich nicht zu kalt werden.
● Zu 90% folgt ein warmer Winter, wenn der Mai und Juni mindestens um 1 °C zu warm waren.
● Sind die ersten Julitage heiß (30 °C und mehr), so folgt mit hoher Wahrscheinlichkeit milde Witterung im letzten Januardrittel. (Ausnahme: warmer trockener Oktober.)
● Nach einem zu warmen August folgt recht häufig ein zu milder Februar.
● War die Witterung vom 18. bis 22. September merklich zu kühl und vom 23. bis 27. September wieder warm, dann wird das erste Dezemberdrittel zu über 90% zu warm. Somit wird auch der ganze Winter zu 80% mild.
● Ein milder Winter ist zu erwarten, wenn der September deutlich zu warm war, besonders wenn es dann um Monatsende herum geregnet hat.
● Gab es im Oktober auch in mittleren bis niederen Lagen schon Schneefall, so wird der Winter zu mild werden.
● Gibt es im ersten Drittel des Novembers viele Frosttage, so ist häufig die Zahl der Regentage im Januar überdurchschnittlich hoch bzw. dann gibt es sehr wenig Schneefalltage (folglich relativ milde Witterung).
● Ein wahrscheinlich milder Hochwinter folgt, wenn die Witterung zwischen dem 24.12. und 06.01. an mindestens 7 Tagen mild war.
● Nach einem sehr milden ersten Dezemberdrittel folgt meist (80%) ein milder Hochwinter (insbesondere der Februar).

Im Tierreich
Glatter Pelz beim Wilde, dann wird der Winter milde.
Schwacher Balg am Wilde zeigt an des Winters Milde.
Ein glattes Fell bei Fuchs und Reh, dann wird der Winter mild hergeh.

● Behält das Hermelin lang seinen braunen Pelz, steht ein milder Winter

Winter

vor der Tür; ist das Fell aber früh weiß, ist viel und große Kälte zu erwarten.
- In milden Wintern gehen die Tiere nicht zu fett gefressen in den Winter.
- Vor milden Wintern bleiben die Raupen lange auf dem Baum und fallen erst spät im Jahr herab.
- Wenn sich im Spätherbst oft Mücken zeigen, folgt ein gelinder Winter.
- Viele kleine Maulwurfshügel im Dezember und Januar deuten auf einen milden Hochwinter.
- Ein warmer Winter kommt, wenn die Hühner im Oktober mausern.

Im Pflanzenreich
Fließt im Dezember noch der Birkensaft, dann kriegt der Winter keine Kraft.
Zwiebelschale dünn und klein, soll der Winter milde sein.
Keine Pilze, kein Schnee.

Hinweise auf einen relativ nassen Winter

Meteorologisch
- Ist es in der ersten Augustwoche über 25 °C warm, so folgt mit einer Sicherheit von immerhin 60 % ein überdurchschnittlicher Schneefall im Winter.

Fängt der August mit Hitze an, bleibt sehr lang die Schlittenbahn. Ist die erste Augustwoche heiß, bleibt der Winter lange weiß.

- Gibt es im ersten Drittel des Novembers viele Frosttage, so ist häufig die Zahl der Regentage im Januar überdurchschnittlich hoch bzw. es gibt sehr wenig Schneefalltage.

- Ist die Witterung um den 25. November nass, folgt in 3 von 5 Jahren ein nasser Februar.

Wie es um Katharina, trüb oder rein, so wird auch der nächste Hornung [Februar] sein.

Im Tierreich
Steht die Krähe zur Weihnachtszeit im Klee, sitzt sie zu Ostern oft im Schnee.
Rupft der Gänserich der Gans im Dezember den Nacken, gibt's 3 Wochen nasse Backen.

Wenn die Forellen früh laichen, so gibt es viel Schnee.
Lässt der November die Füchse bellen, wird der Winter viel Schnee bestellen.

Im Pflanzenreich
Viele Eicheln im September, viel Schnee im Dezember.

Am Aussehen unseres Wildes kann man die Tendenz des kommenden Winters erahnen. Die angefressene Fettschicht, die Dichte des Winterfells und der Zeitpunkt des Geschehens sind wichtige Merkmale.

Phänologie – der Kalender, den die Natur schreibt

Hinweise auf einen relativ trockenen Winter

Meteorologisch
- Ist um den 17. Januar die Sonnenscheindauer übernormal hoch, so kommt es in 6 von 10 Jahren zu einem trockenen Jahr.
- Ist die Witterung um den 25. November trocken, so folgt in 4 von 5 Jahren ein zu trockener Februar.

Wie es um Katharina, trüb oder rein, so wird auch der nächste Hornung [Februar] sein.

Im Tierreich
Baut die Ameise hoch ihr Haus, fällt der Winter trocken aus.

Hinweise auf einen frühen Winter im Tierreich

- Es gibt einen frühen Winter, wenn sich die Ameisen hoch im Heu verkriechen und die Forellen früher Hochzeit halten, und wenn die Störche zeitig fortgezogen sind.

Wenn der Fuchs viel bellt, bald großer Schnee fällt.
Lässt die Dohle ihren Ruf »Snei-Snei« erschallen, wird bald alles ganz weiß sein.
Sieht man einen ganzen Dohlenschwarm mit gesträubtem Gefieder beieinander hocken, tanzen bald die wilden Flocken.
Wenn sich die Schnecken früh deckeln, so gibt's einen frühen Winter.

- Bekommen Pferde, Kühe, Katzen und Hunde ihren Winterpelz zeitig, so soll der Winter früh kommen.

Hinweise auf einen späten Winter

Im Tierreich
Ein später Winter fällt, wenn der Has sein Sommerkleid lang behält.
Trägt's Häschen lang sein Sommerkleid, so ist der Winter auch noch weit.
Wenn die Vögel nicht ziehen vor Michaeli fort [29. 9.], wird's nicht Winter vor Christi Geburt.

- Ein später Winter wird erhofft, wenn die Schwalben zweimal nisten.

Im Pflanzenreich
Wenn das Blatt am Baume bleibt, ist der Winter noch sehr weit.

Hinweise auf des Winters Ende

Im Tierreich
- Wird es im Winter kälter, kommen die Krähen gern in die Nähe der Häuser, steht aber Tauwetter bevor, flattern sie aus dem Wald und schreien.
- Singt der Zaunkönig inmitten der Kälte, lässt das Tauwetter nicht lange auf sich warten.

Im Pflanzenreich
- Wenn die Esche Knospen trägt, gibt es keinen Frost mehr.

Sonstige Beobachtungen

- Ob sich in den nächsten Tagen Frost und Schnee einstellen, sagen Vögel, Bäume und Sterne voraus. Sind in der kommenden Nacht oder am folgenden Morgen harter Frost oder Schnee zu erwarten, so finden sich noch vor Sonnenuntergang besonders viele Vögel, zumeist Meisen und andere Insektenfresser, beim Futterhäuschen ein. Wenn nämlich nach relativ warmen Tagesstunden die Temperaturen fallen, so legt sich die Feuchtigkeit als Eisschicht auf die Rinde der Büsche und Bäume, in deren Ritzen und Nischen sich Insekten versteckt halten. Diese Nahrung der Insektenfresser ist somit nicht mehr zu erreichen.
- Ist zwischen dem 30. Januar und 1. Februar kein oder nur ein Tag Frost, so sind im März mit hoher Wahrscheinlichkeit nur unterdurchschnittliche Frosttage zu erwarten.
- Regnet es zwischen dem 20. und 23. Februar nicht, so sind fast immer (90%) bis Ende März weniger Niederschlagstage zu erwarten. Ist es aber regnerisch, so folgen oft mehr Niederschlagstage. Ist es in dieser Zeit zu warm oder zu kalt, so ist auch der März zu 65% über dem Durchschnitt warm oder kalt.

Viele Eicheln im September, viel Schnee im Dezember.
Ist die Martinsgans am Brustbein braun, wird man mehr Schnee als Kälte schau'n; ist sie aber weiß, so kommt weniger Schnee als Eis.

Ein sicheres Zeichen für einen winterlichen Wetterumschwung ist der Zug der Kraniche, denn sie machen sich auf die Reise in den wärmeren Süden, wenn es bei uns ungemütlich wird.
Auch an der Verholzung junger Baumtriebe kann man relativ sicher erkennen, dass es bald kalt werden kann. Der Förster sagt: »Der Baum macht sich winterfest.«

Mensch und Wetter

> *Jeden Morgen, wenn wir aufstehen, gehen die ersten Blicke zum Himmel, um die Wetterlage zu beurteilen. Der erste Eindruck ist der wichtigste, und der gewonnene Eindruck der Witterung stellt unsere Laune für den ganzen Tag auf Dur oder Moll.*

Kein Naturvorgang nimmt solch einen anhaltenden Einfluss auf unser Dasein wie das Wetter. Dieses Kapitel soll verdeutlichen, in welchen Abhängigkeiten der menschliche Organismus und das menschliche Tun von den Naturerscheinungen, insbesondere der Witterung, stehen. Ob Sonnenschein, Nebel, Regen, Sturm oder Gewitter, immer sind wir von den Auswirkungen unmittelbar betroffen. Wärme und Kälte beeinflussen unsere Garderobe, unsere Stimmungslage, ja sogar unsere Gesundheit. Unsere ganze Leistungsgesellschaft ist dem Wetter untertan. Volkswirtschaftliche Milliardenschäden nach Unwettern können ganze Wirtschaftszweige lahm legen und existenziell gefährden.

Aber wer denkt schon so komplex. Auch im privaten Bereich merken wir spätestens bei einer verregneten Gartenparty, dass die Allmacht Wetter nie zu unterschätzen ist. Nicht umsonst ist das Thema Wetter Gesprächsstoff Nummer eins. Ganz klar, dass unsere Bemühungen nach einer möglichst genauen Wettervorhersage streben.

Neben den Möglichkeiten umfangreicher Wetterbeobachtung im natürlichen Umfeld ist es bei uns selbst in vielerlei Hinsicht möglich, Reaktionen auf das Wetter festzustellen. Unser Körper schwitzt ständig, je nach der Außentemperatur mehr oder weniger stark. Er verliert Salz, und als Folge fühlen wir uns müde und abgespannt. Wenige Tage vor dem Hereinbrechen eines typischen Frontgewitters ändern sich die elektromagnetischen Eigenschaften der Atmosphäre so, dass Hirn- und Nervenströme in ihrem Rhythmus gestört werden. Wer dies an sich spüren kann und zusätzlich die Veränderungen der Wolkenbilder deuten kann, hat schon einen Vorsprung in der Wetterprognose.

Ein Hühnerauge zeigt einen Wetterwechsel besser an als ein Barometer.

Unsere Abhängigkeit von inneren und äußeren Rhythmen

Wir Europäer leben in einem gemäßigten Klima. So kommt es, dass unser Organismus weniger befähigt ist, mit extremen Schwankungen umzugehen als Menschen anderer Breitengrade, z. B. in Nordafrika, wo die Mittagstemperatur von über 40 °C nach Sonnenuntergang durch eine empfindlich kalte Nacht abgelöst wird. Wir sind an einen jahreszeitlichen Rhythmus gewöhnt. Wenn dieser gestört ist (massive und anhaltende Kälteeinbrüche im Sommer), empfinden das viele als unangenehm. Andere leiden an der so genannten Wetterfühligkeit: Jeder Wetterwechsel macht ihnen zu schaffen.

Mensch und Wetter

Normalerweise kann sich der Mensch gut an neue Wetterbedingungen anpassen, denn er besitzt eine sensible Wetterantenne und eine schnell wirksame Akklimatisationsfähigkeit. So, wie sich das Wetter jahreszeitlichen, mehr oder weniger regelmäßigen Rhythmen unterwirft und die Natur sich diesen Jahreszeiten anpasst, so sind auch wir von bestimmten Rhythmen geformt. Zu den äußeren, kosmischen Rhythmen gehören u. a. die Sonnenrotation und Sonnenfleckenschwankungen (Sonnenintensität), der Wechsel der Jahreszeiten, Tag und Nacht sowie der Umlauf des Mondes. Diesen Einflüssen sind die Bewohner der Erde ausgesetzt.

Der stärkste Rhythmus ist der 24-Stunden-Rhythmus des Sonnenlichts (Fotoperiodik). Das Licht greift in alle Lebenskreisläufe ein, beeinflusst unser Wohlbefinden (Aktivität), das Pflanzenwachstum (Existenzgrenze der Krautschicht des Waldes mindestens 1–2 % des Tageslichts), die Orientierung (manche Insekten fliegen ins Licht, manche fliehen ins Dunkel; Farben locken zu Nektarquellen der Blüten – die meisten Insekten zu Gelb, Blau, Violett und UV – manchen Fliegen zu Rot) oder komplexe Verhaltensmuster (innere Uhr, Vogeluhr, Winterschlaf, Hormonspiegel). Diese äußeren kosmischen Rhythmen

Die Wetterphasen

Wetterphasen	Wetterbeschreibung	allgemeine Auswirkungen auf den Menschen	Häufigkeit von Krankheiten beim Menschen
Phase I	Das mittlere Schönwetter. Es ist dabei kühl bis mild und trocken; Wolkenabnahme	Keine auffälligen Belastungen oder Bioreize auf den Organismus. Man fühlt sich wohl. Auffällige Besserung von Schlafstörungen und anginösen Herzbeschwerden	Biologisch günstig, keinerlei Belastungen
Phase II	Das gesteigerte Schönwetter (sonniges Hochdruckwetter ohne starke Warmluftzufuhr), keine Wolken; Winter: teils neblig, sonnig und kalt; Sommer: warm, trocken, meist behaglich warm	Noch keine wesentliche Belastung; oft sogar gehobene, euphorische Stimmungslage und guter Schlaf; geringe anginöse Herzbeschwerden	Biologisch günstig, keine außergewöhnliche Belastung
Phase III A	Das übersteigerte Schönwetter. Die Hochdruckzone beginnt abzuwandern; Winter: mit bodennahen Kaltluftresten; Sommer: warm, mit Gewitterneigung	Reizmangelbelastung, Kombinationsreize (Verschmutzung, Smoglage); erste subjektive Beschwerden wie Nervosität und Kopfschmerzen bis hin zur Migräne; beginnende reduzierte, passivierende Körperleistung, die Stimmungslage kann sich verändern, Schlafstörungen, Suizidgefahr	Gefäßverkrampfungen, druck- wie spannungsreduzierte Kreislaufstörungen, z. B. niedriger Blutdruck, Blutungen; beginnendes Herzinfarktrisiko; Unfälle infolge Konzentrationsmangels
Phase III B	Übersteigertes Schönwetter durch Föhn in den Alpen und Voralpenländern; sehr trockener Wind aus südlichen Richtungen; Winter: mit bodennahen Kaltluftresten; Sommer: sehr warm	Subjektive Beschwerden wie Migräne, Nervosität usw. nehmen zu; auffallend reduzierte, passivierende Körperleistung, insgesamt reizbar	Gefäßverkrampfungen, Embolien, druck- wie spannungsreduzierte Kreislaufstörungen (niedriger Blutdruck), Blutungen, Herzinfarkt, Angina pectoris

Wetterphasen

(Reize) treten in Wechselwirkung mit unseren inneren Rhythmen und Bedürfnissen, etwa dem Wechsel zwischen Arbeit und Ruhe, Wachen und Schlafen, die einhergehen mit tief greifenden Änderungen im Stoffwechsel, den Hirnaktivitäten, der Leistungsfähigkeit usw. Unser Organismus versucht, bei allen klimatischen und kosmischen Schwankungen möglichst rasch wieder optimal zu arbeiten.

Unsere Vitalfunktionen sind weitestgehend unabhängig von Arbeit, Ruhe, Mahlzeiten oder anderen Lebensgewohnheiten, sondern durch einen inneren Rhythmus bestimmt. Die höchste Körpertemperatur haben wir gegen 17 Uhr, Leber- und Pankreasfunktionen haben ihr Maximum gegen 2 Uhr und ihr Minimum ca. 14 Uhr. Unser maximaler Blutzuckerspiegel herrscht gegen 14 Uhr und am niedrigsten ist er um 2 Uhr. Herz, Kreislauf und Atmung haben ihren Tiefpunkt in der Nacht zwischen 2 und 4 Uhr. In dieser Zeit werden die meisten Kinder geboren und in dieser Zeit sterben die meisten Menschen. Die höchste Leistungsfähigkeit haben wir gegen 11 Uhr und zwischen 16 und 18 Uhr. Unser Wohlbefinden ist also von unseren Lebensrhythmen und von der individuellen physiologischen, psycho-vegetativen Ausgangslage abhängig. Unterbre-

Wetterphasen	Wetterbeschreibung	allgemeine Auswirkungen auf den Menschen	Häufigkeit von Krankheiten beim Menschen
Phase IV	Der aufkommende Wetterumschlag (vor heranziehendem Tiefdruckgebiet), beginnende Niederschläge, es ist allgemein mild bis warm-feucht bei überwiegend westlichen Winden; Winter: mild, besonders im Norden regnerisch; Sommer: feucht-warm bis schwül und gewittrig	Ausgesprochene Schwülebelastung, Kombinationsreize (Verschmutzung, Smoglage); allgemeine Verschlechterung des Allgemeinbefindens; besonders reduzierte, passivierende Körperleistung; positiver Einfluss auf Bluthochdruck	Erhöhtes Infarktrisiko, erhöhte Kreislaufstörungen, Gerinnungsstörungen wie Blutungen, Embolien, Thrombose; vermehrt Unfälle, Depressionen, niedriger Blutdruck, Schlaganfall, Entzündungen, Phantomschmerz
Phase V	Kaltfront mit Niederschlägen, meist aus westlichen Richtungen; Sommer wie Winter Abkühlung mit Niederschlagsdurchzug, danach wechselnde Schauerbewölkung	Feuchte und Windbelastung, Kombinationsreize (Schmutzauswaschung, Schmutzzuführung); Körperleistung aktivierend, gesteigerte Motivation; günstiger Einfluss bei niedrigem Blutdruck	Erhöhtes Beschwerdebild bei Angina pectoris und Herzinfarkt; Depressionen, Koliken, Krämpfe, Bluthochdruck, Schlaganfall, Phantomschmerz, Diabetes, Rheuma und Arthritis
Phase VI	Der vollzogene Umschlag mit Übergang zu erneutem Schönwetter (Wetterberuhigung, beginnendes sonniges Hochdruckwetter ohne starke Warmluftzufuhr), allgemein trocken, kalt bis kühl bei Wolkenabnahme; Winter: nachts weiterer Temperaturrückgang; Sommer: kühl, z. T. viele Quellwolken, nachts klar mit Wolkenauflösung	Kältebelastung, Kombinationsreize (Schmutzauswaschung, Schmutzzuführung); insgesamt keine besonderen Belastungen, Körperleistung zunehmend aktivierend, gesteigerte Motivation; reduzierte Beschwerden bei niedrigem Blutdruck, Schlafstörungen und Herzinfarkt	Insgesamt biologisch günstig; noch bedingt Angina pectoris, erhöhter Bluthochdruck

Mensch und Wetter

chen wir zu sehr den biologischen Rhythmus, und das ist in der heutigen hektischen Zeit leider unausweichlich geworden, so werden wir zunehmend »wetterfühlig«. Das Wissensgebiet, welches sich mit der Problematik der Wetterfühligkeit bis hin zum Wetterschmerz auseinander setzt, nennt sich Biometeorologie.

Biometeorologie

Die Bio- oder Medizinmeteorologie befasst sich mit den Auswirkungen von Wetter, Witterung und Klima auf gesunde und kranke Menschen, im Volksmund: Wetterfühligkeit. Immerhin, ca. 30 % der Bevölkerung leiden mehr oder weniger darunter. Deutlich wird diese Tatsache in der Wetterecke vieler Tageszeitungen, wo typische Beschwerdebilder der gerade zutreffenden Wetterphase erwähnt werden.

Das Wetter durchläuft immer einen Kreislauf von ungestörten zu gestörten Lagen (Hochdruck/Tiefdruck). Der 1969 verstorbene Meteorologe Dr. Brezowsky hat nach jahrelangen meteorologischen und medizinischen Untersuchungen das Wettergeschehen in 6 Phasen unterteilt (siehe Tabelle). Er bewies, dass nicht einzelne Wetterelemente wie Temperatur, Windstärke, Luftdruck, Niederschlagsmenge, Bewölkungsgrad, Feuchtigkeit usw. mit Krankheit in einen Zusammenhang zu bringen sind, sondern dass das gesamte Wetter auf den Organismus einwirkt; ob bei Müdigkeit, Narbenschmerzen, Migräne, Embolien, Herzinfarkt, Asthma, akutem Herztod, Hirnhautentzündung oder sogar Selbstmord.

Am angenehmsten fühlen wir uns während einer Schönwetterlage mit nicht so großen Bioreizen (große Hitze/Kälte, stärkerer Wind) und bei einer Wetterberuhigung nach Durchzug eines Schlechtwettergebietes. Die größte bioklimatische Belastung müssen wir bei einem abziehenden Hochdruckgebiet aushalten, wenn ein Tiefdruckgebiet mit Zustrom fremder Luftmassen und dem gesamten Witterungsverlauf der Frontseite (Abkühlung, Regenfälle) auf uns zukommt.

Wenn man den Wetterwechsel längere Zeit, 2–3 Tage, oder erst kurz vor einer Wetterfront spürt, kann man von Wetterfühligkeit sprechen, wobei sich die Wetterfühligkeit mit zunehmendem Alter immer mehr ausprägt. Kinder reagieren anders auf die Wetterphasen als Senioren und Frauen fühlen das Wetter häufiger als Männer.

Ein Greis braucht kein Wetterglas, das Alter hat den Kalender im Leib.
Wie das Wetter, so die Kinder.
Das schwüle Wetter bringt uns um.
Oma hat Schmerzen im Knie, übermorgen gibt's Regen.

Die bei der Wetterfühligkeit aufkommenden Beschwerden reichen von schlechter Laune, Kopfschmerzen, erhöhter Müdigkeit bis hin zu krankhaften Zuständen. Schon vorhandene Leiden verstärken sich oftmals, häufig schmerzen, jucken oder brennen alte Narben, Knochenbrüche oder Rheumaherde. Ca. 5 % der Betroffenen leiden derart darunter, dass schon von Wetterschmerz die Rede ist. Die Stärke der Beschwerden ist abhängig von der Reizstärke des Wetters. Unstreitig kann man eine erhöhte Sterberate an extremen Sommertagen feststellen, und im Winter bei Inversionswetterlagen (in Großstädten oft Smog) sind alle Sitzplätze in den Wartezimmern der Arztpraxen auffallend besetzt.

> *Bei den betroffenen Wetterfühligen nimmt die Häufigkeit der Beschwerden von reizarmem Wetter (ca. 30–35%) zu reizstarkem Wetter (65–70%) deutlich zu. Auch der Zeitpunkt des Wetterumschwungs wird unterschiedlich wahrgenommen. Die so genannte Wettervorfühligkeit beginnt bei 5–10% der Betroffenen bereits 2–3 Tage vor Wetterumschwung.*

Das Wissen um diese Zusammenhänge kommt nicht nur aus jüngster Zeit. Schon im 3. Jahrtausend v. Chr. findet man auf einer babylonischen Tontafel in Keilschrift fixiert den ersten Hinweis auf das Wohlbefinden in Abhängigkeit zum Wetter. *»Von dem weiten Himmel her hat ein Wind geweht und hat im Auge des Menschen eine Krankheit veranlasst!«*

Es gab auch wetterfühlende Dichter, z. B. Heine, Lenau, Mörike, Rilke, Stifter und Goethe. Goethe, der nach eigenen Worten bei hohem Barometerstand besser arbeiten konnte als bei niedrigem, ist der Verfasser einer eigenen »Witterungslehre«. In einem Brief an Schiller schrieb er: *»Gerade die feinsten Köpfe leiden am meis-*

Biometerologie

ten von den schädlichen Wirkungen der Luft.«

Fragt man alte Kriegsveteranen, die noch heute Granatensplitter im Körper haben, Schussverletzungen oder gar amputierte Gliedmaßen, so erhält man überwiegend gleich klingende Aussagen über ihr Schmerzempfinden. So fallen das Auftreten und die Schmerzzunahme bei fallendem Luftdruck, ansteigender Feuchtigkeit und Temperatur auf, und bei steigendem Luftdruck lassen die Beschwerden wieder nach.

Über den Einfluss des Wetters auf das Allgemeinbefinden besteht heutzutage kein Zweifel mehr. Nachfolgend soll jedoch noch auf die landschaftlichen Unterschiede der Wetterbiotropie (biologische Wirksamkeit des Wetters) hingewiesen werden. Für das biologische Klima ist dies nicht ganz unerheblich. Die Hoch- und Tiefdruckgebiete sind als Aktionszentren verhältnismäßig großräumige Gebilde. Dementsprechend weiträumig verteilend sind auch die meteorologischen Einflüsse auf den Menschen. Deutschland liegt in einer Westwindzone, in der das Wetter überwiegend von den heranziehenden atlantischen Tiefdruckgebieten geprägt wird. Im Norden herrscht deshalb ein unbeständiger Wetterverlauf. Die einzelnen Entwicklungsstadien der Wetterfronten folgen rascher aufeinander als im südlichen Raum, der Wechsel der Witterung ist häufiger. Ferner ziehen die Kaltfronten über Norddeutschland rascher dahin, während sie im Süden nur zögernd vorankommen oder erst gar nicht dorthin vordringen. Je intensiver und häufiger der Witterungsverlauf wechselt, desto ausgeprägter sind die Klimareize auf den Organismus. Deutschland wird in drei Hauptzonen unterteilt.

1. Das See- und Tieflandklima: Maritime Klimakomponenten überwiegen. Häufigere und erhöhte Neigung zu Wetterwechseln, intensiverer Wetterverlauf, einzelne Entwicklungsstadien folgen rascher aufeinander als im Süden, erhöhte Windgeschwindigkeit. Maritimes Klima überwiegt nordwestlich der Linie Eifel, Westerwald, Thüringer Wald; südöstlich dieser Linie dominiert vorwiegend das Kontinentalklima.

2. Das Kontinentalklima: Kontinentale Klimakomponenten überwiegen. Erhöhter Hochdruckeinfluss, weniger Wetterwechsel, gleichmäßigere Witterung, einzelne Wetterphasen folgen nicht so häufig aufeinander, abgeschwächte Kaltfronten und Winde. Besonders reizarme Gegenden sind Ostbayern, Mittel- und Oberfranken sowie die Oberpfalz.

3. Das Hochgebirgsklima: Alpine Klimakomponenten überwiegen. Größere Temperaturunterschiede zwischen Tag und Nacht in Tal- und Beckenlagen; in Hang- und Terrassenlandschaften ausgeglichener Verlauf (Temperatur, Luftfeuchte). Plötzliche Wetterwechsel und Wetterstau besonders im Voralpenland, dort auch belastende Föhnwetterlagen, besonders im Winterhalbjahr.

Das Wetter ist unablässig am Werk ... immer auf der Suche nach neuen Mustern, mit denen es ausprobiert, ob sie sich auf die Menschen auswirken. (MARK TWAIN)

Wenn Sie selbst wetterfühlig sind und den »Kalender im Leib« haben, besteht die Möglichkeit, die Intensität der Störungen Ihres Wohlbefindens mit den vielfältigen anderen Naturbeobachtungen zu vergleichen. Das klingt zwar etwas makaber, kann jedoch hilfreich sein, sich selbst zu beobachten, um sich auf die unabänderlichen Störungen einzustellen.

Das Wetter wirkt auf uns und kann psychische und physische Beschwerden hervorrufen oder begünstigen.

Mensch und Wetter

Tipps für Wetterfühlige

Die unterschiedlichen Beschwerden der Wetterfühligkeit (Meteoropathie) sollte man auf jeden Fall genauso wichtig nehmen wie die See- und Luftkrankheit, die Schwangerschaftsbeschwerden, Hunger- und Durstgefühle sowie Ermüdungserscheinungen. In all diesen Fällen leiden »Gesunde«, so die gesetzliche Auslegung dieser »nicht krankhaften Beschwerden«. Gehören Sie zu diesen »leidenden Gesunden«, dann sollten Sie eine individuelle Statistik anfertigen. Diese gibt nur Ihnen, und gegebenenfalls dem Arzt, Aufschluss über die eigene Wetterfühligkeit. Dazu sollten Sie eine Tabelle anlegen und täglich das Biowetter und Ihr körperliches und geistiges Befinden notieren. Diese Statistik soll über einige Wochen durchgeführt werden. Bei Fragen stehen auch Servicedienste, Gesundheitsämter und der Deutsche Wetterdienst zur Verfügung.

Vor dem Wetter verstecken kann man sich nicht, aber man kann individuell vorbeugende Maßnahmen (Prophylaxe) treffen wie:

● Viel an der frischen Luft spazieren gehen – bei jedem Wetter. Wenn man sich regelmäßig den Wetterreizen aussetzt, wird man unempfindlicher dagegen und trainiert sowie stimuliert sein körpereigenes Regelsystem (Wettersinne). Man härtet sich ab, regt Kreislauf, Durchblutung und Verdauung an und holt sich den nötigen Appetit.
● Bei belastenden Wetterphasen, z. B. wenn es schwülwarm ist (siehe auch Grafik), sollten sich »Wetterleidende« wie Herz-Kreislauf-Kranke

Nicht jeder kann ungestört ins Wetter schauen. Ein knappes Drittel der Bevölkerung ist wetterfühlig.

körperlich schonen und den Schatten aufsuchen.
● Bürsten des trockenen Körpers, Kneipp'sche Kuren, Wechselduschen und Weißdornpräparate (Tee) können die Leiden lindern.
● Sensible und labile Menschen, die bei einer Wetterfühligkeit zu seelischer Belastung neigen, sollten ärztliche Hilfe in Anspruch nehmen, damit ihre Wetterfühligkeit keine Wetterneurose wird.
● Besonders in der dunklen Jahreszeit dafür sorgen, dass das Tageslicht gut in die Räume gelangt; scheint die Sonne, nicht abdunkeln. Unser Organismus braucht die Lichtreize der Sonne zur Anregung unseres Hormonhaushaltes und zur Steigerung des Wohlbefindens; deshalb so oft wie möglich bei Sonnenschein vor die Tür gehen (Mittags- oder Kaffeepause).
● Fällt einem bei längerer Schlechtwetterperiode »die Decke auf den Kopf«, dann kann eine Rotlichtlampe helfen.
● Der Wechsel des Wohnortes kann bei Menschen, die mit den örtlichen Klimabedingungen gar nicht zurechtkommen, Linderung, ja sogar Heilung bringen. Als gefährdete Personengruppen sind zu nennen: chronisch Lungenkranke (Bronchitis, Asthma), Herz-Kreislauf-Kranke, Allergiker, Personen mit Immunschwäche. Die Wetterdienste bieten hierzu sogar eine individuelle Wohnsitzberatung an. Die effektivste klimatherapeutische Behandlung wird mit einem rechnergestützten Kurort-Klima-Modell (KURKLIM) des Deutschen Wetterdienstes berechnet.
● Gegebenenfalls Schlaf- und Essgewohnheiten umstellen; bewusst mal 7 Tage auf Nikotin, Alkohol oder sonstige Genussmittel verzichten. Wenn es einem nachher besser geht, ist dieses Opfer sicherlich nicht zu groß.
● Hilfe durch ein Kräuterbad: Man nehme jeweils ca. 50 g Rosmarin, Lavendel und Kamille. In einem Leinentuch oder Baumwollsäckchen verpackt, werden die Kräuter direkt in den Strahl des einlaufenden Badewassers gelegt. Die Temperatur des Bades sollte ca. 38 °C betragen, die Badedauer ca. 20 Minuten. Rosmarin entspannt und hat eine positive Wirkung auf die Durchblutung des Gehirns. Lavendel hat einen ähnlichen Effekt und hilft gegen rheumatische Beschwerden. Die Kamille befreit von Kopfdruck und wirkt gegen Erkältungen.
● Räume mindesten 5-mal täglich 10 Minuten lüften, wodurch sich die Wohnraumluft entscheidend verbessert.
● Auf angemessene Wohnraumtemperatur achten. Schlafzimmer in der Nacht nicht heizen, ideale Temperatur bei 18 Grad; gründlich Lüften vor dem Schlafengehen; vorzugsweise

Empfinden der Umgebungstemperatur

Empfinden der Umgebungstemperatur

Unser subjektives Wohlempfinden ist auch von unserer jahreszeitlichen Umgebungstemperatur abhängig. Im Winter empfinden wir Temperaturen um +12 °C als mild und angenehm, im Sommer sollten es zum Wohlfühlen schon über 22 °C sein. Steigt die Luftfeuchtigkeit über 70 %, so werden Temperaturen über 20 °C schon als schwül empfunden. Unsere Haut kann in feuchter Luft nicht so viel Feuchtigkeit zur Körperabkühlung abgeben (schwitzen) als in trockener Luft, wo wir Temperaturen über 30 °C noch als angenehm empfinden können. Jede Windbewegung ist an warmen und heißen Tagen eine Wohltat. Wir empfinden auf der Haut eine angenehme Frische. In kühleren Wetterphasen oder im Winter wird der Wind dagegen als unangenehm empfunden. Lufttemperaturen von −5 °C bei Windstille werden bei schwachem Wind schon als −9 °C und bei stärkerem Wind wie −13 °C auf der Haut empfunden. Unser Körper reagiert mit »Gänsehaut« und Kältezittern. Individuell passende Kleidung ist oberstes Gebot. Wenn der Nachbar ein T-Shirt trägt, muss man es ihm nicht gleich tun, denn jeder empfindet die Lufttemperatur je nach physischer und psychischer Verfassung anders. Die Tabelle gibt Aufschluss über unser allgemeines Temperaturempfinden.

Je stärker der Wind, umso kälter empfinden wir subjektiv die Temperatur, und die ist immer tiefer als die Thermometeranzeige. Kalte Winde entziehen dem menschlichen Körper zusätzliche Wärmeenergie über die Haut. Herrschen draußen −5 °C bei Windstärke 4 (Windgeschwindigkeit 24 km/h), so fühlen wir −18 °C. Schon kurze winterliche Fußwege gegen den beißenden Wind können ganz schön zu schaffen machen.

bei offenem Fenster schlafen, jedoch unbedingt Zugluft vermeiden! Während der Heizperiode Schlafzimmer einmal wöchentlich durchheizen und lüften.

● In den Sommermonaten sollte man in der heißesten Tageszeit von 12 bis 17 Uhr möglichst Sport und körperliche Anstrengungen meiden und diese in die kühleren Morgen- oder Abendstunden legen.

● Trinken Sie bei heißem Wetter ausreichend, d.h. über Tag 2–4 Liter nichtalkoholische, zimmertemperierte Getränke; essen Sie genügend Obst und Gemüse, wenig Fett und nicht zu viel auf einmal.

Egal, welches Wetter zu den verschiedenen Jahreszeiten auch herrschen mag, eine verblüffend einfache und logische Weisheit spricht aus einer alten Bauernregel, die moderne Mediziner oder Biometeorologen nicht besser hätten formulieren können:

Leb' mit Vernunft und Mäßigkeit,
so bist du vor allem Wetter gefeit.

Die Temperaturempfindung

Gefühlte Temp. in °C	Empfindung	Belastung	Wirkung
< −30	sehr kalt	extrem hoch	großer Kältestress
−20 bis −30	kalt	stark	Kältestress
−5 bis −20	kühl	mäßig	leichter Kältestress
+5 bis −5	noch kühl	schwach bis gering	noch Kältestress
5 bis 17	wohlbehagen	keine	Komfort
17 bis 20	leicht warm	schwach	geringe Wärmebelastung
20 bis 26	warm	mäßig	Wärmebelastung
26 bis 34	heiß	stark	zunehmende Wärmebelastung
> 34	sehr heiß	extrem	große Wärmebelastung

Mensch und Wetter

Die Wetteraufzeichnung

Die vorausschauende Wetterbeobachtung dürfte wohl so alt wie die Menschheit selbst sein. Pioniere der Wetterkunde waren die Griechen. Schon damals gab es Langzeitprognosen, die in Steintafeln geschlagen meist auf Marktplätzen bekannt gegeben wurden. Gab es Wetterkapriolen, so waren die Götter dafür verantwortlich, allen voran Göttervater Zeus. Im 4. Jahrhundert v. Chr. schrieb Aristoteles seine Lehre von dem, was in der Luft ist (»Meteorologica«). Immer modernere Technik hat dazu geführt, dass die Wettervorhersagen immer verlässlicher wurden. Es gibt heute keine Nachrichtensendung, die nicht mit einer Wettervorhersage endet. Heute werden drei Prognosetypen unterschieden.

1. Die Kurzfristvorhersage: Diese umfasst einen Vorhersagezeitraum von 12–72 Stunden und hat eine Genauigkeit von 90–98 %.
2. Die Mittelfristvorhersage: Der Vorhersagezeitraum reicht vom 3. bis zum 10. Tag mit einer Genauigkeit um 80 bis über 90 %, Tendenz steigend.
3. Die Langfristprognose. Sie versucht den Zeitraum der nächsten 4 Wochen bis 5 Monate mit einer Wetterprognose abzudecken, mit dem Ziel einer Jahreszeitprognose, die immer mehr in erreichbare Nähe rutscht. Dem Computer wird dabei eine Menge abverlangt. Je weiter er in die Zukunft schaut, desto ungenauer wird er. Die Meteorologen erzählen dann spaßig über »Rechners Märchenstunden«. Wer zu weit voraussehen will, sieht oft falsch.

Eigene Wettervorhersage aus der Wetterkarte

Trotz der zahlreichen Hinweise zur erfolgreichen eigenen Wetterbeobachtung und -prognose mag es gerade für den Anfänger bei bestimmten Wettersituationen schwierig sein, die richtigen Schlussfolgerungen zu ziehen. Daher empfiehlt es sich, zusätzlich die Wettervorhersagen zu verfolgen und, vor allen Dingen, diese für sich bzw. seinen Ort richtig zu interpretieren. Nachfolgend seien deshalb die für uns wichtigsten Erfahrungstatsachen kurz zusammengefasst.
Eine Wetterprognose sollte alle wichtigen Witterungselemente berücksichtigen, also Himmelsbedeckung, Niederschläge, Windrichtung und -stärke sowie die Temperaturverhältnisse. Die aktuelle Wetterkarte gibt zusätzliche Hinweise über die allgemeine Tendenz des Wettergeschehens.

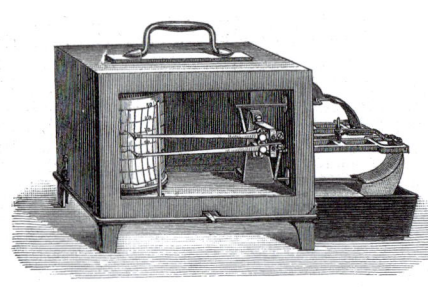

Die Zeichnung zeigt einen Hygrographen, ein altes Aufzeichnungsgerät der Luftfeuchte Anfang des 20. Jahrhunderts.

1. Man stellt auf der Wetterkarte fest, welcher Wettertyp (siehe Tabelle Wettertypen) vorliegt. Daraus kann man die allgemeinen Witterungstendenzen in groben Zügen ableiten. Für die Wetterprognose sind zweierlei Betrachtungsweisen maßgebend:
● Tiefdruckausläufer und Tiefdruckgebiete folgen in der Regel innerhalb von 24 Stunden den ihnen vorausgehenden Hochdruckgebieten nach und umgekehrt.
● In einem geschlossenen Niederschlagsgebiet wird voraussichtlich bis zum nächsten Tag der Luftdruck steigen. In den niederschlagsfreien (Rand-)Gebieten fällt meistens der Luftdruck am Folgetag.
2. Nun beobachtet man die verschiedenen Isobarenformen (Linien gleichen Luftdrucks) und deren mutmaßliche Zugbahn. Dabei spielen nicht nur die Hoch- und Tiefdruckgebiete eine Rolle, sondern bedeutungsvoll sind auch Nebenformen wie Teiltief, Keil, Sattel, Zunge und sogar geradlinige Isobaren. Diese Nebenformen verdienen besondere Aufmerksamkeit, da sie rasch vorüberziehen und einschneidende Wetteränderungen bewirken können.
3. Die Windrichtung ist ein weiterer wichtiger Faktor auf der Wetterkarte für das Erstellen einer Prognose. Dabei sollten auch weiter entfernte Regionen beachtet werden. Beispiele:
● Ein Südwind im Nordwesten Schottlands und Irlands lässt ein Tiefdruckgebiet nördlich davon entstehen.
● Südöstliche Winde über dem Westen Irlands lassen ein Tief westlich davon auftreten.
● Ein Südostwind im Westen Frankreichs und Nordostwind im Südosten

Die Wetteraufzeichnung

Durchschnittlicher Tagesgang der Witterungselemente

Lufttemperatur	Über dem Land Höchstwerte zwischen 14 und 15 Uhr, über See zwischen 12 und 13 Uhr. Tiefsttemperaturen über Land im Winter kurz vor, im Sommer kurz nach dem Sonnenaufgang, über dem Meer 1–2 Stunden vor Sonnenaufgang.
Windstärke	Stärkster Wind über Land am Boden kurz nach Mittag und der schwächste Wind in der zweiten Nachthälfte. Auf Berggipfeln ist es genau umgekehrt: Gegen Mittag herrscht der schwächste Wind, in der Nacht ist er dagegen stark. Tagsüber weht der Wind im Gebirge bergauf, nachts talabwärts.
Bewölkung	Während des gesamten Jahres ist die geringste Bewölkung am Abend und in der Nacht. Am stärksten ist die Bewölkung im Winter in den Morgenstunden und im Sommer zwischen 12 und 14 Uhr.
Luftdruck	Beim Luftdruck gibt es eine Doppelwelle. Ein Maximum ist jeweils zwischen 9 und 10 Uhr sowie von 22–23 Uhr. Die Minima liegen zwischen 15 und 16 Uhr sowie 3 und 4 Uhr.

Englands zeigen an, dass ein Tief über der Biskaya erscheint.
Da wir in Mitteleuropa in einer Westwindzone leben, git der Atlantische Ozean als Wiege der Wetterentstehung und es ist damit zu rechnen, dass in den genannten Fällen die Tiefdruckgebiete auch zu uns gelangen.
4. Die Energie der Tiefdruckgebiete ist umso größer, je stärker die Temperaturgegensätze in den Warm- und Kaltluftkörpern sind. Die Stärke des Tiefdruckgebietes nimmt in dem Maße ab, wie sich die Temperatur im Warmluftsektor verringert.

Der tägliche Gang der Witterungselemente

Ein regelmäßiger Verlauf des täglichen Witterungsganges ist ein Zeichen der Beständigkeit von Hochdruckgebieten. Jede Abweichung von dieser Regel bedeutet eine Wetteränderung. Dies zu wissen ist eine wichtige Hilfe zur Wetterbeobachtung, aber auch zur Deutung der Wetterkarte.

Die Tabelle oben gibt Auskunft über den vielerorts »normalen« Verlauf der täglichen Witterungselemente. Sie sollte durch regionale eigene Beobachtungen abgewandelt bzw. ergänzt werden, um Abweichungen diagnostisch bewerten zu können.

Das eigene Beobachtungsprotokoll

In einem Beobachtungsbogen findet man Gelegenheit, die lokalen Beobachtungen und Erfahrungen niederzuschreiben. Um längerfristige Vergleichsmöglichkeiten zu haben, ist es sinnvoll, die festgestellten Werte regelmäßig zu gleichen Zeiten gewissenhaft und vollständig niederzuschreiben.
Zu den Werten, die nur instrumentell messbar sind, gehören die Temperatur, die Niederschlagsmenge und der Luftdruck. Für die wichtigsten Wetterhinweise benötigen wir jedoch die Augenbeobachtung und die eigene Schätzung: Sonnenschein, Windrichtung und -stärke, Wettererscheinungen wie Regen, Schnee, und Nebel, Tau und Gewitter; den Zustand des Erdbodens, ob nass, trocken, gefroren, Glatteis, Schneeflecken oder eine geschlossene Schneedecke; die Wachstumsphasen der Pflanzen und das Verhalten der Tiere. Die Beobachtungstabelle auf den folgenden Seiten ist besonders für Anfänger gut geeignet. Sie hat schon eine 20-jährige Erprobungsphase hinter sich und gute Dienste in der einfachen Wetterbeobachtung geleistet. Noch genauer und umfangreicher kann man mit dem Wetterübersichtsblatt des Deutschen Wetterdienstes arbeiten, welches man sich für ein paar Euro schicken lassen kann und das auch gern in Schulen verwendet wird. Hat man erst einmal mit eigenen Wetteraufzeichnungen, eventuell mit phänologischen Bemerkungen, Erfahrungen gemacht, wird man rasch feststellen, dass das Wetter nie langweilig ist. Kein Tiefdruckgebiet gleicht in der Entwicklung einem anderen, immer wieder neue Wolkenformationen, anderes Tier- und Pflanzenverhalten ... Wetter – ein Phänomen, welches immer für interessante Überraschungen sorgt.

Mensch und Wetter

Beispiel einer Beobachtungstabelle

April 2010 Borgentreich/Stadtteil Großeneder, 199 m üNN											
Tag	Temperatur (°C) Minimum	Maximum	Bewölkung ●	◐	○	Gewitter	Regen, Schnee (mm)	Wind	Luftdruck (mb)	Nebel, Hagel	Sonstiges
1	–0,1	8,6			X		0	F	1004		
2	–2,7	11,4			X		0	X	1011		
3	2,6	14		X			0	X	1006		A hat Kopfschmerzen
4	5,2	13,2		X			1,1	X/F	1005		Ostern, Blüte Forsythie
5	4,6	11,9		/	X		1,1	X/F	1019		
6	3,3	15,4		X	X		0	X	1020		Blattentfaltung Kletterhortensie
7	3,1	18,6			X		0	X	1015		Blüte Weisbirke
8	2,7	14,5			X		0	0/X	1019		
9	1	13,3	X	X			0	X	1026		kühl
10	2,1	10,1	X				0	X	1025		kühl
11	3,5	8,7	/	X			0	X/F	1021		Kühl; B ist wetterfühlig
12	4,1	10,6	X				5	X	1017		kühl; Blüte Ahorn
13	2,9	15,4		X	X		0	X	1013		Blüte Prunus subhirtella
14	3,8	13,2		/	X		0	X	1013		Blüte Stachelbeere
15	4,4	13,7	X	X			0	X	1014		Flugverbot wegen Vulkanasche aus Island
16	1,9	10,9		X	X		0	X	1017		Raureif, schön; Blüte Magnolie, Austrieb Eberesche
17	–3	14,5			X		0	0	1018	N	Raureif, schöne; Blüte Tulpe Tarda, Blattentfaltung Buche
18	–1,5	18,5			X		0	0	1010		Raureif, schön; Blüte Schlehe, hohe Tulpe, Blattentfaltung Kastanie

Die Wetteraufzeichnung

Tag	Temperatur (°C) Minimum	Maximum	Bewölkung ●	◐	○	Gewitter	Regen, Schnee (mm)	Wind	Luft-druck (mb)	Nebel, Hagel	Sonstiges
	**April 2010** Borgentreich/Stadtteil Großeneder, 199 m üNN
19	4,3	13,6		X			0	0/X	1011		Blüte Wildkirsche
20	−1,6	16,3	/	X			0	X	1010		Blüte Johannisbeere, Blattentfaltung Eberesche
21	1,7	8,8	X	X			0,4	F	1012		Maitrieb Fichte, Wald ergrünen; A Kopfschmerzen
22	−2	11,4		X			0	X	1013		Blüte Süßkirsche, Säulenkirsche, Löwenzahn
23	−2,8	14,1		X			0	0	1012		
24	−0,4	19,1		X			0	0	1016		
25	2,2	24,2		X			0	0	1018		Blüte Raps, Felsenbirne; B ist wetterfühlig
26	11	17,5	X				6,1	X	1018		kühler aber z.T. drückend; Blüte Birne
27	7,4	17,9		X			0	X	1022	N	Blüte Pflaume, Mirabelle
28	2,9	22,1		X			0	0	1021		
29	8,7	26,9	X	X			0	0	1010		
30	10,7	19,7	X			1	0	X	1004		Blüte Apfel

● = dichte Bewölkung
●◐ = überwiegend bewölkt
◐ = teilweise bewölkt
◐○ = leicht bewölk
○ = sonnig
ein Schrägstrich (/) statt einem Kreuz (X) bezeichnet eine Tendenz zu dieser Bewölkungsart
H = Hagel
N = Nebel
* = Schnee

Zeichen bei Wind:
0 = windschwaches bis windstilles Wetter
X = normale Windbewegung
F = auffrischender Wind
ST = Sturm
O = Orkanböen

Mensch und Wetter

Wetterbeobachtungsgeräte selber basteln

Regelmäßige Witterungsbeobachtungen aus Zeichen der Natur schärfen unsere Beobachtungsgabe und erweitern unseren persönlichen Erfahrungsschatz. Man wird der Natur gegenüber sensibler und respektvoller, je mehr man sie versteht. Natürliche Wetterzeichen, die seit Jahrhunderten ohne irgendwelche Messinstrumente bewertet werden, sind z. B. Wind und Wolken, Sonne und Mond, Tier- und Pflanzenverhalten. Die heutige Meteorologie bedient sich neben visuellen Beobachtungen umfangreicher technischer Hilfsmittel, vom Thermometer bis zur Satellitenunterstützung.

Um die eigenen Naturbeobachtungen durch Messergebnisse zu ergänzen, reicht es für den Amateurbeobachter aus, sich die elementarsten Messgeräte zur Feststellung von Temperatur, Luftdruck, Luftfeuchtigkeit und der Niederschlagsmenge anzuschaffen. Es müssen keine High-Tech-Geräte sein, einfache Ausführungen für den Außenbereich sind durchaus akzeptabel. Das wären ein Minimum-Maximum-Thermometer, ein Barometer, ein Hygrometer und ein Niederschlagsmesser. Bis auf den Niederschlagsmesser kann man die Geräte wetter- und sonnengeschützt an die Hauswand in Augenhöhe hängen. Professioneller ist natürlich ein spezielles Wetterhäuschen, in welches man seine Geräte montieren kann – etwa 10 m vom Haus entfernt und in 2 m Höhe. Die Industrie hat ihrerseits das wachsende Interesse an der Wetterbeobachtung erkannt und bietet elektronische Wetterstationen an, mit denen man schon genauer und professioneller arbeiten kann.

Feuchtigkeitsmesser selbst gemacht

Vor dem Nahen einer Gewitterfront richten die Äste der Fichten aufgrund erhöhter Luftfeuchtigkeit ihre Spitzen nach oben, und bei trockenem Wetter neigen sie sich nach unten. Dieses Phänomen kann man für die Wetterbeobachtung nutzbar machen. Aus einem gebogenen, entasteten Zweig einer frischen Fichte kann man einen einfachen Feuchtigkeitsmesser (Hygrometer) konstruieren. Das abgeschnittene dicke Ende be-festigt man nach oben gerichtet an einem schattigen, vor Regen geschützten Platz und lässt den Zweig herunterhängen. Je nach Luftfeuchtigkeit biegt sich das untere dünnere Ende nach links oder nach rechts. Damit das kommende Wetter auch prognostiziert werden kann, bringt man z. B. an einer Wand eine Mess- latte senkrecht zum freien, dünneren Zweigende an. Den verschiedenen Witterungen entsprechend biegt sich das Ende und man kann seine Markierungen sowie Wettersymbole an der Messlatte anbringen.

Ähnlich verhält es sich mit Kiefernzapfen, die man ebenfalls als Hygrometer nutzen kann. Bei ihnen kann man sich die Tatsache zu Eigen machen, dass sich ihre Schuppen bei zunehmender Feuchtigkeit langsam zu schließen beginnen (hygroskopische Bewegung).

Aus Naturfasern, insbesondere Kokosfaser und Sisalfaser (aus den Blättern der Agavepflanze; Verwendung als Bindegarn), aber auch aus Bändern, die aus Schurwolle und Ziegenhaaren gedreht wurden, lassen sich Feuchtigkeitsmesser machen (»Wetteresel«). In eine Esel-Holzfigur hinten für den Schwanz ein Loch bohren und die Faser hineinstecken und festkleben. Durch Regen oder stark erhöhte Luftfeuchtigkeit ziehen sich die Fasern zusammen, der Schwanz richtet sich nach oben (schlechtes Wetter), beim Trocknen dehnen sich die Fasern wieder, Schwanz zeigt nach unten (gutes Wetter).

Der Storchschnabel ist eine weitere, sehr gut als »Naturhygrometer« nutzbare Pflanze. Die hygroskopischen, länglichen Teilfrüchte dieser Pflanze

Holz arbeitet, diese Eigenschaft kann man sich für eine Luftfeuchtemessung zu Eigen machen.

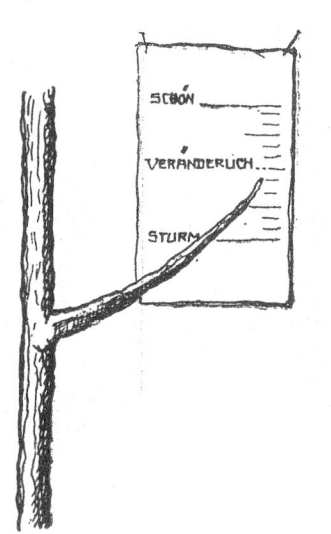

Wetterbeobachtungsgeräte selber basteln

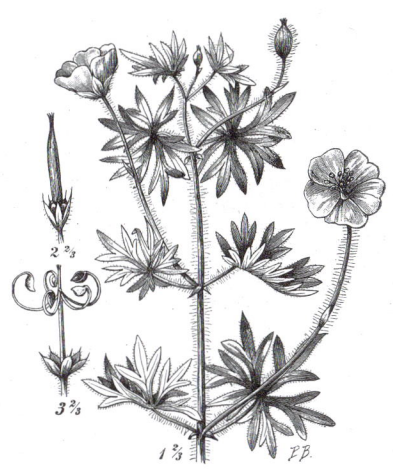

Die Früchte des Storchschnabels (in der Abbildung links) kann man zur Messung der Luftfeuchte nutzen (vgl. Text).

steckt man durch das Loch einer Pappe und beobachtet die herausragende Granne der Teilfruchtspitze. Bei zunehmender Luftfeuchtigkeit dreht sich die Granne im Uhrzeigersinn, bei abnehmender Luftfeuchtigkeit entgegengesetzt.

Einfaches Barometer

Auf ein hohes Kompott- oder Marmeladenglas spannt man ein Luftballonstück, und auf der gespannten Oberfläche befestigt man waagerecht einen Strohhalm, der ausgehend von der Mitte am Rand weit übersteht. Das Barometer kommt an einen gleich temperierten Ort. Hoher Luftdruck drückt die Ballonhaut nach innen, das Strohhalmende steigt. Niedriger Luftdruck bewirkt das Gegenteil. Genauer merkt man die Veränderung, wenn man eine Skala anbringt.

Ein Schneethermometer im Winter

Ist die Beschaffenheit des Schnees trocken, pulvrig und locker, liegt die Temperatur unter minus 10 °C. Ist der Schnee weich und knirscht unter den Füßen, ist die Temperatur kälter als minus 5 °C, und wenn er sich gut zu Schneebällen formen lässt und sich nass und pappig anfühlt, so herrschen ungefähr 0 °C.

Eine andere, jedoch gröbere Einteilung der Temperatur im Winter ermöglichen immergrüne Gehölze, z. B. Schneeball- und Rhododendrenarten. Bei wenigen Frostgraden hängen ihre Blätter herunter (Verdunstungsschutz) und bei Plusgraden gehen sie wieder in Ausgangsstellung.

Beobachtung der Windrichtung

Um die momentane Windrichtung zu erfahren, braucht man sich nur an der Neigung des Laubes und der Äste an Bäumen und Sträuchern zu orientieren. Man kann die ziehenden Wolken und Rauchfahnen beobachten, Staub in die Luft werfen oder den Zeigefinger anfeuchten und in den Wind halten.

Um die Windrichtung ohne Aufwand von weitem zu erkennen, wurden schon vor langer Zeit die Wetterfahnen erfunden. Wohl das bekannteste Wetterfahnenmotiv ist der Wetterhahn, der sich ab dem 15. Jahrhundert seinen Platz auf den Kirchturmspitzen erobert hat. Die älteste schriftliche Überlieferung stammt aus dem Jahr 820. Bischof Rampert ließ auf der Kathedrale von Brescia einen Turmhahn aus Bronze anbringen. Der symbolträchtige Turmhahn wird schon seit langer Zeit als Künder des Tages und des neuen Jahres, als Künder des Lichts, Sinnbild der Lebenskraft und Fruchtbarkeit und auch als Wächtervogel verehrt.

Wachet auf, wachet auf, es krähet der Hahn, die Sonne betritt ihre goldene Bahn.

Die meisten Windfahnen sind mit einer so genannten Windrose ausgestattet, auf der die vier Himmelsrichtungen angezeigt werden. Auf den Kirchtürmen sind diese oft durch ein Kreuz ersetzt.

Ein Kompass ist immer nützlich

Ein Kompass, den man nicht basteln braucht, ist die bewachsene Wetter-

Der Wetterhahn ist heute wie in alter Zeit ein weithin sichtbarer Windrichtungsanzeiger.

Mensch und Wetter

seite von Bäumen. Besonders ältere, etwas frei stehende Bäume sind an ihrer Wetterseite mit feuchtigkeitsliebenden Flechten, Grünalgen und Moosen bewachsen, die der Regen des vorherrschenden Windes fördert. Bei uns sind das vornehmlich die westlichen Richtungen.

Wenn man eine Armbanduhr mit Zifferblatt zur Hand hat, kann man in der nördlichen Erdhälfte sehr leicht die Südrichtung feststellen (südliche Erdhälfte genau umgekehrt). Man stellt die Uhr auf Normalzeit, keine Sommerzeit, und lässt den Stundenzeiger genau in die Sonne zeigen. Der Winkel zwischen dem Stundenzeiger und der 12 wird geteilt und man hat die Südrichtung. Eine andere Möglichkeit ist die Schattenspitzen-Methode: Man steckt einen Ast in den Boden. Alle 15 Minuten markiert man nun genau die Spitze des Schattens. Sind drei Schattenspitzen markiert, zieht man eine gerade Linie und erhält die Ost-West-Richtung. Die erste Markierung liegt im Westen, die Dritte im Osten.

Sonnenuhren

Sonnenuhren geben die wahre Ortszeit (WOZ) an. Wenn die Sonne am höchsten steht, zeigt sie 12 Uhr. Die Sonne richtet sich nicht nach der MEZ (Mitteleuropäische Zeit), die wir uns geschaffen haben. Nach der MEZ ist es bei uns Mittag, wenn die Sonne beim 15. Grad östlicher Länge am höchsten steht. Der 15. Längengrad verläuft von Norden nach Süden ungefähr an der deutsch-polnischen Grenze. Bis zum nächsten Längengrad landeinwärts, also westlich, braucht die Sonne ca. 4 Minuten; 12 Uhr mittags (MEZ) ist folglich nicht überall wahre Ortszeit.
Der alte Spruch *»Die Uhr geht nach dem Mond«* bezieht sich auf die Vollmondzeit, in der der Mond tatsächlich einen Schatten auf die Sonnenuhr wirft, jedoch ist die Zeit dann völlig falsch.

Sonnenuhr im Blumentopf

Man nehme einen leeren Blumentopf und stecke durch dessen Bodenloch senkrecht einen Stab, der ca. 15 cm über den Topfrand hinausragt. Bei vollsonnigem Stand des Topfes wandert der Schatten vom Stab am inneren Topfrand entlang. Mit einem wasserfesten Fasermaler markiert man nun jede volle Stunde den Schattenstand am oberen Topfrand, fertig. Der Blumentopf darf natürlich nicht mehr bewegt werden. Die Uhrzeit im gesamten Jahreslauf wird durch diese einfache Vorrichtung freilich nur ungenau angezeigt.

Diese Sonnenuhr steht als Sinnbild für das damalige Verständnis von Natur, Zeit und Universum.

Das Kalendarium

Der Hundertjährige Kalender

An dieser Stelle ein paar Worte zum berühmten Hundertjährigen Kalender. Er findet seinen Ursprung im Kloster Langheim im Bistum Bamberg nach dem Dreißigjährigen Krieg. Dort wirkte Abt Dr. Mauritius Knauer. Er interessierte sich schon immer für die Himmelsgestirne und die Beobachtung des Wetters im Zusammenhang mit der Saat und der Ernte. Im Kloster ließ er sich ein Observatorium bauen und beobachtete genau 7 Jahre lang Wetter und Gestirne (1652–1658). Er notierte all seine Beobachtungen und deren Zusammenhänge. Nach der damaligen astrologischen Vorstellung wiederholte sich das Wetter alle 7 Jahre, denn es wurde beeinflusst durch die 7 Planeten, die jeweils 1 Jahr regierten. Saturn (2000), Jupiter (2001), Mars (2002), Sonne (2003), Venus (2004), Merkur (2005) und Mond (2006). Das Jahr 2007 wäre wieder ein Saturnjahr. Damals waren Pluto, Neptun und Uranus noch nicht entdeckt. Sonne und Mond zählten mit zu den Planeten. Knauer schrieb jedem dieser Planeten eine jahreszeitliche Witterung zu, die sich alle 7 Jahre wiederholen sollte. Zum Beispiel soll jedes Saturnjahr insgesamt kalt und feucht sein, das Mondjahr mehr feucht als trocken und mehr kalt als warm. Man braucht kein Meteorologe zu sein, um zu wissen, dass man diese Reihenfolge nicht fortsetzen kann. Das Wetter lässt sich in keinen 7-jährigen Rhythmus zwingen.

Die Menschen machen den Kalender, der Herrgott das Wetter.

Die gesamten 7-jährigen Aufzeichnungen waren für Knauers Mönche und die heimischen Bauern bestimmt. Sie beinhalteten Ratschläge für Acker, Garten und Weinberg sowie zu Krankheiten und Katastrophen. Knauer versuchte seine Erfahrungen in einem System zu ordnen, wobei er glaubte, dass sich das Wetter in gewissen Zeitabständen wiederholt. Von den 100 Jahren ist seinerseits nie die Rede gewesen. Die Abschriften und Interpretationsveränderungen seiner Beobachtungen waren nicht seine Absicht.

1701 druckte der Erfurter Arzt Hellwig einen verkürzten, vereinfachten Kalender von Knauers Wetterprognosen. Den falschen Titel »Hundertjähriger« gab ihm der Erfurter Buchhändler Weinmann 20 Jahre später. Es gab davon unzählige Jahrgänge und Auflagen, ja sogar heute erscheint er noch. Seit Generationen ist dieser Kalender für Haus, Hof, Garten, Acker und Gesundheit berühmt. Es ist uns nicht mehr bewusst, dass die 7-jährigen Beobachtungen (primär als »Beständiger Hauskalender«) als Hilfe gedacht waren. Dennoch ist der Kalender trotz falschen Systems über diesen langen Zeitraum fest in unseren Köpfen verankert, spiegelt aber nicht die tatsächliche Aussagekraft der Regeln wieder und ist daher für unsere Beobachtungen sowie auch die moderne Meteorologie unbrauchbar.

Wer jedem Hundertjährigen vertraute, hat nicht den Sternen vertraut, sondern einem Zufallsprodukt aus Druckerschwärze.

Das Kalendarium

Die Eigenarten der Monate

Singularitäten

Im Kalendarium wird man häufiger von monats- oder jahreszeittypischen Wetterlagen lesen, die im Jahreslauf recht regelmäßig und um den gleichen Zeitraum herum wiederkehren, z. B. die »Schafskälte« oder der »Altweibersommer«. Hiermit sind die so genannten Singularitäten (Besonderheiten, Einzigartigkeiten) oder Witterungsregelfälle gemeint. Im Laufe eines Jahres gibt es bestimmte Wetterlagen, die nahezu jährlich um die gleiche Zeit wiederkehren. So fällt auf, dass es z. B. zur Zeit der »Schafskälte« (Mitte Juni) tatsächlich auffallend oft zu einer deutlichen Abkühlung kommt. Diese und andere Singularitäten sind keine modernen Erkenntnisse aus langen Datenreihen, sondern schon ein alter Hut. Unseren Vorfahren fielen bei deren ganzheitlichen Natur- und Wetterbeobachtungen schon lange diese Regelmäßigkeiten auf und sie schrieben sie als Bauern- oder Wetterregeln nieder und gaben ihr Wissen über Generationen weiter. Friedrich der Große soll seine Gärtner gezwungen haben, frostgefährdete Pflanzen während der »Eisheiligen« über Nacht im Freien zu lassen. Seine ganzen Orangenbäume soll er eingebüßt haben, da ihm die »gestrengen Herren« den Glauben an die Richtigkeit der Volksmeinung über die Maifröste hätten beibringen wollen. Die seit Jahren stattfindenden Klimaveränderungen bewirken heute eine prozentual reduzierte Eintreffwahrscheinlichkeit der uns altvertrauten Singularitäten. Die in der Tabelle aufgelisteten Singularitäten zeigen trotzdem noch eine erhöhte Signifikanz und können uns bei ganzheitlichen Versuchen der Wetterprognose wertvolle Dienste leisten. Es lohnt sich auch weiterhin noch auf diese Zeiten zu achten. Sie geben uns besonders ungeübten Wetterbeobachterinnen und Beobachtern gegenüber einen Beobachtungsvorsprung und sind uns als grober Wegweiser durch das Jahreswetter sehr nützlich.

Windübersichten

Einfache Wettervorhersagen zu machen ist gar nicht so schwer. Mit der Beobachtung der Windrichtung kann man schon eine einfache Prognose über das Wetter in nächster Zeit wagen. Jeder Monat hat seine typischen Winde, und jede Windrichtungsänderung zieht eine typische Wetterlage nach sich, die je nach Jahreszeit mehrere Tage bis Wochen anhalten kann. Ob und wie oft diese Regelfälle eintreten, ist von Jahr zu Jahr verschieden. Die typischen Tendenzen sind tabellarisch bei den Monaten beschrieben. Es lohnt sich, auf den Wind zu achten.

Tierphänomene

Tiere zeigen zu den verschiedenen Jahreszeiten ganz unterschiedliche Verhaltensweisen. Unter der Überschrift »Tierphänomene« erfahren

Die wichtigsten Singularitäten des Jahres

Frühling	Sommer
25. März: Kälteeinbruch 22. April: Warmluftphase, (Mittfrühling) 25.–27. April: kühle Witterung bis Mitte Mai: Kälterückfall nach einer Warmluftzufuhr, die sogenannten Eisheiligen 3.–10. Juni: Warmluftphase (Frühsommer) 11.–20. Juni: kühle Witterung (»Schafskälte«)	Ende Juni: nach kurzer Erwärmung Abkühlung 9.–14. Juli: erste Hochsommerphase 22./23. Juli: kühlere Witterung Ende Juli/Anfang August: zweite Hochsommerphase Anfang September: warmes Wetter (Spätsommerbeginn) 10./11. September: zweite Wärmephase Mitte September: Abkühlung
Herbst	Winter
Ab Ende September: »Altweibersommer« Mitte Oktober: kühle Witterung Anfang Dezember: Kältephase Mitte Dezember: nach vorhergehender milder Witterung Kältephase	24.–28. Dezember: milde Wetterphase (»Weihnachtstauwetter«) Ende Dezember: zum Jahreswechsel Kälteeinbruch (Neujahrskälte) 7.–9. Januar: Kälteeinbruch 17.–20. Januar: Kältephase (Hochwinter) 9. Februar: Warmluftphase 16. Februar: Kaltluftphase (Spätwinter)

Das Kalendarium

Deckblatt eines regionalen paderborner Kalenders aus dem Jahre 1759. Er berichtet von lokalen Kirchengeschichten, dem Lauf der Gestirne, Finsternissen, Sonnen- und Mondschein, aber auch Kirchweihen, Prozessionen und Jahrmärkten.

Sie, wann die Brunftzeiten beginnen, wann die Zugvögel kommen und reisen, wann Frösche laichen, in welchem Monat die verschiedenen Schmetterlinge zu beobachten sind, wie die Entwicklungsstadien des Maikäfers und der Mücken sind und vieles mehr.

Lostage

Viele gut bekannte Wetterregeln und Sprüche sind in ganz Mitteleuropa gleich und haben vielfach keine nennenswerte prognostische Aussagekraft auf das Wettergeschehen wie z. B.:

Man muss die Feste feiern, wie sie fallen, und das Wetter nehmen, wie es ist. Oder: Wer's Wetter scheut, kommt niemals weit, denn weise Leute richten sich nach Wetter und Wind.

Von lokal viel größerer Bedeutung sind die Lostage. Es sind Merktage, aus deren Wetterverhältnissen man auf die Witterung der folgenden Zeit oder auf die zu erwartende Ernte schließt. Diese Regeln sind fast ausschließlich mit den Namenstagen der fast ausschließlich katholischen Heiligen verknüpft, aber kaum primär an Daten im Kalender gebunden. Das kommt daher, dass ein Großteil der damaligen Bevölkerung weder den Kalender lesen noch einen bezahlen konnte. Früher wurde das Jahr nicht nur in Tage, Wochen und Monate eingeteilt, sondern vor allen Dingen von besonderen Merk-, Fest-, und Namenstagen geprägt, z. B. Margaret (13. 9.) und Martin (11. 11.), beide Tage waren Zahltage. Auf Gertrud (17. 3.) beobachtete man die Lufttemperatur. Fror es an diesem Tag, so blieb es damals wie heute für 1–2 Wochen meistens weiterhin kalt.

Friert es am Tag von St. Gertrud, der Winter noch 2 Wochen nicht ruht.

Weitere bekannte Lostage sind Lichtmess (2. 2.), Elias (20. 7.), Gallus (10. 10.) und viele andere. Was an diesen Tagen beobachtet wurde, beeinflusste die Wettererwartungen und Handlungen der damaligen Bevölkerung. An den Lostagen war die Aussagekraft der Wetterbeobachtung

Das Kalendarium

nicht immer genau auf den Tag beschränkt, sondern ausgedehnt um die Daten der Lostage herum, an denen sich bestimmte Witterungsphasen änderten oder einstellten.

Den damaligen Menschen gelang es auf jeden Fall, ganz ohne Messinstrumente wiederkehrende Regelmäßigkeiten der Witterung durch die Lostage mit dem Kalender in Verbindung zu bringen.

Heutzutage werden die Bauernregeln meist geringschätzig wegdiskutiert. Warum eigentlich? Wenigstens einmal im Jahr ist das nicht so. Der Siebenschläfertag am 27. Juni mit seinem allseits bekannten Spruch:

»Regnet's am Siebenschläfertag, so regnet's sieben Wochen danach«,

wird von den Medien geradezu geheiligt. Die Sommerferien und damit die Haupturlaubszeit hat angefangen, und da wünscht man sich nun einmal schönes Wetter. Wie sich die Witterung am Siebenschläfertag zeigt, so wird sie im Großen und Ganzen meistens auch längere Zeit bleiben. Solche Lostagsaussagen und auch andere Singularitäten mit gleich großer Eintreffwahrscheinlichkeit gibt es viele im Wetterjahr; seltsamerweise fehlt ihnen jegliche Lobby.

Schwendtage

Neben den wichtigen Lostagen bestimmten noch die Schwendtage (von »schwinden machen«) oder verworfenen Tage das Leben unserer Vorfahren. Sie gehen auf Überlieferungen aus dem Mittelalter zurück, waren aber schon den alten Römern als »dies atri« (schwarze Tage) bekannt. An diesen 32 Unglückstagen sollte man keine neuen Arbeiten oder Reisen, keine Verträge oder neue Geschäfte beginnen. Es waren auch äußerst ungünstige Zeitpunkte für eine Verlobung oder gar Hochzeit. Begünstigende Arbeiten an Schwendtagen waren alle solche, die etwas zum Verschwinden bringen wie Ernte, Roden von Land oder Pflügen, Unkraut beseitigen, Putz- und Reinigungsarbeiten. Wer sich von einem Menschen loslösen wollte, machte dies an einem Schwendtag.

Es gibt auch den so genannten »großen Schwendtag«, ein Tag, an dem nichts unternommen werden sollte. Es ist ein Tag, an dem man darüber moralisierte, dass Jesus Christus »an einem Tage« den Tod am Kreuz auf sich nehmen musste. Ein Untag also, an dem viele Menschen in früheren Zeiten die Fenster verhingen.

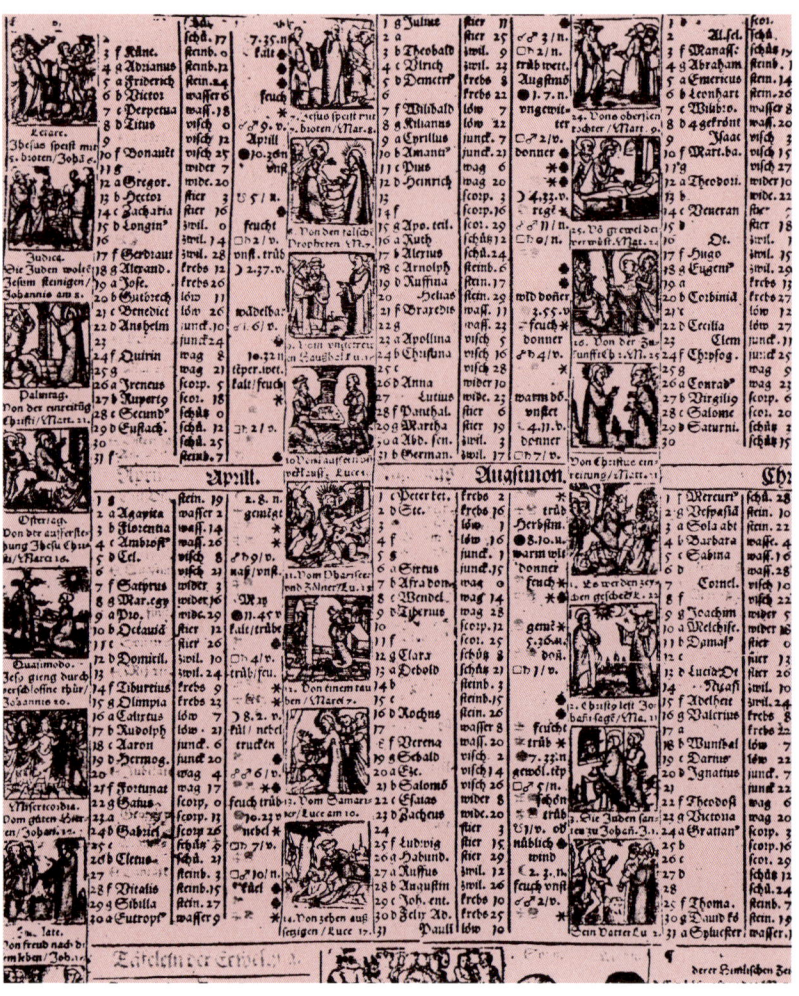

Kalenderblatt aus dem 16. Jahrhundert mit Abbildungen der wichtigsten Heiligen der Monate und den Daten der Mondphasen.

Der Januar

Seine alten Namen

Jä(e)nner (noch jetzt in Österreich); Hartung (althochdeutsch »hartimanod« = hart, was viel oder mehr bedeutet – viel Kälte, harte Winterzeit, kältester Monat, Eis und Schnee = der Kältebringer), Hartmond (Monat der härtesten Fröste), Wintarmanoth, Eismond und Schneemond, auch Tür der Jahreszeit (der Winter beginnt), Thormanoth (altgermanisch), Dreikönigsmonat, Wolfsmond (Paarungszeit der Wölfe), Dreschmonat (in der Winterzeit wurde früher das Korn gedroschen), Jahrmonat (deutet auf den Anfang des Jahres hin); lateinisch: Ianuarius (mensis).

Sein Ursprung

Benannt ist der Januar nach dem Gott Janus, Hüter und Schützer der Türen und Tore. Gott Janus hat zwei Gesichter (Januskopf), eines sieht, was drinnen, das andere, was draußen geschieht. Janus war bei den Römern der Gott allen Anfangs und Eingangs. Das junge Gesicht sieht in die Zukunft, das alte in die Vergangenheit. Seit Anerkennung durch Innozenz XII. im Jahre 1691 bezeichnet der 1. Januar offiziell den Beginn des Jahres.

Sein Sternzeichen

Das zehnte Zeichen im Tierkreis und vom Saturn (traditionell Uranus) geprägt ist der Steinbock (ca. 22. 12. bis 19./20. 1.).
Lostage: 1., 6., 10., 15., 17., 20., 21., 22., 25., 27., 31.
Schwendtage: 2., 3., 4., 18.

Der Winter ist ein böser Gast und der Januar sein Geselle.

Der alte Monatsname Hartung verrät es schon, der Januar ist in den meisten Jahren der kälteste Monat. Für unsere bäuerlichen Vorfahren war die Art des Winters von zentraler Bedeutung. Sie wünschten sich einen schneereichen und kalten Januar, der die Wintersaat vor Frost und Eis schützte. Ein fruchtbarer Sommer konnte erwartet werden. Schneereiche und noch so kalte Winter waren für die Bauern keine schlimmen Winter. Die Wärmeleitfähigkeit von Neuschnee beträgt nur etwa ein Zehntel der Leitfähigkeit des nassen Bodens. Darum sinkt die Temperatur an der Bodenoberfläche unter einer schützenden lockeren Schneedecke nur wenige Grad unter Null, selbst wenn darüber klirrender Frost herrscht. Von den ersten Wintermonaten hängt entscheidend viel fürs ganze Jahr ab; daher nehmen viele Wetter- und Bauernregeln Bezug auf diese Tatsache.

Unter dem Schnee Brot, unter dem Wasser Hunger.
Die Erde muss ein Bettuch haben, soll sie der Winterschlummer laben.
Eis und Schnee im Januar, kündet ein gesegnet Jahr.
Fehlen im Januar Schnee und Frost, gibt der März sehr wenig Trost.
Eine gute Decke von Schnee, bringt das Winterkorn in die Höh.
Januar ganz ohne Schnee, tut Bäumen, Bergen und Tälern weh.
Wenn man einen Sack mit Schnee übers Korn schleift, so wird man die Spur bis zur Ernte sehen.

Am 4. Januar kommt die Erde bei ihrer jährlichen Sonnenumkreisung der Sonne am nächsten. Unsere Nordhalbkugel ist jetzt der Sonne jedoch abgewandt (weniger Sonnenenergie), wir haben Winter. Im Januar scheint die Sonne zwar wieder ein bisschen lieblicher und länger, jedoch noch nicht wärmer. Der Effekt zunehmender Kälte trotz gleichzeitig zunehmender Sonnenscheinstunden ist nicht neu. Die Italiener sagen: *»Wächst der Tag, wächst die Kälte.«* Wir sagen: *»Wenn de Dag fangt an to längen, fangt de Winter an to strengen.«* Das ist auch gut so, denn ein nasser Winter (tagsüber vorwiegend Temperaturen über 3 °C) mit starken Nachtfrösten bedeutet das Absterben

Januar

der Wintersaat und damit einen ertragsarmen Sommer. Ein nasser Winter ist daher für den Bauern viel härter, oft genug folgte ein Hungerjahr.

Wenn im Januar der Südwind brüllt, werden die Kirchhöfe schnell gefüllt.

Wenn es zwischen Weihnachten und Hl. Drei Könige mindestens 1 Woche mild ist, so wird sich wahrscheinlich eine milde, aber niederschlagsreiche Westwetterlage durchsetzen und ein milder Hochwinter folgen. Meistens jedoch beginnt um die Jahreswende die erste große Kältewelle, die so genannte Neujahrskälte, die im langjährigen Mittel nach ein paar Tagen durch mildere atlantische Tiefausläufer bis Mitte Januar unterbrochen wird. Erreicht uns in dieser Zeit sogar Mittelmeerluft, dann sind Tagestemperaturen über 15 °C keine Seltenheit. Fällt die Pflanzenwelt auf diesen Wärmeschub herein, indem sie mit Blüten und Knospen den Frühling begrüßen will, dann wird die nächste Kältewelle mit Sicherheit Schaden anrichten. Bis zum Monatsende hat im Allgemeinen dann Väterchen Frost wieder das Sagen und das Wetter eisig im Griff. Kommt ein Hochdruckgebiet mit polaren Kaltluftvorstößen, dann sind die tiefsten Jahrestemperaturen zu erwarten. Die lange Polarnacht zeigt dann deutlich ihre Folgen, auch bei uns Menschen (zunehmende Winterdepressionen). Erst jetzt, mit ca. 4 Wochen Verzögerung, haben sich die Landmassen so sehr abgekühlt, dass trotz längerer Sonneneinstrahlung die Luft am kältesten ist.

Werden die Tage länger, wird der Winter strenger.

Im Sommer ist der Effekt umgekehrt, die Landmassen erwärmen sich langsamer. Die wärmsten Temperaturen sind nicht am 21. Juni beim Sonnenhöchststand, sondern zu den Hundstagen ab Ende Juli.

Januar muss vor Kälte knacken, wenn die Ernte soll gut sacken. Knarrt im Januar Eis und Schnee, gibt's zur Ernt' viel Korn und Klee. Januar hart und rau, nutzt dem Getreidebau.

Eisige Kälte stimuliert die Entwicklung des Wintergetreides, denn das benötigt Kältephasen für die spätere Fruchtbildung. Das Korn kommt sozusagen in »Keimstimmung« und die Briten haben Recht, wenn sie sagen: »Wenn du im Januar wachsendes Gras siehst, verschließ dein Korn im Speicher.«

Besonders im Januar und Februar lässt sich Schnee gut vorhersagen. Kommen einem die Stämme von Birken, Erlen und Büschen plötzlich heller vor, kommt Schnee. Ebenfalls lassen sich Wetterprognosen aus den Schneefällen selbst ableiten. Nächtliche, größere Schneefälle künden meist ein wesentlich milderes, meistens Tauwetter an.

Ob sich in den nächsten Tagen Frost und Schnee einstellen, sagen Vögel, Bäume und Sterne voraus. Sind in der kommenden Nacht oder am folgenden Morgen harter Frost oder Schnee zu erwarten, so finden sich noch vor Sonnenuntergang besonders viele Vögel, zumeist Meisen und andere Insektenfresser, beim Futterhäuschen ein. Wenn nämlich nach relativ warmen Tagesstunden die

Januar

Bedeutung der Winde im Januar

Nord/Nordwest	Ost/Nordost	Süd/Südost	West/Südwest
Tiefdruckgebiet mit häufigen nass-kalten Niederschlägen um 0 bis 5 °C mit nur wenig oder kaum Sonnenschein. Größere, auch dauerhafte Neuschneemengen sind erst ab oberhalb 500 m (N) und 800 m (NN) zu erwarten.	Tiefdruckgebiet; Anfangs bis in die Niederungen Schnee; zunehmender Sonnenschein mit eisigen, trockenen, z. T. auffrischenden Winden, Dauerfrost bis –10 °C. Nachts empfindlich kalt, über geschlossener Schneedecke bis –25 °C. Wetterlage kann längere Zeit anhalten.	Die zu erwartende Hochdrucklage bringt dunstige, hochnebelige Bewölkung. In den Niederungen 1 bis –5 °C ohne Sonne, in Hochlagen ab 600–1000 m klares, mild-sonniges Wetter bei 0 bis unter 8 °C.	Häufiger Wechsel zwischen Sonne und Niederschlägen bei milden Temperaturen von 5 bis 13 °C mit Neigung zu stärkeren Winden, besonders in der Mitte Deutschlands. Häufig ziehen Tiefdruckausläufer durch. Zunehmend im Süden und Alpenraum kann es sonnigere Abschnitte bis 15 °C geben.

Temperaturen fallen, so legt sich die Feuchtigkeit als Eisschicht auf die Rinde der Büsche und Bäume, in deren Ritzen und Nischen sich Insekten versteckt halten. Diese Nahrung der Insektenfresser ist somit nicht mehr zu erreichen.

Auch Waldtiere kommen in die Nähe von Dörfern und Städten, wenn sich die Kälte verstärkt, in der Hoffnung, an geschützten Ecken, Stallungen oder Häusern Nahrung zu finden.

Kommen die Krähen im Winter in die Nähe der menschlichen Wohnungen und fliegen die Rotkehlchen und Blaumeisen in die Häuser, so erwartet man starken Schneefall.
Kommen Hasen und Ammern in die Gärten, will der Winter sich verhärten.
Je näher die Hasen dem Dorfe zu rücken, desto ärger sind des Januars Tücken.
Im Januar sieht man lieber den Wolf als den Bauern ohne Jacke, denn Tanzen im Januar die Mücken, muss der Bauer nach Futter gucken.

Wenn sich im Hartung die Katz' in der Sonne streckt, sie im Hornung sich hinterm Ofen versteckt.
Maulwurfshügel im Januar, Winterwetter bis weit ins Frühjahr.

Sonniges, »warmes« Wetter für Wochenendausflüge ist im Januar selten. Bodennahe Luftschichten sind bei der jetzigen schwachen Sonnenkraft unter Hochdruckeinfluss kalt, weil keine oder nur schwache Windbewegungen herrschen. Erst wenn Wind die kalten Luftschichten durchmischt, kann es milder werden, und das geschieht zu dieser Jahreszeit nur bei wechselhafter Witterung. Bei klarem, verschneitem Januarwetter treibt es deshalb viele Spaziergänger durch die wohltuende Stille der Winter-landschaft. Schon der kleinste Windhauch lässt schneidende Kälte verspüren und man kann froh sein, wenn die Wanderung durch einen Wald führt. Die ausgleichende schützende Wirkung des Waldes ist schon viele Meter vor einem Waldsaum spürbar.

Durch lange Beobachtungen unserer bäuerlichen Vorfahren und auch durch jüngere meteorologische Erkenntnisse weiß man, dass ein milder Januar oder ein milder Winter einen schleppenden Frühling bringen kann mit vielen »Aprilwettern«. Der Boden kühlt zweifach ab. Einmal durch Fröste, zum anderen vom Regen, der den Boden nass und kalt macht. Der Frühling kommt dann sehr langsam und zögernd in Gang und lässt einen strengen und längeren Nachwinter befürchten. In früheren Zeiten eine schreckliche Vorstellung.

Gelinder Januar bringt spätes Frühjahr.
Kommt der Frost im Januar nicht, zeigt im Lenz er sein Gesicht.
So viele Tropfen im Januar, so viel Schnee im Mai.
Ist der Januar sehr nass, bleibt leer des Winzers Fass.
Stehen im Januar Nebel gar, wird das Frühjahr nass, fürwahr, wenn sie aber steigen, wird sich ein schönes Frühjahr zeigen.

Januar

Monatsmittelwerte im Januar

Region	Höchsttemperatur in °C	Tiefsttemperatur in °C	Durchschnittstemperatur in °C	Niederschlagsmenge in mm	Niederschlagstage	Sonnenscheindauer in Stunden
Niederösterreich	0,9	–3,8	–1,45	39	15	1,8
Österreichische Alpen	1,1	–6,5	–2,7	57	13	2,4
Schweizer Alpen	6,0	–1,7	2,15	62	6	3,8
Schweizer Aargau	2,4	–3,1	–0,35	74	12	1,5
Deutsche Alpen	0,6	–5,0	–2,2	57	12	3,0
Bodensee	1,7	–4,6	–1,45	63	16	1,6
München	1,6	–5,1	–1,75	53	11	2,0
Schwarzwald	0,8	–4,6	–1,9	173	19	1,9
Bayrischer Wald	–3,3	–7,2	–5,25	112	20	1,1
Erzgebirge	4,1	–16,1	–6	72	16	1,3
Thüringer Wald	5,2	–14,1	–4,45	89	18	1,3
Harz	–0,3	–5,2	–2,75	130	21	1,6
Frankfurt am Main	3,1	–2,1	0,5	44	10	1,3
Eifel	0,7	–3,3	–1,3	72	15	1,3
Köln	4,5	–1,3	1,6	62	13	1,5
Lüneburger Heide	2,3	–3,1	–0,4	63	19	1,5
Berlin	2,0	–2,7	–0,35	43	10	1,5
Mecklenburgische Seenplatte	6,8	–13,2	–3,2	42	16	1,4
Hamburg	2,7	–2,2	0,25	61	12	1,4
Deutsche Bucht	3,6	0,5	2,05	54	11	1,6
Ostseeküste	2,2	–0,6	0,8	50	18	1,0

Januar

In klaren Nächten zeigt sich der Sternenhimmel besonders eindrucksvoll, der insbesondere hoch über unseren Köpfen vom Sternbild Orion beherrscht wird. Von seinen Gürtelsternen ist vor allem der blauweiße Sirius auffallend und in manchen Jahren bemerkt man sogar den roten Mars.

Wetterrekorde im Januar
Höchster Luftdruck, der je im Jahr gemessen wurde: 1057,8 hPa am 23.01.1907 in Berlin-Dahlem
Wärmster Tag: +19,1 °C am 11.01.1998 in Schönberg/Kr. Calw
Kältester Tag: −29,1 °C am 07.01.2009 in Oderwitz (Sachsen)
Kälteste Nacht: −30,5 °C am 22.01.1942 in Freising
Der wärmste Januar der letzten 1000 Jahre war im Jahre 1180 und der wärmste der letzten 250 Jahre war 2007 mit 4,7 °C
Der kälteste Januar, sogar in ganz Europa, war im Jahre 1709; damals fror sogar die Adria zu
Größter Sturmschaden im Forst: Orkantief Kyrill am 18./19.01.2007
Wärmster Winter in Deutschland: 4,4 °C (4,2 °C über Mittel) im Jahre 2006/2007

Tierphänomene im Januar
Fuchs: Ranz- und Rollzeit.
Krähe: Tummeln sich in großen Schwärmen auf besonderen Schlafbäumen.
Hase: Rammelzeit Januar bis August; der Höhepunkt ist April/Mai. Klagelaute des Hasen: quäkendes Schreien. Klagelaute vom Kaninchen: heller pfeifender Ton.

der Uhu ist ein typischer Wintersänger. Sein Ruf ist besonders in der Nacht kilometerweit zu hören.

Die Rammelzeit des Hasen beginnt schon im Januar.

Vögel: Der hormongesteuerte Gesang unserer männlichen Singvögel wie Kohlmeise und Amsel ertönt schon gegen Ende des Monats. Die Vögel reagieren auf die länger werdenden Tage mit ihrem zögernd anfangenden Gesang, als wollten sie noch proben. Der Uhu gilt als typischer Wintersänger. Sein Ruf dient der Paarfindung und ist in stillen Nächten kilometerweit zu hören. Auch der Waldkauz schließt sich dem Ruf des Uhus an.
Huhn: Natürlich gehaltene Hühner beenden ihre Mauser und beginnen danach wieder mit dem Eierlegen.
Zaun- oder Schneekönig: Der Schneekönig ist ein Vogel, der während des Winters in Deutschland bleibt und

Januar

auch in der kalten und dunklen Jahreszeit mit seinem Gesang uns fröhlich stimmt. Daher stammt auch die Redewendung »sich freuen wie ein Schneekönig«.

Wintergäste: aus nordischen Landstrichen sind z. B. skandinavische Bergfinken, die in manchen, meist besonders kalten Jahren in Massen zu uns kommen. In den Städten fallen jetzt in Parks, Siedlungen, auf offenen Flächen und Abfallsammelstellen die Saatkrähen auf. Sie kommen in großen Familienverbänden aus dem kälteren Osteuropa zu uns. In den wärmeren Monaten ist die Saatkrähe hier eher selten.

Nur im Januar und Februar können wir mit etwas Glück Bergfink, Schellente, Rotdrossel, Raufußbussard und die Seidenschwänze beobachten. Der exotisch anmutende Seidenschwanz ist ein Besucher aus der Taiga. In manchen Jahren, wenn es in der Taiga gute Futterjahre gab, kann es bei uns gen Süden zu einer regelrechten Masseninvasion kommen. Die zutraulichen Vögel sitzen oft in Schwärmen in unseren Gärten (oft mit Staren verwechselt).

Fische im Winter: Größere Teiche und Seen frieren bei uns niemals ganz zu. Die Eisschicht wird, eine Mindesttiefe von über 1 m vorausgesetzt, kaum dicker als 30 cm. Ein Glück für die Fische, denn die würden ein Einfrieren nicht überleben. Im Winter halten sie sich auf dem Grund der Seen auf, denn dort wird das Wasser niemals kälter als 4 °C. Bei dieser Temperatur hat Wasser die größte Dichte und sinkt deshalb nach unten (»Wasseranomalie«). Die Fische halten in diesen Tiefen ihre Winterruhe. Ihr Herz schlägt nur sehr langsam, sie atmen weniger und verbrauchen so wenig Sauerstoff. Gefressen wird jetzt auch nicht mehr, zumindest in natürlicher Umgebung. Werden sie aber von Menschen gefüttert, fressen sie, obwohl sie gar nicht verdauen können. Die Folgen sind Leberzirrhose und Darmentzündung. Das kann tödlich enden. Also Finger weg vom Fischfutter. Auch das Schlittschuhlaufen kann den Fischen schaden. Denn der Druck auf das Wasser löst bei ihnen automatisch eine Fluchtreaktion aus. Hochgeschreckt aus der Winterruhe, verbrauchen sie viel zu viel Energie, um gesund ins Frühjahr zu kommen. Deshalb: In Naturschutzgebieten und auf Weihern für die Fischzucht – runter vom Eis. Auch wenn es schwer fallen sollte.

Wolf: Seine Ranzzeit beginnt ab Ende Dezember und dauert bis Mitte Februar. Früher wurden die Wölfe wohl auch meist zu dieser Zeit gejagt. In Polen leben heute noch fast 1000 Wölfe. Immer wieder stoßen einige Tiere bis nach Deutschland, z. B. in die Mark Brandenburg vor.

Sonstiges: Jetzt lassen die kahlen Bäume und Sträucher einen Blick in ihre Tiefe zu. Die sonst verborgenen Vogelnester sind jetzt gut zu erkennen. Wer gut beobachtet, findet sogar im dichten Buschwerk die kugeligen Gebilde der Haselmaus, die man tunlichst in Ruhe lassen sollte.

1. Januar
Lostag; Neujahr

Wenn's um Neujahr Regen gibt, oft um Ostern Schnee noch liegt.
Wenn an Neujahr die Sonne lacht, gibt's viel Fisch in Fluss und Bach.

Witterungstendenz:
Vom 1.–4. Januar Schnee und Kälte, die so genannte Neujahreskälte.

---

2. Januar
Wichtiger Los- und Schwendtag

Meteorologisch treffen die folgenden Lostagsregeln auf den 12. 1. zu.

Wie's Wetter an Makarinstag war, so wird der September, trüb oder klar.
Markarius das Wetter prophezeit, für die ganze Erntezeit.

Januar

Witterungstendenz:
Vom 5. bis 14. meist trübes und mildes Wetter mit Regen oder Schnee. Dann oft frostfrei.

6. Januar
Wichtiger Lostag;
Hl. Drei Könige; Epiphaniafest

Ist Dreikönig hell und klar, gibt's viel Wein (Obst) in diesem Jahr.
Die Heiligen Drei Könige kommen oder gehen im Wasser.
Heilige Drei König sonnig und still, der Winter vor Ostern nicht weichen will.

Wetterprognose:
Wetterstatistiken zeigen, dass ein wahrscheinlich milder Hochwinter folgt, wenn die Witterung zwischen dem 24. 12. und 6. 1. an mindestens 7 Tagen mild war. Der Rest des Monats wird zu 70% wärmer als normal und der meist kalte Februar zu 60%.
Wenn bis Dreikönigstag kein Winter ist, kommt keiner mehr, nach dieser Frist.
Ist es von Weihnachten bis Hl. Drei Könige zu kalt bei geschlossener Schneedecke, ist ein insgesamt zu kalter Januar zu erwarten (80%).

4. Januar
Lostag

Pauli klar, ein gutes Jahr; Pauli Regen, schlechter Segen.

Witterungsprognose:
Ist es zwischen dem 14. und 20. Januar sehr sonnig, dann kommt es in fast 7 von 10 Jahren zu einem sonnigen September.

15. Januar
Lostag

Spielt die Muck um Habakuk, der Bauer nach dem Futter guckt.
Ist der Paulustag gelinde, folgen im Frühjahr raue Winde.

Witterungstendenz:
In 8 von 10 Jahren ist vom 14.–25. überwiegend trockenes, frostiges Hochdruckwetter (Hochwinter). Oft mit Schnee in den höheren Lagen und Nebel in den Niederungen. Meist tiefste Temperaturen des Jahres über geschlossener Schneedecke.

Historische Wetterbeobachtung Anfang 1900:
Ist der Januar kalt mit anhaltendem Frost (Eis und Schnee), besonders gegen Mitte des Monats, so kann es ab der letzten Januarwoche milder werden mit Tauwetter. Kündigt sich dieses Tauwetter mit einem Schneesturm an, so ist es selten von Dauer, vielmehr tritt dann nach wenigen Tagen wieder Frost ein.

17. Januar
Lostag

Große Kält' am Antoniustag, große Hitze am Lorenzitag [10. 8.], doch keine lange dauern mag.
St. Antonius bringt oder zerbricht Eis.
St. Antonius mit dem weißen Bart, wenn er nicht regnet, er doch mit dem Schnee nicht spart.

Witterungsprognose:
Ist um den 17. Januar (14.–20.) die Sonnenscheindauer übernormal hoch, so kommt es in 7 von 10 Jahren zu einem trockenen Jahr.
Wenn Antoni die Luft ist klar, gibt es ein recht trocknes Jahr.

20. Januar
Lostag

Heute werden Weidenpfeifchen geschnitzt. In vielen Gegenden wurde kein Holz mehr geschlagen, da ab dem

Januar

heutigen Lostag der Saft in den Bäumen wieder fließt. Ab jetzt soll kein Brennholz mehr geschlagen werden.

An Fabian und Sebastian fangen die Bäum' zu saften an.
An Fabian und Sebastian fängt der rechte Winter an.

21. Januar
Lostag

Wenn Agnes und Winzenzi kommen, wird neuer Saft im Baum vernommen.

22. Januar
Lostag

Watet Vinzenz im Schnee, gibt's viel Heu und Klee.
Vinzenz Sonnenschein bringt viel Obst und Wein, bringt er aber Wasserflut, ist's für beides nicht gut.

Historische Wetterbeobachtung Anfang 1900:
Waren die ersten 3 Januarwochen mild und regenarm (Volksmund »Schlack-Winter«), so kommt es häufig um den 24. zu Schneefall und Frostwetter, jedoch selten länger andauernd. Waren die ersten Januarwochen mild und regenreich, so ist es um den 24. am nassesten (Volksmund »Grüner Winter«). Diese Erscheinung kündigt sich oft durch einen milden November und durch kurzen, mäßigen Frost zwischen Weihnachten und Hl. Drei Königen an.

25. Januar
Wichtiger Lostag; Pauli-Tag

Um den Kalender kümmere ich mich nicht, ist nur St. Paulus dunkel nicht.
An Pauli Bekehr, der halbe Winter hin, der halbe her.

Witterungsprognose:
Herrscht um den 25. Januar sonniges Wetter, so folgt mit hoher Wahrscheinlichkeit ein sonniges Frühjahr. Bei bedecktem Wetter wird das Frühjahr in 3 von 5 Jahren weniger sonnig.

Ist zu Pauli Bekehr das Wetter schön, wird man ein gutes Frühjahr sehn – ist's aber schlecht, dann kommt's als fauler Knecht.

26. Januar
Lostag

Timotheus bricht das Eis, hat er keins, so macht er eins.

Witterungstendenz:
Vom 26.–31. meist milde Witterung und Niederschläge. Kälte, Nebel und Smog verschwinden; Tauwetter.

27. Januar
Lostag

Das Eis zerbricht St. Julian, wo nicht, da drückt er's fester an.

Witterungsprognose:
Ist zwischen dem 30. Januar und 1. Februar kein oder nur ein Tag Frost, so sind im März mit hoher Wahrscheinlichkeit nur unterdurchschnittliche Frosttage zu erwarten.

31. Januar
Lostag

Was Januar an Schnee gefehlt, oft der weiße März erzählt.

Witterungsprognosen:
Einem sehr kalten Januar folgt häufig ein sehr kalter Februar und umgekehrt bei zu milder Witterung.
Auf trocknen, kalten Januar folgt viel Schnee im Februar. Waren im Januar übernormal viele Nebel, so wird das Frühjahr oft zu feucht.
Nebel im Januar, bringt ein nass' Frühjahr.
Herrschte im Januar unternormale Bewölkung und waren überdurchschnittlich viele Tage mit einer Schneedecke, so kommt es in 6 von 10 Jahren zu einem insgesamt (zu) warmen Sommer.
Ist der Januar hell und weiß, kommt der Frühling ohne Eis, wird der Sommer sicher heiß.
In fast 7 von 10 Jahren hat der März mehr Frosttage als normal, wenn es Ende Januar zu kalt ist.
Friert es auf Virgilius [31.1.], im Märzen Kälte kommen muss.

Der Februar

Seine alten Namen

Hornung (althochdeutsch »hornung«), wahrscheinlich abgeleitet von »horen« = paaren, aber auch Schutzmonat; das Vieh hörnt sich, Hirsche werfen ihr Geweih ab. Im altfriesischen »horning« und im altenglischem »hormungsunu« (= Bastard – in Anlehnung auf die verkürzte Anzahl von Tagen); Feber, Lichtmessmonat, Narrenmond, Schmelzmond, Taumond oder Thaumonat, Goyemamoth (altgermanisch); lateinisch: Februarius (mensis).

Sein Ursprung

Der Name Februar leitet sich von lateinisch »februare« ab, einem Wort, das die Römer von den Sabinern übernahmen und »reinigen« bedeutet. Im altrömischen Kalender war der Februar der 12. Monat im Jahr, also der letzte. Aus diesem Grunde auch die kürzere Dauer. Begonnen wurde das Jahr mit dem Frühling, deshalb war der Februar der Monat der Sühne, Besinnung, Läuterung und Reinigung (»februare«). Die Natur, die bald neu erwachen wird, braucht zuvor eine Ruhe- und Kräftigungszeit. Der Februar war dem altitalienischen Sühnegott geweiht. In der zweiten Monatshälfte fanden die Reinigungs- und Sühneopfer statt, die für die Lebenden und Toten abgehalten wurden. Der römische Kaiser Augustus (63 v.–14 n. Chr.), der seinen Namen im Monat August verewigt hatte, entzog dem Februar einen Tag, um ihn an »seinen« Monat anzuhängen. Er wollte mit Cäsar (Juli = 31 Tage) gleichwertig sein.

Sein Sternzeichen

Das elfte Zeichen im Tierkreis und vom Uranus (traditionell Saturn) geprägt ist der Wassermann, vom ca. 20./21.01. bis 19.02.
Lostage: 2., 5., 9., 12., 14., 18., 24., 28.
Schwendtage: 1., 3., 6., 8., 16.

Im Februar warten Bauer und Gärtner schon auf das Erwachen der Natur. Die Knospen der Bäume und Sträucher schwellen. Kommt der Frühling wegen milder Witterung zu früh und beendet den Winterschlaf der Natur, kann das später zu schweren Frostschäden führen. Beobachtungen über Hunderte von Jahren sagen dem Bauern, dass ein Vorfrühling im Februar auf einen langen Nachwinter schließen lässt.

Februar warm, Frühling kalt.
Alle Monate im Jahr verwünschen den schönen Februar.
Lässt der Februar Wasser fallen, lässt es der Lenz gefrieren.
Im Februar zu viel Sonne am Baum, lässt dem Obst keinen Raum.
Wenn's im Februar nicht schneit, schneit es in der Osterzeit.

Auch Tiere sind in diese Beobachtungen mit integriert.

Spielen die Mücken um Februar, frieren Schafe und Bienen das ganze Jahr.
Wenn die Mücken im Februar geigen, müssen sie im Märze schweigen.
Liegt im Februar die Katz im Freien, wird sie im März vor Kälte schreien.

Der Februar darf nicht schön sein, nicht sanft und nicht mild. Wünschenswert ist die »Saukälte«, um alles in Schach zu halten. Der niedrige Sonnenstand ist die Hauptursache der Kälte. Ein weiterer wichtiger Faktor ist der Wärmeaustausch zwischen den riesigen Flächen des Polareises und dem Süden. Dieses System lässt überschüssige Kaltluft nach Süden strömen und zum Ausgleich fließt warme Luft nach Norden. Insbesondere um die Mitte des Monats sind noch einmal tiefe Temperaturen bei nordöstlichen Wetterlagen zu erwarten und kalte kontinentale Festlandsluft (Nordeuropa, Sibirien) dominiert. In den Ursprungsgebieten solcher Hochdruckzonen ist es so klirrend kalt, dass nicht nur das Land von einer hohen Schneedecke eingehüllt ist, sondern auch alle Gewässer zu-

Februar

Bedeutung der Winde im Februar

Nord/Nordwest	Ost/Nordost	Süd/Südost	West/Südwest
Wechselhaftes Tiefdruckgebiet mit häufigen nasskalten Niederschlägen (Schnee, Schneeregen, an der Küste Regen) um 0 bis 8 °C, mit nur wenig Sonne. Im Flachland kaum, in Höhenlagen ab ca. 700 m bis 900 m dauerhafte, z. T. größere Schneemengen bei dauerhafter Schneedecke.	Anfangs bis in die Niederungen Schnee; zunehmender Sonnenschein mit eisigen, trockenen, z. T. auffrischenden Winden, Dauerfrost –3 bis –10 °C. Nachts empfindlich kalt, über geschlossener Schneedecke bis –25 °C. Wetterlage kann längere Zeit anhalten.	In Niederungen oft trübes Nebel- bis Hochnebelwetter mit –3 bis –2 °C zum Monatsanfang und 1–8 °C zum Ende. Ab Mittag etwas mehr Sonne. Nachts im Osten, Süden und Alpenraum sowie über Schnee bis –10 °C. In Höhenlagen ab 1000 m sonnig bis 9 °C.	Häufiger Wechsel zwischen Sonne und Niederschlägen bei milden Temperaturen von 6 bis 14 °C; Neigung zu stärkeren Winden, besonders in der Mitte Deutschlands. Zunehmend im Süden und Alpenraum kann es sonnigere Abschnitte bis über 15 °C geben.

gefroren sind und somit den Wasservögeln die Nahrung fehlt. Bevor die Kälte zu uns kommt, treffen die Kälteflüchtlinge futtersuchend bei uns ein. Das ist erwiesenermaßen Zeichen einer spätwinterlichen Kältewelle.

Wenn fremde Wasservögel nah'n,
deutet das große Kälte an.
Kommen des Nordens Vögel an,
so folgt die starke Kälte dann.

Je nachdem, wie sich die Tiefdruckgebiete aufbauen und ziehen, kann es bei uns aber auch mild werden, was aber nicht bedeutet, dass es schon frühlingshaft ist. Kommen milde Luftströmungen aus Südwest bis West, dann ist zu dieser Zeit oft Sturm zu erwarten. Meistens sind es abgeschwächte Ausläufer von Hurrikans, die bei uns die stärksten Stürme des Jahres verursachen, mit Sturmflutgefahr an der Küste.
Trotz der möglichen Tiefsttemperaturen ist der Februar in 7 von 10 Jahren milder als der Januar, aber schneereicher. Daher kann der Februar zum Januar sagen:

Hätt ich das Recht wie du, ließ ich
verfrieren das Kalb in der Kuh, und
hätte der Februar Januars Gewalt,
ließ er erfrieren Jung und Alt.
Der Februar soll anfangen wie ein
Bär und ausgehen wie ein Schmeer
[Schmutz].

Diese 3 Regeln sind ein deutlicher Hinweis auf die schwindende Kraft des Winters. Aber Vorsicht vor zu früher Milde, denn *»Der Winter scheidet nicht, ohne noch einmal zurückzugucken!«*
Jetzt werden Kälterekorde gemessen. Im sibirischen Eiskeller maß man minus 67,8 °C. Ab minus 44 °C gibt es dort schulfrei und die Milch wird in Stücken verkauft. Der absolute Kälterekord auf der Erde wurde in der russischen Antarktisstation gemessen mit minus 91,5 °C. In windstillen, meist klaren Nächten, können die Temperaturen auch bei uns auf minus 25–30 °C sinken, besonders bei geschlossener Schneedecke und wenn Nord- und Ostsee zugefroren sind. Ab und zu, bei Temperaturen unter minus 10 °C, kann man sogar bei wolkenlosem Himmel kleinste Schneeflocken sehr langsam vom Himmel fallen sehen. Ein Beweis dafür, dass kalte Luft nur sehr wenig Feuchtigkeit hält.

Der Februar muss seine Pflicht tun.
Der Februar muss stürmen und
blasen, soll das Vieh im Mai schon
grasen.
Heftige Nordwinde im Februar,
vermelden ein gar fruchtbar Jahr.
Wenn der Nordwind im Hornung
aber nicht will, dann kommt er
sicher im April.
Kalter Februar, ein gutes Roggenjahr.
Ist der Februar trocken und kalt,
kommt im Frühjahr Hitze bald.

Gegen Ende des Monats mehren sich die Anzeichen dafür, dass der Winter langsam zu seinem Ende kommt. 2 1/2 Stunden länger als zu Beginn des Jahres sind die Tage geworden. Die Sonne scheint kräftiger und die Strahlung fällt steiler ein. Das Licht lässt uns wieder tatendurstiger den Naturbeobachtungen nachgehen. Die zunehmende Tageslänge und Wärme sind für viele Tiere und Pflanzen wichtige Faktoren, mit deren Hilfe

Februar

Monatsmittelwerte im Februar

Region	Höchsttemperatur in °C	Tiefsttemperatur in °C	Durchschnittstemperatur in °C	Niederschlagsmenge in mm	Niederschlagstage	Sonnenscheindauer in Stunden
Niederösterreich	3,2	−2,5	0,35	44	14	3,0
Österreichische Alpen	4,2	−4,5	−0,15	52	13	3,8
Schweizer Alpen	8,7	−0,7	4,0	67	6	5,1
Schweizer Aargau	5,0	−2,3	1,35	70	10	2,8
Deutsche Alpen	1,7	−4,4	−1,35	40	10	3,6
Bodensee	3,7	−4,3	−0,3	56	15	2,5
München	3,6	−4,0	−0,2	52	10	3,0
Schwarzwald	2,0	−4,3	−1,15	167	17	2,8
Bayrischer Wald	−0,6	−6,1	−3,35	89	17	2,1
Erzgebirge	5,2	−14,1	−4,45	68	14	2,0
Thüringer Wald	6,1	−13,2	−3,55	91	20	2,2
Harz	2,5	−4,9	−1,2	118	18	2,9
Frankfurt am Main	5,2	−1,6	1,8	40	8	2,7
Eifel	1,8	−3,0	−0,6	60	12	2,8
Köln	6,2	−1,2	2,5	48	10	2,8
Lüneburger Heide	3,4	−3,0	0,2	53	16	2,5
Berlin	3,6	−2,1	0,75	34	8	2,6
Mecklenburgische Seenplatte	9,0	−12,5	−1,75	31	13	2,3
Hamburg	3,8	−1,8	1,0	41	9	2,4
Deutsche Bucht	3,0	0,1	1,55	43	10	2,4
Ostseeküste	1,1	−2,8	−0,85	31	16	2,3

Februar

sie je nach Jahreszeit entsprechend das Richtige tun. Die ersten Frühheimkehrer (Kurzzieher) kommen zurück. Dies sind z. B. Sing- und Misteldrossel, Feldlerche, Kiebitz und der Star. Auch Hasen, Marder und Eichhörnchen sind aktiv bei steigenden Temperaturen. Die ersten Kraniche ziehen wieder übers Land. An den ersten blühenden Weidenkätzchen laben sich zur warmen Mittagszeit wieder die erwachenden Bienen. Bauernregeln sagen zu diesen Ereignissen:

Hüpfen Eichhörnchen und Finken, sieht man schon den Frühling winken.
Wenn im Februar die Lerchen singen, wird's uns Frost und Kälte bringen.
Im Februar muss die Lerch auf die Heid, mag es ihr lieb sein oder leid.
Im Februar hält der Marder beim Bauern Hochzeit.

Wetterrekorde im Februar

Wärmste Tagestemperatur:
22,5 °C am 26.02.1900 in Münster
Kälteste Tagestemperatur:
−22 °C am 10.02.1956 in Garmisch-Partenkirchen
Nächtliche Tiefsttemperatur:
37,8 °C am 12.02.1929 in Hüll/Niederbayern
Bodensee zugefroren:
am 15.02.1695 und 1963
Niedrigster Luftdruck: 949,5 hPa
am 26.02.1989 in Osnabrück

Tierphänomene im Februar

Dachs: Beginnt mit seiner von Februar bis Oktober dauernden Ranzzeit.
Steinmarder: Haben jetzt die erste Paarungszeit.
Biene und Hummel: Ab Ende des Monats, wenn es mild ist, kommen die ersten Bienen und Hummeln, um frühen Blütenpollen (zumeist an der Weide) zu sammeln. Kaum jemand denkt daran, dass man jetzt nicht nur dem Igel, sondern auch der Hummel helfen kann. Oft genug finden wir sie an kalten, wolkenbedeckten Morgenden wehrlos mit langsamen Bewegungen. Ursache ist eine Unterkühlung der Muskeln, wobei die Flugmuskeln eine Abhebtemperatur von 34 °C benötigen. Wenn die Sonne nicht scheint, kann der behaarte Brummer nicht die Wärme auftanken, die er benötigt. Zeigen wir uns hilfsbereit, und gönnen dem Insekt Honigwasser oder Traubensaft. Wenn die Hummel die Lösung aufnimmt, setzt sie den Traubenzucker im kleinen Körper schnell in Wärmeenergie um und kann nach Hause fliegen.
Ameisen und Mücken: Bei milder Witterung hält es sie nicht mehr in ihren geschützten Verstecken. Die Ameisen fangen an zu arbeiten und suchen nach neuen Nahrungsgebieten. Zur gleichen Zeit kann man im Schutz der Hecken die langbeinigen, 6–7 mm großen Wintermücken tanzen sehen. Die Schwärme sind reine Junggesellenkolonien, die durch die Tanz-Zeremonie Weibchen anlocken wollen. Doch Vorsicht, der Zaunkönig steht auf winzige Leckerbissen.
Schmetterlinge: Der Zitronenfalter ist neben dem Kleinen Fuchs und dem Tagpfauenauge einer der ersten Schmetterlinge, die aus ihrer Winterstarre zwischen Februar und März wieder erwachen; ab August/September begibt sich dann eine neue Generation Zitronenfalter wieder in die Winterruhe. Andere Schmetterlinge, z. B. der Apollofalter, überwintern als Eier, wieder andere als Raupe, etwa der Kardinal. Der Schwalbenschwanz wird im Frühjahr aus einer überwinternden Puppe schlüpfen.
Krötenwanderung: Sie beginnt Ende Februar bis Mitte März, wenn die Nachttemperaturen nicht weiter absinken (5–6 °C). Wenn es morgens dann noch neblig ist oder Sprühregen fällt, dann kommen Erd- und Geburtshelferkröten, der Grasfrosch sowie der Bergmolch in großen Stückzahlen zu ihren Laichgewässern. Sie suchen den Teich oder See auf, in dem sie selbst das Licht der Welt erblickt haben und wo sie dann selbst für neuen Nachwuchs sorgen werden. Die Kröten bleiben nur ein paar Tage im Laichgewässer, um danach wieder zu verschwinden. Da unsere Amphibien vorwiegend in der Nacht aktiv sind, ist jetzt zur Paarungszeit der beste Beobachtungszeitraum. Sie sind mit ihrem Liebesleben so beschäftigt, dass sie auch tagsüber herumlaufen – und das in Scharen.

Der alte Monatsname Hornung deutet es an, jetzt ist die Zeit des Geweihabwurfs (hier jeweils 1 Stange von Acht-, Zehn- und Zwölfender).

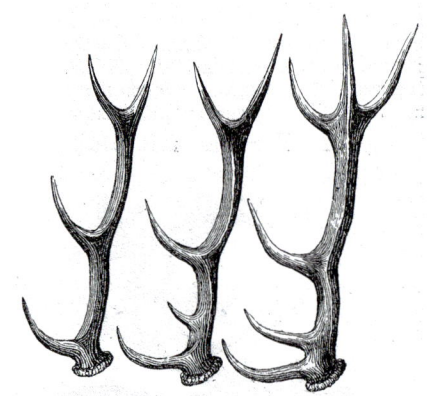

Februar

Der Kiebitz gehört zu den ersten Heimkehrern aus dem Süden.

<u>Igel:</u> Der mit 6000–8000 Stacheln besetzte Igel ist an warmen Tagen Ende Februar, Anfang März abgemagert und futtersuchend zu sehen. Er bedarf dann unserer Hilfe mit Igelfutter (Zoogeschäft) und warmem Wasser (niemals Milch!).
<u>Hirschgeweih:</u> Ab Februar, bis kurz vor Frühlingsanfang kann man bei Waldspaziergängen mit etwas Glück das abgeworfene Geweih eines Rothirsches finden. Es kann bis 10 kg wiegen. Übrigens – das Geweih wächst jedes Jahr komplett neu nach und wird Jahr für Jahr immer größer! In der Zeit des Geweihwachstums ist es mit einer Haut (Bast) überzogen. Ist es dann ausgewachsen, schabt der Rothirsch diese Haut ab. Das sieht sehr blutig aus, tut dem Tier aber nicht weh, da die Haut bereits abgestorben ist. In der Zeit des Geweihwuchses bleiben ältere Hirsche unter sich, während die jüngeren »Spießer« im weiblichen Rudel zu finden sind.
<u>Vogelgesang:</u> Er wird jetzt immer kräftiger. Bei den meisten Arten ist der Gesang nicht wie das Fliegen angeboren, sondern die Jungvögel müssen bei den älteren Tieren in die Lehre gehen. Aus anfangs leisen Flötenstrophen entwickelt sich nach und nach ihr arttypischer, kunstvoller Gesang (schön zu beobachten).
<u>Kurzzieher:</u> Kiebitz, Feldlerche, Star, Sing- und Misteldrossel sind die ersten Heimkehrer aus milderen Regionen Südeuropas. Sie reagieren damit weniger auf die Witterung, sondern mehr auf die zunehmende Tageslänge.

1. Februar
Schwendtag; nach heidnischem Kalender der 1. Tag des Frühlings

So lange die Lerche vor Lichtmess singt, so lange sie nachher weder singt noch schwingt.

> *Witterungstendenz:*
> *Vom 1.–5. meist mild, im Hochland Schnee, im Flachland Regen (Tauwetterperiode).*

2. Februar
Wichtiger Lostag; Mariä Lichtmess

Der 2. Februar war einer von 5 wichtigen Terminen für Bitt- und Wetterprozessionen. Weitere Termine waren Pfingsten, Palmsonntag, Christi Himmelfahrt und Fronleichnam. Früher war Lichtmess ein wichtiger Lostag. Ein schlechtes Lichtmesswetter bedeutete eine schlechte Heuernte. Gemeint ist kein frühlingshaftes Wetter, sondern der Winter sollte noch richtig Herr des Landes sein. So gelten für diesen Tag auch die folgenden, sehr gut beobachteten ganzheitlichen »Erfahrungsregeln«:

Die weiße Gans [Sinnbild des Schnees] im Februar, brütet Segen fürs ganze Jahr.
Ist's an Lichtmess kalt, kommt der Frühling bald.
Lichtmess schön und trocken, muss der Winter lange hocken.
Wenn der Nebel zu Lichtmess fällt, wird's gewöhnlich sehr lange kalt.
Um Lichtmess kalben die Küh, dann legt das Huhn, dann zickt die Geiß.
Wenn die Bienen vom Baum aus keine Wolke sehen am Lichtmesstag, werden die Bienenvölker besonders gut.

> *Witterungsprognose:*
> *Sind die Tage Anfang Februar sehr sonnig, so wird der Winter in 6 von 10 Jahren im Februar, und in 7 von 10 Jahren bis März häufig kalt (Wettererhaltungsneigung in dieser Zeit durch Hochdruckeinfluss mit trockenkalter Festlandsluft aus den Osten).*
> *Wenn Lichtmess hell ist und klar, gibt es zwei Winter in diesem Jahr.*
> *Wenn an Lichtmess der Dachs seinen Schatten sieht, er nach 4 Wochen in seinen Bau flieht.*
> *Scheint zu Lichtmess die Sonne heiß, gibt's noch viel Schnee und Eis.*

3. Februar
Schwendtag

Für günstiges Wetter und damit eine gute Ernte wurde früher am heutigen Blasiustag Asche, Mehl oder Salz in den Wind geworfen.

Februar

St. Blasius stößt dem Winter die Hörner ab.
Sonnen sich Fuchs und Dachs in der Lichtmesswoche, gehen sie 4 Wochen wieder zu Loche.

Witterungstendenz:
Bis Mitte Februar tritt ein Kälterückfall ein. Dieser wird häufig durch vorausgehenden Schneefall eingeleitet, wobei die Statistik besagt, dass der 5. und 6. Februar in ganz Mitteleuropa die schneefallhäufigsten Tage vom ganzen Jahr sind (oft anhaltende Schneedecke); danach folgt trockenes Frostwetter (Spätwinter).
St. Dorothee [6. 2.] bringt den meisten Schnee.

9. Februar
Lostag

Ist es an Apollonia feucht, der Winter erst sehr spät entweicht.

Historische Wetterbeobachtung Anfang 1900:
Kündigte sich im letzten Januardrittel Tauwetter durch Sturm an und herrschte gegen Ende Januar wieder Frost, so ist mit Milderung ab der zweiten Februarwoche zu rechnen.

Witterungstendenz:
Der 9. und 10. Februar bringen häufig strenge Kälte.

Mitte Februar folgt oft nach reichlichem Schneefall ein Kälterückfall, der Spätwinter.

14. Februar
Lostag; Valentinstag (Freundschaftstag)

Der Valentinstag, auch »Tag der Liebenden« oder »Freundschaftstag«, ist der Tag, an dem man an seine Lieben Valentinsgrüße versendet und Blumen verschenkt. Das Fest war ursprünglich wahrscheinlich ein Fest der Hirten, um für die Felder, Herden und Schäfer Fruchtbarkeit zu erbitten. Nach dem Valentinstag wurde vielfach kein Holz mehr geschlagen und es sollte keine Henne gesetzt werden. Man glaubte, die Küken würden krank oder sterben.

Ist's an Valentin noch weiß, blüht zu Ostern schon das Reis.
Trinkt St. Valentin viel Wasser, wird der Frühling umso nasser.
Kalter Valentin, früher Lenzbeginn.
An St. Valentin friert's Rad mitsamt Mühle ein.

Witterungstendenz:
Um die Mitte des Februars kommen oft einige kurze wärmere Tage (Tauwetterperiode).

16. Februar
Schwendtag

Am 16. Februar 1876 ist die Geburtsstunde des deutschen Wetterberichts, der erstmals von der Deutschen Seewarte ausgegeben wurde.

Witterungstendenz:
In der Zeit zwischen dem 19. und 23. wird es häufig noch einmal winterlich kalt; anhaltende Schneedecke möglich – Wintersport (Spätwinter).

22. Februar
Wichtiger Lostag

In Tirol/Österreich begeht man heute den Tag des Kornaufweckens. In alter Zeit war heute der bäuerliche Frühlingsbeginn.

Hat Petri Stuhlfeier Eis und Ost [Ostwind], bringt der Winter noch herben Frost.
Gefriert's in der St.-Peter-Nacht, verliert der Winter seine Kraft.

Witterungsprognose:
Regnet es zwischen dem 20. und 23. Februar nicht, so sind fast immer (90%) bis Ende März weniger Niederschlagstage zu erwarten und es ist zu trocken. Ist es aber regnerisch, so folgen oft mehrere Niederschlagstage. Ist es in dieser Zeit zu warm oder zu kalt, so ist auch der März bis zu 75% über dem Durchschnitt warm oder kalt.

Februar

Historische Wetterbeobachtung Anfang 1900:
In kaltem Winter (z. Zt. immer seltener) tritt um diese Zeit häufig ein Witterungswechsel ein, der aber selten eine eigentliche Wende herbeiführt.

24. Februar
Wichtiger Lostag; Matthiastag

Nach altem Volksglauben ist der Matthiastag besonderer Los- oder Orakeltag – vor allem für Liebesorakel. Der heutige Tag wurde als Vorläufer des Frühlings angesehen.

St. Matthias, erstes Frühlingshoffen.
Tritt Matthias stürmisch ein, wird bis Ostern Winter sein.
St. Matthias wirft 'nen heißen Stein ins Eis, darum geht jetzt kein Fuchs mehr darüber.

Witterungsprognose:
Die letzten Tage des Monats bringen oft veränderliche und milde Witterung (Vorfrühlingswetter), bis 20 °C möglich. Wenn es bis jetzt warm gewesen ist, dann wird noch mit starker Kälte zu rechnen sein.
Matthias bricht das Eis, hat er keins, so macht er eins.

28. Februar
Lostag

So viel Nebeltag im Februar, so viel kalte Tage im August.

Witterungsprognose:
Ist der Februar allgemein zu nass, so tendiert es nicht selten zu einem niederschlagsreichen Jahr.
Je nasser der Februar, desto nasser wird das ganze Jahr.
Wenn der Februar zu kalt war, so wird es sehr oft auch im März und April zu kalt.
War der Februar zu kalt und trocken, so wird der August oft sehr warm.
Ist's im Februar kalt und trocken, so wird's im August heiß.

Ernteprognose:
Ein sehr milder und »heller« Februar ist kein günstiges Vorzeichen der Frühjahrswitterung. Schon in alten Berichten ist immer wieder nachzulesen, dass dann im Anschluss an das letzte Märzdrittel mit ungünstiger Witterung zu rechnen ist.

29. Februar
Schaltjahr

Alle 4 Jahre haben wir ein Schaltjahr mit 366 anstatt 365 Tagen. Somit ergibt sich eine durchschnittliche Jahreslänge von 365,2425 Tagen. Ferner werden in 400 Jahren 3 Schalttage ausgelassen, nämlich die nicht durch 400 teilbaren so genannten Säkularjahre, also 1900, 2100, 2300, 2500.

Winterfreuden in der Zeit um 1880. Doch der idyllische Schein trügt. Der Februar ist der kälteste Monat im Jahr. Früher mussten die Holz- und Nahrungsvorräte gut eingeteilt werden.

Der März

Seine alten Namen
Lenz- oder Frühlingsmond, Lenzmonat (Lenzinmanoth), Lenzing (althochdeutsch »lenzo/marzeo« = Längung, langer Tag – Tageslänge nimmt deutlich zu); Blidemamoth (altgermanisch), Frühlingsmonat, Merz, Fastenmonat, Josephimonat; lateinisch: Martius (mensis).

Sein Ursprung
Benannt nach dem römischen Kriegs- und Wettergott Martius, von dem auch der Mars seinen Namen hat. Im altrömischen Kalender war der März der erste Monat im Jahr. Der März ist der Monat des Kampfes und des Umbruchs in der Natur und der Frühling wird über den Winter siegen.

Sein Sternzeichen
Das zwölfte und letzte Zeichen im Tierkreis und vom Neptun (traditionell Jupiter) geprägt sind die Fische, vom ca. 19./20.02. bis 20.03.
Lostage: 1., 3., 8., 9., 10., 12., 17., 19., 21., 24., 25., 27., 30.
Schwendtage: 13., 14., 15., 29.

Der März ist die Brücke vom Winter zum Frühling. Der klassische Frühlingsmonat lässt alle Anzeichen des Wiedererwachens erkennen; überall schwellen und sprengen die Knospen. Haselnuss, Weiden und Erlen blühen, aus dem Boden sprießen die Märzenbecher und Krokusse sowie die immer länger werdenden Huflattichblüten. Der im März sonnendurchflutete Waldboden ist flächig mit zahlreichen Frühblühern bedeckt. Sie reagieren damit auf die Erwärmung des Bodens. Immer mehr Vogelstimmen sind zu hören. Die erste warme Regennacht setzt dann die Wanderung der Kröten in Gang. Der Hase, Meister Lampe, beginnt mit seinem Hochzeitstanz. Hausrotschwanz und Zilzalp sowie Bachstelze und Ringeltaube kehren aus dem Süden zurück. Auch der Weißstorch, Meister Adebar und die in Formation (liegende Eins) fliegenden Kraniche kommen heim.
Früher begann man im Frühjahr, meistens im März, Schafe, die zur Zucht nicht geeignet waren, auszusondern, daher die Ableitung »ausmerzen«.

Wenn im März schon die Veilchen blühen, an Ludwig [25. 8.] schon die Schwalben ziehen.
Schlägt im Märzengrün der Fink, ist's ein gar gefährlich Ding.
Märzenferkel, Märzenfohlen, alle Bauern haben wollen.
Siehst du im März gelbe Blumen im Freien, magst du getrost deinen Samen streuen.

Das Wintergebaren ist noch nicht vorbei. Im März und im April kann es bei Nordwetterlagen schon mal vorkommen, dass es bei Temperaturen um +4 °C schneit. Man kann sicher sein, dass in einem solchen Fall trockene Luft herrscht (Verdunstungskälte). Regen und Schnee sind jetzt keine gern gesehenen Gäste. Obwohl während eines Hochs, besonders Mitte März, Tagestemperaturen bis 20 °C möglich sind, bringt Anfang oder Ende des Monats recht häufig ein erneutes Tiefdruckgebiet eine Kältewelle über das Land. Besonders nach einem Gewitter im März ist in den Folgetagen mit Kälte und Nachtfrost zu rechnen.

Donnert's im März, dann friert's im April.

Im Durchschnitt ist im März 14-mal mit Nachtfrost zu rechnen, in Höhenlagen sogar bis 20-mal.
Wenn der März kommt wie ein Löwe, so bezeichnet man damit den Kälterückfall am Anfang des Monats, den Märzwinter. Die Winde drehen auf Nord und führen Kaltluft aus nördlichen Richtungen heran, auch teilweise polaren Ursprungs. Der Wind bringt oft noch beachtliche Schneemengen, die zu Anfang des Monats noch schützen, später zusammen mit der Kälte (Nachtfröste noch bis

März

–15 °C) eher schaden, wenn das Wachstum begonnen hat. Die landwirtschaftlichen und gärtnerischen Arbeiten werden dann, besonders bei der zweiten oft eintretenden Kältewelle im letzten Monatsdrittel, bis zu 3 Wochen zurückgeworfen, insbesondere in Jahren mit vorausgehendem kaltem Januar und Februar. Die Temperaturunterschiede im März, besonders zum Ende des Monats, wenn die Sonne etwa 5 Stunden länger scheint als zu Winteranfang, sind beachtlich. In Nordeuropa ist es noch kalt, während in Südeuropa die Frühlingssonne schon kräftig das Land verwöhnt. So ist es nicht verwunderlich, wenn nördliche bis nordöstliche Winde uns tiefe Temperaturen um 0 °C spüren lassen, an-dererseits südliche bis südwestliche Winde Temperaturen bis 25 °C bringen.

Taut's im März nach Sommerart, hat der Lenz einen weißen Bart.
Märzenschnee tut den Saaten weh.
Lang Schnee im März, bricht dem Korn das Herz.
Aber auch:
Unter dem Schnee im März, schlägt ein warmes Herz.
Märzenschnee und Jungfernpracht dauern oft kaum über Nacht.
Schnee, der im Märzen weht, abends kommt und geht.
Ein feuchter, fauler März, ist des Bauern Schmerz, denn Märzenregen bringt keinen Segen.
Auf einen freundlichen März folgt meist ein freundlicher April.

Nach dem 10. 3. baut sich oft eine der ausgeprägtesten Hochdruckwetterlagen des ganzen Jahres auf. Sie bestimmt durch ihre verschieden starke Ausbildung den Witterungscharakter im März und dient auf dem Land als Zeichen für den Beginn der Feldarbeiten. Im Allgemeinen hat der März den geringsten Niederschlagsertrag des Jahres. Ein trockener und mäßig warmer März und ein nasskühler April sind Voraussetzungen für eine gute Ernte.

Trockner März füllt den Keller.
Lässt der März sich trocken an, bringt er Brot für jedermann.
Trockner März, nasser April und kühler Mai, füllt Scheun' und Keller, bringt gut Heu.
Dem Golde gleich ist Märzenstaub, er bringt uns Kraut und Gras und Laub.
Ist die Märzenwiese grau wie ein Has', gibt's im Sommer gutes Gras.
Ist das Wetter jetzt aber zu warm und feucht, so sagt der Landmann: Ein schöner März macht dem Bauern Schmerz.
Jedes Maul voll Gras im März, kostet einen Schoppen Milch im Winter.
Ein grüner März bringt selten etwas Gutes.
Märzengrün soll man mit Holzschlägeln wieder in den Boden schlagen.
Auf einen freundlichen März folgt meist ein freundlicher April.

Tau und Nebel sind griesgrämige Nebenbuhler des Märzenregens und haben ihre ganz besonderen Eigenarten. Am Lechrain schrieb man sich sogar die Nebeltage im März auf.

Im März hält man Ausschau nach den ersten Frühlingsboten aus dem Süden wie Kranich, Ringeltaube oder Storch.

März

Regnen sie nämlich nicht innerhalb von 8 Tagen herunter, so bleiben sie so lange oben, wie ein Schwein trägt (18 Wochen und 9 Tage). Dann kommen sie auf den Tag genau mit einem Donnerwetter herunter – so war damals die Meinung.

So viel der März an Nebel macht, so oft im Juni Donner kracht.

März – das bedeutet auch Freude an Blumen und Blüten der Frühlingsblüher Anemone, Krokus, Kuhschelle, Leberblümchen, Narzisse und Tulpe. Nun bleibt es an jedem Tag etwa 3 Minuten länger hell. Vom 23. September bis 21. März war am Nordpol ununterbrochen Nacht. Die Sonne geht dort jetzt für ein halbes Jahr auf, ohne unterzugehen; dafür beginnt am Südpol der dunkle antarktische Winter. Am kürzesten Tag im Jahr, dem 21. Dezember, schien die Sonne in München 8 Stunden und 25 Minuten und in Flensburg nur 7 Stunden und 15 Minuten. Dieser Rückstand wird jetzt aufgeholt. Im Laufe des Monats wächst der Tag in München um $1\,1/2$ Stunden und in Flensburg um über 2 Stunden. Übrigens, am kalendarischen Frühlingsbeginn, meist der 21. März, ist der Tag überall auf der ganzen Welt 12 Stunden lang. Zu dieser Zeit treten bei uns recht regelmäßig die Äquinoktialstürme (abgeleitet von lat.

Den Wind wird man wohl ertragen müssen, denn ohne Wind kein Wechsel der Jahreszeiten.

»aequinoctium« = Tagundnachtgleiche) auf. Diese gewaltigen Stürme (wenn noch nicht im Februar) aus westlicher oder südwestlicher Richtung wecken die Natur dann endgültig aus dem Winterschlaf.
Der nahende Frühling legt am Tag entlang dem Atlantik von Portugal

Bedeutung der Winde im März

Nord/Nordost	Ost/Südost	Süd/Südwest	West/Nordwest
Ungemütlich kaltes, noch winterliches Wetter mit möglichem Dauerfrost. Zu Anfang des Monats um 0, gegen Ende um 6 °C. Zu Anfang der Wetterlage besonders im Osten und Süden Schnee oder Schneeregen mit möglichen Gewittern. Größere Schneemengen nur am Nordrand der Mittelgebirge und der Alpen ab 1000 m. Später bis zum Ende der Wetterlage allgemein sonnig; nächtlicher Frost noch bis unter –10 °C möglich.	Sonnige Hochdrucklage; besonders in den Niederungen vormittags häufig Nebel bis Hochnebel, die sich zögernd bis Mittag auflösen, sonst einzelne Nebelfelder, kaum Wolken. Tagsüber zu Anfang des Monats 6 bis 12 °C, zum Ende schon 11 bis 17 °C. Die Nacht wird mit Temperaturen um –2 °C empfindlich kalt.	Insgesamt kurzlebige Wetterlage mit sehr milden bis warmen Temperaturen zwischen 13 bis über 20 °C. Im Norden und Westen teilweise Bewölkung mit etwas Regen, nach Osten und Süden hin zunehmend sonnig mit Wolkenfeldern.	Tiefdruckgebiet; wechselhafte Witterung mit warmer (9 bis 14 °C) und kalter (3 bis 9 °C) Meeresluft, erste Gewitter sind möglich. Wenig sonnige Abschnitte. In Höhen ab ca. 1200 m können noch größere Schneemengen erwartet werden, jedoch nicht mehr im Flachland.

März

Monatsmittelwerte im März

Region	Höchsttemperatur in °C	Tiefsttemperatur in °C	Durchschnittstemperatur in °C	Niederschlagsmenge in mm	Niederschlagstage	Sonnenscheindauer in Stunden
Niederösterreich	8,4	0,9	4,65	44	13	4,5
Österreichische Alpen	10,7	−0,3	5,2	43	11	5,1
Schweizer Alpen	13,1	2,5	7,8	98	7	5,5
Schweizer Aargau	10,4	1	5,7	66	9	4,8
Deutsche Alpen	5,0	−2,2	1,4	55	11	4,4
Bodensee	9,1	−1,2	3,95	53	13	5,1
München	8,1	−0,8	3,65	56	11	4,1
Schwarzwald	6,8	−1,7	2,55	108	15	4,5
Bayrischer Wald	3,3	−3,9	−0,3	67	15	3,5
Erzgebirge	9,8	−11,4	−0,8	70	15	3,5
Thüringer Wald	10,8	−10,2	0,3	82	17	3,3
Harz	4,8	−2,3	1,25	80	16	4,3
Frankfurt am Main	9,7	0,9	5,3	51	10	3,8
Eifel	5,2	−0,6	2,3	70	13	3,4
Köln	9,8	1,1	5,45	64	13	3,5
Lüneburger Heide	7,8	−0,8	3,5	41	14	3,9
Berlin	7,8	0,7	4,25	37	8	3,9
Mecklenburgische Seenplatte	14,1	−8,2	2,95	35	13	4,1
Hamburg	7,2	0,4	3,8	56	11	3,4
Deutsche Bucht	4,5	1,1	2,8	35	10	4,2
Ostseeküste	5,6	0	2,8	26	12	3,5

März

bis Norwegen etwa 60 km am Tag zurück. Vom Balkan über Mittel- und Osteuropa bis Finnland, also vom Atlantik weiter entfernt, bremst der Frühlingseinzug ab auf ca. 35 km am Tag. In Deutschland benutzt er zwei »Grenzübergänge«. Zum einen zieht er über Basel in das Oberrheintal, zum anderen kommt er bei Aachen über die Grenze. Bei Höhenunterschieden in den Bergen tut sich der Frühling jedoch schwer. Er schafft am Tag nur gerade 30 m. Um einen 1000 m hohen Berg zu ersteigen, benötigt der Frühling genauso lange wie bei seinem Weg quer durch Deutschland.

Der immer deutlich werdende Klimawandel bringt es mit sich, dass der Frühling immer früher eintritt. Ein Beleg für dieses Phänomen liefert seit 1917 eine jährliche Eiswette aus dem kleinen Ort Nenana in Alaska. Um die Wette zu gewinnen (heutzutage über 300 000 Dollar), müssen deren Teilnehmer auf die Minute genau vorhersagen, wann ein hölzernes Gestell im Frühling durch das Eis eines zugefrorenen Flusses bricht. Die langjährigen, lückenlosen Daten zeigen, dass der Frühling heute um über 5 Tage zeitiger beginnt als vor 80 Jahren. Wissenschaftler in »Science« schrieben, dass Beobachtungen von Tieren und Pflanzen ganz ähnliche Ergebnisse brachten. Überdies fanden sie eine starke Wechselbeziehung zwischen den Ergebnissen der Eiswette und den meteorologischen Angaben der nahe gelegenen Stadt Fairbanks.

Frauengeschmack, Mädchenliebe und Märzwetter sind unbeständig.
Märzensonne, nur kurze Wonne;
Märzenschein lässt noch nichts gedeihn.
Wenn im März viel Winde weh'n, wird's im Mai dann warm und schön.
Märzenwind, Aprilregen verheißen im Mai großen Segen.
Was der März nicht will, holt sich der April.
Wenn der März mait, märzt der Mai.
Wenn der März nicht tut, was er soll, ist der April der Launen voll.

Wetterrekorde im März

<u>Höchste Tagestemperatur:</u>
26,3 °C am 29.03.1968 in Köln
<u>Niedrigste Tagestemperatur:</u>
−10 °C am 06.03.1971 in Freudenstadt
<u>Niedrigste Nachttemperatur:</u>
−36,1 °C in Albstadt (Schwäbische Alb) am 01.03.2005
<u>Schneehöhe:</u> in 24 Std. 150 cm am 24.03.2004 auf der Zugspitze
<u>Größte tägliche Regenmenge:</u>
1870 Liter/m^2 in Cilaos (Réunion) am 15.03.1953

Tierphänomene im März

<u>Krötenwanderung</u>: Herrschte im Februar noch keine Idealwitterung, so kann man spätestens im März mit diesem Naturschauspiel rechnen. Sobald das Thermometer deutliche Plusgrade in der Nacht zeigt, beginnen die Laichwanderungen von Kröten, Fröschen, Unken und Molchen. Erdkröten haben z. B. ein besonderes Verhalten, sie laichen alle auf einmal. In solchen Nächten klammern sich die Männchen an alles, was etwa die Größe des Weibchens hat. Nicht selten treffen sich dabei zwei Männchen. Verspüren sie an den Achseln der Vorderbeine einen Druck, so ertönt weithin der Befreiungsruf »angang«, der so viel bedeutet wie: »Lass mich los, ich bin doch auch ein Männchen!« Das bundesweite Wandergeschehen, welches z. B. der NABU tagesaktuell im Internet dokumentiert, zeigt deutlich, wie sich diese phänologische Phase durch die Landschaften zieht.

<u>Kaulquappen</u>, das Ergebnis der Krötenwanderung, findet man in vielen biologisch intakten Gewässern und Tümpeln. Kaulquappen leben jetzt noch im Wasser, atmen durch Kiemen und besitzen keine Beinchen. Die ersten Tage ernähren sie sich von ihren eigenen Eihüllen, später von Algen und winzigen Pflanzenresten. Nach 10–12 Wochen sehen sie dann ganz anders aus. Sie leben am Land, atmen durch Lungen, haben Beine und können jetzt auch quaken.

<u>Schmetterlinge</u> sind ein Zeichen des Frühlings. Das Wort Schmetterling war einst nur in Thüringen und Sachsen bekannt. Anderswo hießen sie Butterfliege, Maien- und Sommervogel, Schmantlecker und Raupenscheißer. Schon an den ersten warmen Tagen des Vorfrühlings kommen die »Frühaufsteher« aus ihren Verstecken. Die Falter legen ihre Eier ab und fliegen dann noch bis Mai/Juni. Die erste und zweite Generation fliegt ab Juni bzw. wieder ab August. Der bekannteste Frühlingsbote ist wohl der Kleine Fuchs. Sieht man jetzt einen Zitronenfalter, so ist es immer das hellere Weibchen, welches oft mit den Weißlingen verwechselt wird. Weitere Tagfalter im März sind das Tagpfauenauge, der C-Falter, der seltene Große Fuchs sowie der Trauermantel. Nach Dachboden-

März

kontrollen haben Schätzungen ergeben, dass fast jeder Dritte der Fuchsfalter zu Grunde geht, weil der heimliche Dachbodenüberwinterer Anfang März vor verschlossenen Fenstern flattert. Machen Sie sich die Mühe und öffnen Sie in dieser Zeit mal ein Fenster.

Schnecken: Gehäuse- und Nacktschnecken kommen ab Ende des Monats, spätestens im April aus ihren unterirdischen Verstecken.

Ringelnatter und Kreuzotter kommen aus ihrem Winterquartier im März/April und verschwinden im Oktober wieder darin. Die Ringelnatter ist tagaktiv, vor allem morgens und nachmittags. Sie überwintert in Erdhöhlen, Mauerlücken, Komposthaufen und Baumstümpfen, oft mit Artgenossen. Alle europäischen Nattern besitzen keine Giftzähne, sind also ungefährlich. Die sehr scheue Kreuzotter ist tag- und dämmerungsaktiv, tagsüber sonnt sie sich leidenschaftlich gern. Die Kreuzotter ist die einzige giftige Schlange in Deutschland, der man aber nur noch sehr selten begegnen kann. Als Giftschlange wurde sie lange Zeit verfolgt, sogar durch die Behörden, die mit so genannten Killerprämien die Dezimierung vieler Schlangen förderten.

Haubentaucher: Eines der schönsten Schauspiele des Vorfrühlings ist die Balz der Haubentaucher auf einem See – ein wahrhaftes Teichtheater. Mit etwas Geduld und einem Fernglas kann man voll auf seine Kosten kommen.

Singdrossel, Feldlerche, Kiebitz und Star gehören im Februar/März zu den Frühheimkehrern.

Die Kraniche kommen jetzt im März lärmend wieder zurück und überfliegen uns.

Der Weißstorch erreicht uns Ende März/Anfang April. Der typische »Frühlingsvogel« legt jährlich Tausende Kilometer zwischen Europa und Afrika zurücklegt.

Die Kanadagans war von Anfang Oktober bis Ende März bei uns Wintergast oder auf dem Durchflug.

Die Singzeit der Schwarzdrossel oder Amsel beginnt schon in den ersten milden Februartagen und erreicht jetzt im März ihren Höhepunkt. Sie endet allgemein Mitte Juli. Beim Singen sitzt die Amsel gerne auf erhöhten Plätzen. Großer Melodienreichtum zeichnet sie neben Singdrossel und Nachtigall aus. Diese drei sind die besten Sänger. Es singen übrigens nur die Männchen.

Hausrotschwanz, Zilzalp, Bachstelze und Ringeltaube kommen an.

Brutzeit der meisten Standvögel wie Türkentaube, Grünling, Haussperling, Amsel, Kohl- und Blaumeise gegen März/April. Es ist damit die Zeit des kunstvollen und emsigen Nestbaus der Vögel.

Distelfink: Im ausgehenden Winter sieht man oft scharenweise Distelfinken (Stieglitze), die Ödflächen und Straßenränder nach Distelsamen absuchen, die den Winter überdauert haben. Vorzeitiges Pflegen und Mähen von Straßenböschungen würde ihnen das Futter rauben.

Ein heute seltenes Ereignis sind Ende März die heimkehrenden Störche.

Ringelnattern (Abbildung), aber auch Kreuzottern können schon jetzt hervorkriechen.

1. März
Lostag

Regnet's stark an Albinus, hat der Bauer viel Verdruss.
Der März soll wie ein Wolf kommen und wie ein Lamm gehen.

Witterungstendenz:
Vom 1.–10. wechselhaftes Schauerwetter mit Kälte und Schnee (Märzwinter), besonders zwischen dem 3. und 8. März.

März

3. März
Lostag

In manchen Gegenden ist heute noch der alte Brauch des Saataufweckens lebendig. Die Macht des Winters wird mit brennenden Strohrädern, die von einem Berg oder Hügel hinabgestoßen werden, gebrochen. Ähnlich ist das Winteraustreiben. Zwei Männer, verkleidet als Winter und Sommer, bekämpfen sich; der Sommer gewinnt.

St. Kunigund macht warm von unt'
[Bodenfrost weicht].
Wenn's donnert um Kunigund und Cyprian [8. 3.], musst' oft ziehen Handschuhe an.
Wenn Kunigunde tränenschwer, dann bleibt gar oft die Scheune leer.

Die Macht des Winters wurde früher mit dem »Winteraustreiben« gebrochen. Zwei Männer, verkleidet als Winter und Sommer, bekämpften sich. Der als Baum mit roten Bändern (Lebenskraft) verkleidete Sommer gewann, und alle jagten den Winter fort.

Historische Wetterbeobachtung Anfang 1900:
In mäßig kalten und mäßig feuchten Wintern, insbesondere nach einem milden und nassen Februar pflegt sich dann Anfang März der »Märzwinter« einzustellen. Je stärker der einleitende Schneefall und der folgende Frost, umso ungünstigere Prognosen (nass-kalt) für den folgenden März und Frühling.

9. März
Lostag; Vierzigrittertag

Wie das Wetter auf 40 Ritter fällt, 40 Tage dasselbe hält.

Historische Wetterbeobachtung Anfang 1900:
Schöne warme, heitere und trockene Tage um den 9.–15. März haben in der Regel Sturm und Schnee (oft Frost) vom 20. bis Ende des Monats zur Folge.

11. März
alter Termin des Frühlingsanfangs

Bevor der von Papst Gregor XIII. noch heute benutzte gregorianische Kalender 1582 eingeführt wurde, war am 11. 3. Frühlingsanfang.

Witterungstendenz:
Neigung zu wärmerem Wetter mit der stabilsten Wetterlage des ganzen Jahres.

12. März
Wichtiger Lostag; Gregoriustag

Gregor zeigt dem Bauern an, ob im Feld er säen kann.
Weht am Gregoriustag der Wind, noch 40 Tage windig sind.

Witterungstendenz:
Vom 10.–20. März ist in 7 von 10 Jahren vorfrühlingshaftes Schönwetter vorherrschend. Tagsüber Temperaturen über 15 °C möglich, mit noch leichtem Nachtfrost.

Historische Wetterbeobachtung Anfang 1900:
Der um die Mitte bis Ende des Monats sich einstellende »Windstrich« bleibt fast ohne Ausnahme bis Anfang Juni bestehen. Milde und feuchte Winde in dieser Zeit verkünden mit gleicher Sicherheit bis Anfang Juni mildes, heiteres und für die Vegetation wüchsiges Wetter. »Hierbei muss nur richtig beo-

März

bachtet werden. Es kommt wohl so, dass in dieser Zeit ein einzelner schöner Tag oder schöne Vor- und Nachmittage eintreffen, ja dass, wenn nach einem langen strengen Winter der Aufbruch in diese Tage fällt, mehrere Tage nacheinander äußerste Milde mit oft auffallend weicher Luft eintreten. Alles dies entscheidet nicht gegen den kalten und rauen Gesamtzustand dieser Tage, wobei namentlich für den Kundigen die trockene, starre, fast metallisch aussehende Farbe der Wolken schon vom Zimmer aus maßgebend ist. Ebenso wenig sind umgekehrt selbst heftige Weststürme notwendigerweise ungünstige Zeichen, falls nur die Luft stetig weich und die Form der Wolken locker (neblig, nass) bleibt«.

17. März
Wichtiger Lostag; Gertrudistag

Heute ist der Tag der bekannten Frühjahrsbotin Gertrud. Man beginnt mit der Arbeit in Garten und Feld. Bienenkörbe werden aufgestellt, Kühe können in milden Lagen schon auf die Weide. Früher trank man zu Gertrud, Schutzpatronin der Gemüsegärtner und Gemüsehändler, zur Versöhnung nach einem Streit »Gertrudenminne«.

St. Gertrud führt die Kuh zum Kraut, die Bienen zum Flug und die Pferde zum Zug.
St. Gertrud die Erde öffnen tut.
Friert es am Tag von St. Gertrud, der Winter noch 2 Wochen nicht ruht.

Historische Wetterbeobachtung Anfang 1900:
Die Zeit um den 18. bis etwa den 26. März ist sehr häufig für die Witterung der nächsten Wochen bis Monate entscheidend. Sturm und Schnee lassen ein kaltes wie nasses, Ostwind und Frost ein raues und trockenes, von Nachtfrösten begleitetes, für die Vegetation nachteiliges Frühjahr erwarten.

19. März
Wichtiger Lostag; Josephitag

Ist's am Josephstag schön, kann es nur so weitergehen.
Wenn's einmal um Josephi is, so endet der Winter g'wiss.

21. März
Lostag; Frühlingsanfang; Internationaler Tag des Waldes

Der Frühlingsanfang (Tagundnachtgleiche) ist zwischen dem 20. und 23. März. Der Frühling insgesamt dauert 186 Tage und 10 Stunden. In vorchristlicher Zeit glaubte man, dass am Frühlingsanfang die Welt erschaffen wurde. Es war also ein besonders wichtiger Tag. Als Romulus deshalb den ersten Kalender entwarf, ließ er das Jahr mit dem Monat März beginnen und nannte ihn nach dem für die Römer wichtigsten Gott »Mars«. Der kalendarische Frühlingsanfang wurde auch als »Sommertag« oder »Sommergewinn« gefeiert (Sommertagsumzüge!).

Wenn am 21. der Nordwind bläst, so bläst er noch dreißigmal, ehe es Frühling wird.
Benedikt Schnee, 14 Tage Schnee oder meh'.
Willst du Gerste, Erbsen, Zwiebeln dick, so säe sie an St. Benedikt.

Witterungsprognose:
Zu warmen Tagen um Frühlingsanfang folgt in 7 von 10 Jahren ein insgesamt zu warmer Sommer, besonders Juni und Juli. Nach zu kalten Tagen um Frühlingsanfang Tendenz zu einem normalen bis kühleren Sommer.
Wie das Wetter zu Frühlingsanfang, ist es den ganzen Sommer lang.

23. März
Weltwettertag oder Weltmeteorologietag

Heute wird an die 1950 in Kraft getretene Konvention der Weltorganisation für Meteorologie der Vereinten Nationen (WMO), die ihren Sitz in Genf hat, erinnert. Seit 1954 ist Deutschland, seit 1957 Österreich Mitglied. Diese Institution untersucht globale Probleme im Umfeld Wettervorhersage und Klimaentwicklung.

Witterungstendenz:
Vom 23. bis zum Ende des Monats ist es vielfach wechselhaft, teils mild, teils kalt, mit Neigung zu Niederschlägen.

März

25. März
Wichtiger Lostag;
Mariä Verkündigung

Mariä Verkündigung: Das Fest der Verkündigung des Herrn und der Wiedergeburt des Lichtes ist eines der 4 ältesten Marienfeste (seit Mitte des 6. Jahrhunderts) und war ursprünglich die christliche Version des Frühlingsanfangs. Mariä Verkündigung ist die Erinnerung an den Erzengel Gabriel, der Maria die Geburt Jesu ankündigte. Man wartet ab heute, dem Fest des Frühlings, auf die heimkehrenden Frühlingsboten Storch und Schwalbe. Sah die Landbevölkerung die erste Schwalbe, so öffnete man alle Fenster, denn wo sie nistete, schützte sie vor Blitzschlag. In Bayern wurde früher der Viehsegen erteilt.

Sommerzeit: Am letzten Sonntag im März wird die Uhr in der Nacht von Samstag auf Sonntag um 2 Uhr um 1 Stunde vorgestellt.

An 'n 25. März steit de Erber [Storch] op'n Petersdom in Rom un kiekt roeber na Dütschland, wenn dor woll noch Snai ligt.
An Mariä Verkündigung kommen die Schwalben wiederum.
Wenn's Mariä Verkündigung friert, es 4 Wochen so bleiben wird.

Witterungsprognose:
Ist es um den 28. März überdurchschnittlich sonnig, so ist auch der Juli zu fast 70% sonniger als normal. Scheint Ende März die Sonne sehr wenig, so kann auch der Juli noch immerhin 60% sonnenscheinärmer und trüber werden.
Hält St. Ruprecht den Himmel rein, so wird es auch im Juli sein.
War es im März zu windig, so wird der Mai oft sonniger als normal.
Wenn im März noch viel Winde wehn, wird's im Maien warm und schön.
In 2 von 3 Jahren folgt nach einem regnerischen März ein trockener Sommer. Nach einem trockenen März folgt oft auch ein trockener Juni.
Einem kalten, sonnenscheinarmen März folgt zu über 60% ein unfreundlicher April.

29. März
Schwendtag

Wie das Warten auf die Frühlingsboten Schwalbe und Storch (siehe 25. März) begann heute in vielen Regionen Mitteleuropas das Ausschauhalten nach der Lerche, das so genannte »Lerchengucken«. Demjenigen, der zuerst eine Lerche sah, sollte das ganze Jahr Glück beschieden sein. Das Glück sollte sich auch auf Familie, Hof und Feld auswirken.

Ernteprognose:
Ein durchschnittlich warmer, trockener März mit einem folgenden kühl-nassen April sind gute Bedingungen für eine ansehnliche Ernte.

Historische Wetterbeobachtung Anfang 1900:
Hat sich ein strenger Winter mit Schnee und Frost bis in den März gehalten, so ist es ein günstiges Vorzeichen für die Frühjahrswitterung, wenn um Ende März ganz plötzlich warme Temperaturen oder sogar Schwüle und ein warmes Gewitter eintreten. »Diese Regel ist eine der ältesten und bekanntesten in der gesamten Wetterkunde, denn die bezeichneten Tage entsprechen dem Gertrudentag des alten Kalenders (17. März), an welchem die Maus am Spinnrocken hinan läuft und den Faden abbeißt«, d. h. die Garten- und Feldarbeit vollständig beginnt.

Ein Brauch, der sich durchgesetzt hat, ist das Versenden von Ostergrüßen. Das Bild zeigt eine Postkarte um 1900.

Der April

Sein alter Namen

Ostarmanoth (Eósturmônath) sowie Ostaramanoth (altgermanisch) – abgeleitet von der alten Germanengöttin Ostara, Göttin des aufsteigenden Sonnenlichts oder Göttin der Morgenröte (Zusammenhang mit Osten, Himmelsrichtung der Morgenröte); Launing – von der Launenhaftigkeit des Aprils, Knospenmonat, Keimmonat, Ostermonat, Gauchmonat (Kuckuck lässt sich als Bote des Frühlings hören); lateinisch: Aprilis (mensis).

Sein Ursprung

Im altrömischen Kalender war der April der zweite Monat im Jahr. Der Name kommt vom lateinischen Wort »aperire« = öffnen, bezieht sich auf Knospen und Blüten – Auferstehung der Natur. Eventuell wurde der April auch nach der griechischen Göttin Aphrodite (lat. Venus) benannt, der Göttin über Liebe und Tod. Vom römischen Dichter Ovid wurde er als der Monat besungen, der die Erde, die Knospen und die Blüten ebenso öffnet wie die Herzen der Menschen.

Sein Sternzeichen

Das erste Zeichen im Tierkreis und vom Mars (Nebenherrscher Pluto) geprägt ist der Widder, vom 21.3 bis 20.4.
Lostage: 2., 4., 13., 14., 22., 23., 24., 25., 28., 30.
Schwendtag: 19.

Bald trüb und rau, bald licht und mild, April, des Menschen Ebenbild.

*Wohl 100-mal schlägt das Wetter um, das ist des Aprils Privilegium.
April, dein Segen heißt Sonne und Regen, nur den Hagel, den häng an den Nagel.
April, der tut, was er will.
Aprilwetter und Kartenglück, wechseln jeden Augenblick.*

Mit diesen Wetterregeln ist über den launischen April eigentlich schon viel gesagt. Nahezu schleichend hat er das Grün schon sprießen lassen. Sein gutes Herz verbirgt der Knospenmonat hinter einem rauen, lebhaften Gesicht (»aprilfrisch«). Die letzten Winterzüge ringen jetzt mit dem immer stärker werdenden Atem des Sommers. Der April weiß aber, was er seinem Ruf schuldig ist. Temperaturkapriolen von 25 °C am Tag sind in dem hochdruckarmen Monat genauso gut möglich (besonders zweite Aprilhälfte) wie Nachtfröste bis unter minus 5 °C. Tagsüber kann die Sonne schon recht annehmbare Temperaturen erzeugen. Die Nacht kühlt sich jedoch immer noch recht stark ab. Temperaturunterschiede von 14–18 °C sind jetzt keine Seltenheit. Die nächtlich kühlen Luftmassen können nicht viel Wasserdampf aufnehmen. Deshalb sind Regen oder Schauer in Aprilnächten eher die Ausnahme.

Niedrige, über den grauen Himmel jagende Wolken, wobei einem der Wind kräftig ins Gesicht bläst, manchmal sogar mit Graupelkörnern, das ist April. Regenschauer fallen nieder, und eine halbe Stunde später kann der Himmel schon wieder strahlend blau glänzen. Gräser, Büsche und Wälder dampfen im Sonnenlicht, Pfützen sind schnell verschwunden, um sich 1 Stunde später wieder zu füllen – das ist April. Alle Niederschlagsarten können besonders um den 10. April möglich sein. Die im Winter meist strukturlose Schichtwolken wechseln jetzt ihr Aussehen zu blumenkohlförmigen Quellwolken. Im Durchschnitt kann man im April schon mit 2 Gewittern rechnen, wobei die Folgetage dann merklich kühler werden.

Viele Wetterregeln bekunden die gegensätzlich wetteifernde, rasch wechselnde Wetterlage mit ausgeprägten Tiefdruckgebieten. Anhaltende Hochdruckwetterlagen sind, wie angedeutet, dagegen selten. In dieser Zeit strömt arktische Meeresluft zu uns (Nord-Süd-Ausgleich). Besonders in großer Höhe ist die Luft sehr kalt und

April

neigt über Land zur Umlagerung in der Senkrechten. Insbesondere in der ersten Aprilhälfte entwickeln sich fast pünktlich um 11 Uhr mächtige Haufen- oder Quellwolken, die ihre Regenlast am Nachmittag in so genannten Instabilitätsschauern auf die Erde prasseln lassen. In den hinter den Schauern absinkenden Luftmassen kommt es zu Aufheiterungen. Ein nahender Regenschauer ist zu erwarten, wenn zwischen den Wolken der durchschimmernde Himmel blau ist. Ein milchig weißer Horizont dagegen gibt Entwarnung vor Regen.

Vom Landwirt wird der rasche Wechsel von Regen und Sonnenschein gern gesehen, denn er begünstigt das Wachstum der Gräser und das Keimen der Saat. Sobald der Huflattich blüht (oft schon im März), wird mit dem Säen begonnen.

Siehst du schon gelbe Blümlein im Freien, magst du getrost den Samen streuen.
April, windig und trocken, macht alle Wachstum stocken.
April, nass und kalt, wächst das Korn wie ein Wald.
Wenn der April Spektakel macht, gibt's Heu und Korn in voller Pracht.
Donner im April, viel Gutes künden will.
Nasser April und windiger Mai, bringen ein fruchtbares Jahr herbei.

Im launischen April wird der Gärtner recht häufig von heftigen Regenschauern bei der Arbeit überrascht. Dabei sind in jedem Garten Regenanzeiger. Wenn bei Kapuzinerkresse, Fuchsien oder Erdbeeren an den Blatträndern und -spitzen kleine Wassertröpfchen hängen, wird bald Regen kommen. Zur unterstützenden Wetterbeobachtung war vor ca. 100 Jahren das Halten einer »Paternostererbse« stark verbreitet. Aus ihren giftigen, kugelartigen, roten Früchten wurden Perlen für Rosenkränze hergestellt. *Abrus precatorius* heißt diese Kletterpflanze botanisch. Ihre empfindliche Reaktion auf Luftfeuchte, wahrscheinlich auch auf magnetische und elektrische Felder, zeigt sich dem Beobachter darin, dass sie bei zu erwartendem gutem Wetter ihre Blättchen senkrecht in die Höhe stellt. Bei aufkommendem Wind drehen sie sich spiralförmig ein; sie hängen herab bei einer nahenden Schlechtwetterfront. Es ist tatsächlich möglich, die »Paternostererbse« bei der regionalen Wetterdeutung mit einzubeziehen. Hat man jedoch keine derartige wetterfühlige Pflanze, kann man auch anders die Witterung aus der Natur ablesen. Alte Überlieferungen sagen:

Kommt die Weihe geflogen, so ist der Winter verzogen.
Kommt die wilde Ent', hat der Winter ein End'.
Wenn die Grasmücken fleißig singen, werden sie zeitig Lenz uns bringen.
Je früher im April der Schlehdorn blüht, desto früher der Schnitter zur Ernte zieht.
Wenn die Drossel schreit, ist der Lenz nicht weit.

Natürlich sollte man schon wissen, wie diese Tiere aussehen und wie z. B. der Schrei der Drossel klingt.

Bedeutung der Winde im April

Nord/Nordwest	Ost/Nordost	Südost/Süd/Südwest	West
Typisch launisches Aprilwetter mit Wechsel zwischen »Schönwetter«, Schnee, Graupel, Regen und Gewittern. Insgesamt nasskalt empfundene Temperaturen zwischen 3 und 9 °C. In klaren Nächten Frost bis –5 °C.	Sonnige Hochdrucklage. Morgens oft noch Nebelfelder. Nach Auflösung sonnig mit wenigen Schönwetterwolken (Quellwolken). Tagsüber ist es frühlingshaft warm mit 13 bis 20 °C; nachts kann es noch empfindlich kühl werden bis unter –2 °C. Bei Winden um Nordost insgesamt etwas kühler.	Warme Witterung mit wechselnder Bewölkung und teilweise Regen im Norden und Westen. Nach Osten und Süden hin zunehmend sonnig mit Wolkenfeldern, die bei der feuchten Luft erste Wärmegewitter bringen können. Temperaturen zwischen 18 und 25 °C.	Wechselhafte Tiefdrucklage mit Temperaturen von 13 bis 18 °C (warme Meeresluft) und 7 bis 13 °C (kalte Meeresluft). Immer wieder Durchzug von Regenfronten mit sonnigen Abschnitten. Neuschnee nur im Gebirge oder oberhalb von etwa 1500 m.

April

Monatsmittelwerte im April

Region	Höchsttemperatur in °C	Tiefsttemperatur in °C	Durchschnittstemperatur in °C	Niederschlagsmenge in mm	Niederschlagstage	Sonnenscheindauer in Stunden
Niederösterreich	14,5	5,7	10,1	45	13	6,1
Österreichische Alpen	15,5	3,9	9,	55	14	5,5
Schweizer Alpen	17,1	6,5	11,8	148	10	6,2
Schweizer Aargau	14,9	4,3	9,6	80	11	5,8
Deutsche Alpen	8,9	1,1	5	83	13	5,2
Bodensee	13,8	2,3	8,05	60	14	6,2
München	12,6	2,6	7,6	75	12	5,2
Schwarzwald	10,6	2,3	6,45	105	17	5,6
Bayrischer Wald	7,2	0,6	3,9	82	16	4,7
Erzgebirge	15,6	−5,7	4,95	80	14	4,8
Thüringer Wald	16,1	−5,5	5,3	77	15	4,8
Harz	9,4	1,1	5,25	85	17	6,1
Frankfurt am Main	14,2	3,9	9,05	52	10	5,4
Eifel	9,3	2,3	5,8	64	12	5,1
Köln	13,8	3,6	8,7	55	11	5,2
Lüneburger Heide	13,0	2,6	7,8	52	16	6,2
Berlin	12,9	4,1	8,5	41	9	5,3
Mecklenburgische Seenplatte	20,3	−3,2	8,55	43	15	5,7
Hamburg	11,9	3	7,45	51	10	5,4
Deutsche Bucht	8,1	4,3	6,2	39	9	6,6
Ostseeküste	9,4	3,3	6,35	33	15	5,6

April

Einem naturverbundenen Menschen wird es aber nicht schwer fallen. Aus Erzählungen älterer Mitbürger habe ich erfahren, dass die Elster während der Brutzeit einen ausgeprägten Wetterinstinkt entwickelt hat. Daraufhin habe ich die Tiere 3 Jahre beobachtet und bin der Meinung, dass man sich Folgendes einprägen sollte: Während der Brutzeit dieser diebischen Vögel kann man das künftige Wetter an der Höhe ihres Nistplatzes abschätzen. Ein durchschnittlicher Frühling ist zu erwarten, wenn die Elster in der oberen Baumkrone nistet. Mit häufigen Wetterumschlägen und windigen bis stürmischen Wetterlagen ist dann zu rechnen, wenn sie mehr in der Mitte und dicht am Stamm ihr Nest gebaut hat.

Eine Elster allein ist schlechten Wetters Zeichen, doch fliegt das Elsterpaar, wird's schlechte Wetter weichen.
Marienkäfer, die im April schon schwirren, können im Mai dann erfrieren.
Hat der April mehr Regen als Sonnenschein, wird es im Juni trocken sein.
Ist der April zu gut, schickt er dem Schäfer Schnee auf den Hut.

Sollte Letzteres Wirklichkeit werden, dann wird man in der Karwoche keine Kartoffeln pflanzen können. Auch mit der traditionellen Gründonnerstagssuppe aus 7 oder gar 9 verschiedenen Kräutern wird es dann wohl schwierig werden. Man kann aber auf einen alten westfälischen Brauch zurückgreifen und die letzten Äpfel des Jahres bis Palmsonntag aufheben, um sie dann als Palmäpfel zu verzehren.

Wetterrekorde im April

<u>Höchste Tagestemperatur:</u>
31,4 °C am 21.04.1968 in Köln
<u>Tiefste Tagestemperatur:</u>
−2,8 °C am 07.04.1974 in Hof
<u>Tiefste Nachttemperatur:</u> −12,3 °C am 03.04.1952 in Oberstdorf
<u>Höchste Schneedecke:</u> 830 cm am 02.04.1944 auf dem Zugspitzplatt (Schneefernerhaus, 2650 m)
<u>Wärmster April</u>: Im Durchschnitt 11,9 °C (4,5 °C über normal) im Jahr 2009

Tierphänomene im April:

<u>Kuckuck</u>, der Frühlingsvogel, kommt im April/Mai und bleibt nur bis Juli/August.
<u>Rauchschwalbe</u> kommt Anfang April und bleibt bis Mitte/Ende Oktober.
<u>Mehlschwalbe</u> kommt ca. 14 Tage später, etwa Ende April, wenn es schon mehr Insekten gibt.
<u>Turteltaube</u> kommt Mitte/Ende April und ist etwa Anfang Juli schon wieder verschwunden.
<u>Neuntöter, Grasmücken, Teichrohrsänger</u> kommen zurück.
<u>Igel</u> und <u>Fledermaus</u> haben jetzt ausgeschlafen. Die bei uns heimischen Fledermausarten wie Mausohr, der Abendsegler oder die Mopsfledermaus gehen jetzt vorwiegend während der Dämmerung und nachts wieder auf Jagd.
Die Fledermäuse haben übrigens nichts mit den uns bekannten Mäusen zu tun.
<u>Marienkäfer</u> kommen aus ihrem Winterversteck.
<u>Schmetterlinge</u>: Das Landkärtchen hat als Puppe überwintert und kann ab Mitte des Monats in warmen Gegenden beobachtet werden. Die Frühjahrs- und Sommergeneration unterscheiden sich in ihrer Farbgebung. Weitere Arten des Aprils sind der Aurorafalter und die Weißlinge, die sich an die Kulturlandschaft angepasst haben und überall in großer Zahl zu beobachten sind.
<u>Hasen</u>: Obwohl die Häsin im Sommer am laufenden Band Nachwuchs bekommt, ist im April/Mai die Hauptrammelzeit der Hasen. Ihr wildes Hochzeitstreiben ist auf speziellen »Rammelplätzen« beeindruckend, mit stundenlangen Hetzjagden, mit gegenseitigem Überspringen, Hakenschlagen und Luftsprüngen. Immer wieder halten sie inne und stellen sich wie beim Tanz auf die Hinterbeine. Kurz vor der Hasenhochzeit gibt es sogar noch Hiebe. Übrigens – der »wetterfeste Freilandtyp« ist in unseren Breiten das einzige kleine Säugetier, welches ohne schützende Höhle den Winter überstehen kann.
<u>Auerhahn</u>: Balzzeit April/Mai. Sie beginnt an traditionellen Balzplätzen der Vögel, ca. 1 1/2 Stunden vor Sonnenaufgang, und ist sehr eindrucksvoll. Nach 28–33 Tagen ist Nachwuchs zu erwarten.

Im »Kuckucksmonat« April wird der Frühlingsbote seit Generationen Ausschau haltend erwartet.

April

Birkhahn: Balzzeit April/Mai. Sie beginnt um 4 Uhr und um 16 Uhr, also zweimal am Tag. Leider sind diese beiden Naturschauspiele durch die ausgeräumte Landschaft nicht oder fast nicht mehr in Deutschland zu beobachten. Die beiden Arten sind bei uns fast ausgestorben.

Krötenwanderung: Im April/Mai suchen Kreuz- und Wechselkröte, Gelbbauchunke, Laubfrosch und die Grünfrösche zur Paarung und zum Ablaichen ihre Geburtsgewässer auf. Die Larven der Blaugrünen Mosaikjungfer (Großlibelle) schlüpfen im April/Mai aus überwinterten Eiern, um sich dann 2–3 Jahre im Wasser räuberisch zu entwickeln. Dabei häuten sie sich ca. 10-mal.

Zecke: Beginn der Zeckenaktivität ab Anfang/Mitte April. Der Aktivitätshöhepunkt liegt im Mai/Juni und bei günstigen Bedingungen Mitte September bis Anfang November. Der kleine Minivampir gehört zu den Spinnen und lauert meistens im Gras oder in Büschen auf seine Opfer. Da Zecken z. T. gefährliche Krankheitserreger übertragen können, sollten sie sofort vom Körper entfernt werden. Haben sie sich schon richtig in die Haut »festgebissen«, sollten sie mit einer Pinzette gerade (nicht unter drehen) herausgezogen werden. Nie versuchen, sie mit Öl, Klebstoff oder sonstigen Dingen zu ersticken! Ist die Bissstelle besonders nach ein paar Tagen auffällig oder fühlt man sich nicht wohl, bitte sofort den Arzt aufsuchen.

Haarwechsel vom Schalenwild (Hirsch, Reh, usw.) von Mitte April bis Mitte Mai. Im Gegensatz zum Anlegen des Winterfells ist dieser Wechsel ziemlich auffällig.

Eidechsen und Schlangen kommen ab Mitte/Ende April wieder zum Vorschein.

Brutzeit von Kurzstreckenziehern (Mittelmeergebiet, atlantisches Westeuropa) wie Bachstelze, Buchfink, Hausrotschwanz, Heckenbraunelle, Star, Singdrossel, Rotkehlchen, Zaunkönig. Etwas später, wenn mehr Futterangebot, brüten Mönchsgrasmücke und Zilpzalp.

Witterungstendenz:
Der April zeichnet sich durch seine Inkonsequenz aus. Es gibt keine eindeutigen Tendenzen. In den ersten Tagen Neigung zu stärkeren Regenfällen und böigstürmischen Winden. Statistisch herrscht der tiefste Luftdruck des Jahres.
April, April, der macht, was er will.

Historische Wetterbeobachtung Anfang 1900:
Beginnt sich die Vegetation Anfang April schnell zu entwickeln, so lässt dies stärkere Nachtfröste erwarten. Sind die ersten Tage des April mild, trübe und regnerisch, deutet dies auf kurzfristige (an 8. 4.) Wärme, welcher ab der zweiten Woche jedoch meist stürmische, kalte Tage folgen. Nachtfröste sind nach dieser Regel am ehesten im letzten Drittel zu erwarten, wenn der Wald schon ergrünt ist.

Unter Begleitung zahlreicher Frühlingsboten zieht der Frühling mit aller Macht zur Freude der Menschen über das Land.

April

4. April
Lostag

Erbsen säh Ambrosius, so tragen sie reich und geben Mus.
St. Ambrosius man Zwiebeln säen muss.
Ambrosius schneit oft den Bauern auf den Fuß.

> *Witterungsprognose:*
> *Fällt um den 8. April überdurchschnittlich viel Regen, so ist in zwei Dritteln der Fälle in der Folge ein zu trockener Sommer zu erwarten.*
> *Wenn's viel regnet am Amantiustag, ein dürrer Sommer folgen mag.*
>
> *Witterungstendenz:*
> *Um den 9. April ist ein Kälterückfall mit Schnee möglich. Am 11. April ist der letzte Frost im deutschen Durchschnitt.*

15. April
Kuckuckstag

Mancherorts wird der heutige Tag auch Kuckuckstag genannt, weil um diese Zeit viele Vögel aus den Überwinterungsgebieten zurückkommen. Früher ist man losgegangen, um den Kuckuck schreien zu hören. Nach überliefertem Glauben hat man noch so viele Jahre zu leben, wie viele Mal der Kuckuck schreit, und wenn man sein Geld in der Tasche klimpern lässt, wenn der Kuckuck schreit, dann geht einem in diesem Jahr das Geld nicht aus.

> *Witterungstendenz:*
> *Um die Mitte des Monats Tendenz zu ruhigem, trockenem Hochdruckwetter.*
> *Um den 20. April herrscht eine auffallende Tendenz zu Kälterückfällen und auch Schnee.*

Der Gedenktag des heiligen Georg am 23. April ist seit alter Zeit ein wichtiger Lostag für Wetter, Brauchtum und Natur.

Regnet's vorm Georgitag, wäret lang des Segens Plag', aber wenn vor Georgi Regen fehlt, wird man nachher damit gequält.
So lange der Buchenwald vor oder nach Georgi grün wird, so lange vor oder nach Jacobi [25. Juli] fällt die Ernt'.

13. und 14. April
Lostage

Das Wetter des 13. April kann 30 Tage dauern.

Der Tiburtiustag (14. 4.) gilt immer noch als der Frühlingsvorbote:

Tiburtius kommt mit Sang und Schall, mit ihm kommen Kuckuck und Nachtigall.
Am Tag Tiburtii sollen alle Felder grünen.
Wenn Tiburtius schellt, grünen Wiesen und Feld.

22. April
Lostag; Tag der Erde – Earth Day

Der »Earth Day« ist ein junger Gedenktag, dessen Wurzeln am 22. April 1970 in den USA gelegt wurden. 22 Millionen Amerikaner demonstrierten nach einem Aufruf von Senator Gaylord Nelson für unseren geschundenen Planeten. Seit der Zeit wächst zunehmend der Umweltgedanke. Autoverzicht, Bäumepflanzen, Müllsammeln und sonstige Umweltaktionen und -demonstrationen stehen heute weltweit im Vordergrund.

23. April
Wichtiger Lostag;
Georgs- oder Georgitag

Georgi zieht der Erde den »Giftzahn« – bei schönem Wetter wurde das Kleingeflügel ins Freie gelassen und die Landkinder mussten ab heute barfuss gehen (um die Schuhe zu schonen): *»Georgi bringt grüne Schuh.«* Es war einer der bedeutendsten Lostage für Bauern und Gärtner. Die um Georg herrschende Wetterlage wurde für einen längeren Zeitraum bestimmt. Das Wetter ent-

April

schied, ob die Saat gut aufging und wie ertragreich die Ernte sein sollte.

Wenn am Georgstag die Sonne scheint, gibt's viele Äpfel.

Nach alten Überlieferungen dürfen heute die Hexen ihr Unwesen treiben. Sie konnten der Saat und dem Wachstum Schaden zufügen. Jetzt ist beste Pflanzzeit für Kartoffeln.

Kommt St. Georg mit dem Schimmel geritten, so kommt ein gutes Frühjahr vom Himmel.
Ist's am Georgi warm und schön, wird man noch raue Wetter seh'n.
Zu Georgi müssen die Schweine ausgetrieben werden, und's Korn muss sich so recken, dass sich kann eine Krähe verstecken.
Zu Georgi blinde Reben, volle Trauben später geben.

25. April
Lostag; Markustag; Tag des Baumes

In den Alpenländern findet vielerorts am Markustag ein kirchlicher Bittgang (Markusprozession) statt, zum Segen für die Feldfrüchte.
Am heutigen Tag des Baumes (Baumtag) gehen vielerorts – und in vielen Ländern – Schüler in die Wälder, um bei den Aufräumarbeiten und beim Aufforsten oder Pflanzen behilflich zu sein.

Was St. Markus an Wetter hält, so ist's auch mit der Ernt' bestellt.
Vor Markustag der Bauer sich hüten mag, denn wenn's vor Markus warm ist, wird's nachher kalt.

Witterungstendenz:
In den letzten Apriltagen Neigung zu reichlich Niederschlägen.

28. April
Lostag

Friert's am Tag von St. Vital, friert es wohl noch 15-mal.

Historische Wetterbeobachtung Anfang 1900:
Ist die Vegetation durch gleichmäßig kalte, aber mit Ausnahme der Gebirge schneelos kalte Witterung um die dritte Aprilwoche zurückgehalten worden, so dass erst gegen Ende des Monats die Schlehe blüht, so folgt wahrscheinlich ein heiterer und wärmerer Mai.

30. April
Lostag; Walpurgisnacht

Die Nacht vom 30.4. zum 1.5. ist die so genannte Walpurgisnacht, einstmals als »Schlimme Hexennacht« bekannt, die Zeit des letzten Austobens der Winterkräfte.

Regen in der Walpurgisnacht, hat stets ein gutes Jahr gebracht.
Um Walpurgis fährt der Saft in die Birken.

Witterungsprognose:
Auf einen zu warmen April und Mai folgen meist ein zu warmer Sommer und Herbst, und sind die beiden Monate zu kalt, so werden oft der Sommer als auch der Herbst zu kalt.
Wie's im April und im Maien war – so schließt man aufs Wetter im ganzen Jahr.

Historische Wetterbeobachtung Anfang 1900:
Starker Schneefall im April ist fast ohne alle Ausnahme Vorzeichen eines ungünstigen, nassen, oft äußerst rauen und kalten Mai, zuweilen sogar eines nassen und kalten Jahres überhaupt. Diejenigen Tage, an welchen die starken Schneefälle vorzugsweise einzutreten pflegen, sind der 7. und 14. April.

Mystische Darstellung des Treibens in der Walpurgisnacht, der Hexennacht auf dem Blocksberg (Brocken).

Der Mai

Seine alten Namen
Mai ist germanisch und bedeutet »jung« (junges Mädchen – Maid); Mojemamoth (altgermanisch), altdeutsch Wunni- oder Winnimanoth = Weidemond oder Weidemonat (Winnemond, das Vieh kommt auf die Weide), später umgedeutet zu Wonnemond, Monat der Liebe und der Blüte, Mei, Marienmonat und Marienmond; die alten Goten nannten den Mai »winja« für Weide, Futter; lateinisch: Maius.

Sein Ursprung
Der Mai hat seinen Namen von der Erd- und Wachstumskönigin Maria. Sie wurde von den Griechen auch Mütterchen oder Amme genannt. Der zweite Namenspate ist der Göttervater Iuppiter Maius, der Gebieter über Blitz, Donner, Regen und Sonnenschein, der Wachstum bringende Gott. Der Mai ist die Zeit des Lenzes, der Liebe und der Hoffnung auf kommende Fruchtbarkeit.

Sein Sternzeichen
Das zweite Zeichen im Tierkreis und von der Venus geprägt ist der Stier, vom 21. 4.–21. 5.
Lostage: 1., 4., 11., 12., 13., 14., 15., 30., 31.
Schwendtage: 3., 7., 8., 10., 22., 25.

Der Mai, uns von alters her als Wonne-, Liebes- und Blumenmonat bekannt, weckt in jedem erneut die Lebensgeister. Außerdem ist der Mai der Muttergottes geweiht und er ist der Pfingstmonat, in dem die Kirche »Geburtstag« hat. Im Übrigen ist jetzt des Bauern Scheune leer. Die Vorräte neigen sich dem Ende, die neue Ernte liegt noch in der ungewissen Zukunft, und die schwere Arbeit in Wiese und Feld hat schon lange begonnen. Man wünscht sich den Mai eher trübe und nass als trocken, ja, sogar kühl darf es mal sein, denn das ist bestes »Wachsewetter«. Kühle Tage im Mai kommen mit Sicherheit, obwohl die Sonne sommerliche Temperaturen auf dem Festland erzeugen kann, denn das nördliche Meer hat sich noch nicht genug aufgeheizt. Wenn Winde aus nördlichen Richtungen kommen, merkt man, dass man die Sommersachen noch nicht anziehen kann. Erkältungen im Wonnemonat sind häufige Folgen schlechter Wetterbeobachtung und Anpassung. Typische Wetterregeln für den Mai sind:

Mai ohne Regen, fehlt's allerwegen, Gewitter im Mai, schreit der Bauer juchhei.
Mai warm und trocken, lässt alles Wachstum stocken,
Mai kühl und nass, füllt des Bauern Scheun und Fass.
Der Mai bringt Blumen dem Gesichte, aber dem Magen keine Früchte.
Regen im Mai bringt Wohlstand und Heu.
Ist der Mai recht heiß und trocken, kriegt der Bauer kleine Brocken,
ist er aber feucht und kühl, gibt es Frucht und Futter viel.

Regen hört sich jetzt an wie ein freundliches Fest und der Klang des Geldes. Aber es ist trotz beständiger Witterung noch Vorsicht geboten, denn es kommt in unregelmäßiger Regelmäßigkeit gegen Mitte des Monats – wie schon gesagt – zu Kälteeinbrüchen aus dem Norden mit Nachtfrösten, die »Eisheiligen«. Meistens platzen sie mitten hinein in die Obstblüte. Man tut gut daran, bei empfindlichen Pflanzen mit Säen und Pflanzen zu warten, bis die gestrengen Herren mit Dame (kalte Sophie) vorbei sind. Sicher ist sicher, auch wenn mit den kalten Herrschaften im Zehnjahresdurchschnitt nur zweimal zu rechnen ist. Früher war das anders. Man konnte etwa bis 1850 auf das Eintreffen der Kältewelle wetten. Im Norden vom 11. bis 13. Mai, und im Süden vom 12. bis 15. Mai. Bis Anfang des 20. Jh. noch in über 70 Prozent der Jahre. Auf unerklärbare Weise endete dann diese Rhythmik. Dennoch, vielerorts wartet man

Mai

Bedeutung der Winde im Mai

Nord/Nordwest	Ost/Nordost	Südost/Süd/Südwest	West
Wechselhaft, besonders in Ost- und Süddeutschland Regen, Schneefallgrenze sinkt auf unter 1500 m. Kühl, besonders im Osten und am Alpenrand Regen, 8 bis 13 °C zu Anfang des Monats, gegen Ende Mai 11 bis 16 °C. Nachts ist Frost bis −2 °C möglich.	Sonnige, immer wärmer werdende Hochdrucklage mit Quellwolken am Nachmittag bei 15 bis 20 °C, später 17 bis 25 °C. Die Nächte sind noch kühl mit Werten um 3 bis 10 °C.	Sommerliche Temperaturen zwischen 23 °C und 28 °C. Im Osten Wechsel zwischen Sonne und Wolken, im Norden und Westen wechselhaft und etwas Regen. Vom Westen bis ins Bergland steigt die Gewitterneigung. Winde um SW sind etwas kühler.	Wechselhafte Tiefdrucklage mit Regen und möglichen Gewitterfronten, zwischen den Regenfronten Wetterberuhigung und sonnig. Temperaturen bei warmer Meeresluft 16 bis 22 °C und bei kühler 13 bis 18 °C. Schnee nur in Hochlagen oberhalb 2000 m.

heute wie damals die Eisheiligen ab, bevor man das Vieh auf die Weiden treibt. Nachtfröste im Mai sind meist bei ruhiger, fast windstiller Hochwetterlage und zudem noch begünstigt bei Vollmond. Deswegen ist der Wind während dieser Zeit sehr willkommen.

Eine typische »Eisheiligen-Großwetterlage« setzt bestimmte Bedingungen voraus. Über dem Ostatlantik oder England muss ein blockierendes Hochdruckgebiet bestimmend sein. Gleichzeitig muss ein Tiefdruckgebiet über dem Baltikum oder der Ostsee vorhanden sein, dann strömt nämlich maritime kalte Polarluft von Skandinavien bis hin zum Mittelmeer und löst bei uns die »Eisheiligen« aus. Der Wonnemonat Mai hat eben noch seine Tücken und Wetterprognosen sind jetzt von besonderer Bedeutung.

Fröste im Mai schädlich sind, gut hingegen sind die Wind'.
Im Mai viel Wind, begehrt des Bauern Gesind, aber Nordwind im Mai, bringt Trockenheit herbei, und weht im Mai der Wind aus Süden, ist uns Regen bald beschieden.

Des Maien Mitte bat für den Winter noch eine Hütte.
Der hl. Mamerz hat von Eis ein Herz. Pankratius hält den Nacken steif, sein Harnisch klirrt von Frost und Reif. Servatius' Hund, der Ostwind ist, hat schon manches Blümchen totgeküsst.

Unsere Vorfahren legten auch Wert auf die Beobachtungen der Tiere. Der Monatskreislauf und die Witterung sind gut an ihnen zu verfolgen. Bei warmem Wetter gibt es mehr Insekten, die Vögel finden mehr Nahrung, die Obstbäume werden durch den fleißigen Besuch der Bienen befruchtet.

Gedeiht die Schnecke und die Nessel, füllt sich Speicher und das Fasset.
Fliegen viele Käfer im Mai, kommt ein gutes Jahr herbei.
Je mehr die Maikäfer verzehren, umso mehr wird die Ernte bescheren.
Wenn im Mai die Wachteln schlagen, künden sie von Regentagen.
Ein Bienenschwarm im Mai, ist wert ein Fuder Heu, denn viele Bienenschwärme im Mai, bringen viel Heu.
Wenn im Mai die Bienen schwärmen, so soll man vor Freude lärmen.
Weben die Spinnen tüchtig im Freien, lässt sich gutes Wetter prophezeien, weben sie nicht, wird's Wetter sich wenden, g'schieht's bei Regen, wird der Mai bald enden.

Jetzt im Mai bieten wie sonst zu keiner Zeit im Jahr Blumen und Sträucher dem Spaziergänger ein wahres Duftfeuerwerk für die Nase. Ob der schwer wirkende Duft der Traubenkirsche, der süßliche Geruch der Weißdornblüten, die Frische feuchter Wälder oder die unterschiedlichsten Duftnoten der Frühlingsblüher. Jeder warme Regenschauer lässt neue Blütenknospen regelrecht explodieren und man glaubt wahrzunehmen, wie das frische Grün erneut Einzug hält. Die Blütenfarbe des Monats ist allerdings weniger spektakulär. Es ist die Farbe Weiß, die mancherorts ganze Heckenstreifen einfärbt, gefolgt von Gelb und Rot. Spätestens am vielfältigen Gesang der Vögel merkt man, dass der Monat Mai in unserer Gunst eine Sonderstellung einnimmt.

Mai

Monatsmittelwerte im Mai

Region	Höchsttemperatur in °C	Tiefsttemperatur in °C	Durchschnittstemperatur in °C	Niederschlagsmenge in mm	Niederschlagstage	Sonnenscheindauer in Stunden
Niederösterreich	19,2	10	14,6	70	13	7,6
Österreichische Alpen	20,2	7,9	14,05	77	15	6,1
Schweizer Alpen	20,8	10,2	15,5	214	13	6,2
Schweizer Aargau	19,4	8,2	13,8	107	13	6,7
Deutsche Alpen	13,8	5,6	9,7	118	15	6,1
Bodensee	18,5	6,1	12,3	95	15	7,5
München	17,4	6,8	12,1	107	13	6,4
Schwarzwald	15,7	6,1	10,9	100	16	7,0
Bayrischer Wald	11,1	4,4	7,75	122	19	5,5
Erzgebirge	20,0	−1,5	9,25	88	15	6,1
Thüringer Wald	20,3	−2,2	9,05	87	15	6,0
Harz	14,3	5,4	9,85	80	16	6,8
Frankfurt am Main	19,0	7,9	13,45	61	10	6,7
Eifel	14,2	6,3	10,25	74	12	6,1
Köln	18,5	7,6	13,05	74	12	6,2
Lüneburger Heide	18,2	6,4	12,3	59	14	7,3
Berlin	18,4	8,8	13,6	56	10	7,1
Mecklenburgische Seenplatte	25,5	0,7	13,1	51	13	7,7
Hamburg	17,0	7,2	12,1	57	10	7,0
Deutsche Bucht	12,9	7,8	10,35	43	8	7,9
Ostseeküste	15,0	7,8	11,4	47	12	7,2

Mai

Wetterrekorde im Mai

<u>Höchste Tagestemperatur:</u> 35 °C am 24.05.1922 in Münster
<u>Tiefste Tagestemperatur:</u> 1,1 °C am 05.05.1969 in Kempten
<u>Tiefste Nachttemperatur:</u> −10,9 °C am 08.05.1957 in Oberstdorf
<u>Maienschnee:</u> am 09. und 10. Mai 1953 schneite es in den Mittelgebirgen so sehr, dass das Holz ganzer Wälder zerbrach
<u>Die meisten Regentage seit 1857:</u> 25 im Jahre 1983; der Rhein erreichte in Köln mit 9,96 m den höchsten Pegel seit 1926
<u>Größte Niederschlagsintensität:</u> 126,0 mm in 8 Minuten am 25.05.1920 bei Füssen/Allgäu
<u>Längster anhaltender Nebel:</u> 242 Stunden (10 Tage) vom 07.05.1996 bis 17.05.1996 in Neuhaus/Thüringen
<u>Größte monatliche Niederschlagshöhe:</u> 777 mm in Oberreute (Bodensee) im Mai 1933 und in Stein (Oberbayern) am Juli 1954

Tierphänomene im Mai

<u>Jungtiere:</u> Im April/Mai ist die Zeit der Jungtiere. Der Nachwuchs der Hirsche beispielsweise erblickt knapp 8 Monate nach der herbstlichen Brunftzeit das Licht der Welt. Die Kitze werden 3–4 Monate gesäugt und sind nach 2–3 Jahren erwachsen.
<u>Mauersegler</u> kehren erst jetzt zurück und bleiben auch nur bis Juli/August. Übrigens: Mauersegler schlafen im Fluge!
<u>Schwärmende Bienen</u> kann man im Mai/Juni sehen. Sie sammeln sich dann z. B. an einem Ast, hängend wie eine große Traube um ihre Königin, um ein neues Volk zu bilden. Hat man die Möglichkeit, ein Bienen-

Im Mai ist das Vogelkonzert nicht mehr zu überhören, denn »Alle Vögel sind schon da«.

volk zu beobachten, kann man den Beginn der Schwarmzeit gut erkennen. Der optimale Zeitpunkt dafür liegt nach der Verdeckelung der Weiselzellen, der sichere vor deren Verdeckelung.
<u>Schmetterlinge:</u> Der bekannte, als Puppe überwinternde Schwalbenschwanz schlüpft jetzt. Die nur einige Wochen lebenden Falter sammeln sich in größerer Zahl zur Balz, besonders gerne an der Spitze grasiger Hügel. Dieses Verhalten nennt man »hilltopping«. Schleicht man sich vorsichtig heran, sind die Falter mit ihrem interessanten Balzverhalten gut zu beobachten. Sie verfolgen sich gegenseitig, setzen sich immer wieder auf den Boden oder auf Blumen. Ab Mitte Juli und August fliegt die zweite Generation. Weitere Arten im Mai sind das Waldbrettspiel (typisch Waldschmetterling), der Hauhechel-Bläuling (meist sind nur die Männchen blau, Weibchen bräunlich), der Würfelfleckfalter und der schlecht zu beobachtende (fliegt fast ständig), im Wald lebende Nagelfleck.
<u>Libelle:</u> Die meisten Libellen schlüpfen gegen Ende des Monats und im Juni. Sie sind an pflanzenreichen stehenden Gewässern zu beobachten. Das Libellengeschlecht bevölkert schon seit 250 Millionen Jahren die Erde. Leider fürchten sich viele Menschen vor dem langen Hinterleib der Tiere und meinen, dass sie gefährlich stechen. Viel zu wenige wissen, dass Libellen nicht stechen können und für den Menschen völlig harmlos sind.
<u>Brutzeit der Langstreckenzieher</u> (tropisches Afrika): Mitte April, Anfang Mai Rauch- und Mehlschwalben, etwas später Wendehals, Fitis, Grauschnäpper, Gartenrotschwanz. Erst Ende Mai, Anfang Juni nisten Gelbspötter und Gartengrasmücke.
<u>Maikäfer:</u> Eine tot geglaubte Gefahr wartet jetzt im Mai unter der Erde auf wärmende Sonnenstrahlen, der früher gefürchtete, in Massen auftretende Maikäfer. Gebietsweise kommen die Maikäfer, die in der Vergangenheit stark bekämpft wurden, seit Mitte der 80er-Jahre wieder vermehrt vor, um in einem Rhythmus von ungefähr 35 Jahren Spitzenpopulationen zu erreichen. Am Morgen kann man die Blattfresser in Kältestarre verfallen und kopfunter an einem Bein hängend an Bäumen und Blättern sehen.

Ist der Mai recht kalt und nass, haben die Maikäfer wenig Spaß.

Die Entwicklungsdauer des wechselwarmen Maikäfers hängt von der

Mai

Die verschiedenen Entwicklungsstadien des Maikäfers.

Außentemperatur ab. Sie verkürzt sich in warmen Gegenden auf 3 und verlängert sich in besonders kalten auf 5 Jahre.

Maikäferjahr – gutes Jahr.
Sind die Maikäfer und Raupen viel,
steht eine reiche Ernte am Ziel.

Er ist wie der Kuckuck ein Frühlingssymbol und schwärmt nur ca. 2 – 8 Tage, von Mitte bis Ende Mai, zum Teil bis in den Juni hinein. Man kannte früher so genannte gefürchtete Maikäferjahre, die gemäß der Entwicklungszeit der Larven etwa alle 4 Jahre auftraten. Die Tiere können über Nacht eine große Eiche kahl fressen. Ihre Lieblingsspeise sind die Blätter der Eiche, danach Pflaume, Rosskastanie, Kirsche, Buche, Ahorn, Apfel und Birne.
Die Schwarmzeit der Stechmücken beginnt jetzt im Mai.

1. Mai
Lostag; Maifeiertag

Der 1. Mai oder Maifeiertag ist seit 1933 gesetzlicher Feiertag. Tag der erwachenden Natur und Beginn des Sommerhalbjahres.

Regnet's am 1. Maifeiertag,
viel Früchte man erwarten mag.
Am ersten Mai soll sich eine Krähe
im Roggen verstecken können.

Witterungstendenzen:
Während der ersten 20 Tage ist im langjährigen Mittel mit instabilem, wechselhaftem Wetter, oft mit kalter Luft aus dem Norden zu rechnen, jedoch auch mit Warmfronten.

Um den 4. 5. ist mit einem drohenden Kälterückfall mit Frostgefahr zu rechnen.
Der Florian, der Florian, noch einen Schneehut setzen kann.

Wenn sich im Mai wiederholt Gewitter bilden, ohne dass es regnet, dann gewöhnlich kühler und scharfer Windzug folgt, begleitet vom so genannten Höhenrauch, so ist dies fast ohne Ausnahme das Vorzeichen eines kühlen Sommers.

Historische Wetterbeobachtung Anfang 1900:
Wenn um den 5. – 7. Mai Schneefall eintritt, welcher oft von Nässe gefolgt wird, ist das ein ungünstiges Vorzeichen für das Sommerwetter.

---

11. bis 15. Mai
Wichtige Lostage; Eisheiligen

Ab heute beginnen die Eisheiligen mit Mamertus (11. 5.), Pankratius (12. 5.) und Servatius (13. 5.). Von regionaler Bedeutung sind auch Bonifatius (14. 5.) und die kalte Sophie (15. 5.). Je nach Region werden die Eisheiligen auch »die drei Gestrengen«, »Eismänner« oder »gestrenge Herren« genannt. Gemeint ist damit eine mögliche Kälteperiode mit Nachtfrostgefahr um Mitte Mai.
In früheren Zeiten schützte man die Gärten, Felder und Weingärten mit entzündeten Feuern, welche durch Rauch und Wärme vor Frost schützen sollten. Bauern und Winzer schützen ihre Anpflanzungen teilweise auch heute noch mit frischen Zweigen, die im Reisighaufen stark qualmend verbrennen.

Pankraz und Servaz sind zwei Brüder, was der Frühling gebracht, zerstören sie wieder.
Wer seine Schafe schert vor Servaz, dem ist die Wolle lieber als das Schaf.
Pankrazi, Servazi, Bonifazi sind drei frostige Bazi, und zum Schluss fehlt nie die kalte Sophie.
Die Eisheiligen sieht kein Gärtner gern, denn sie sind allzu gestrenge Herrn.

Witterungsprognose:
Wenn es um den 12. Mai zu warm ist, so werden auch oft der Oktober und November zu warm.

Mai

Wenn es am Pankratiustag schön ist, so ist das ein gutes Zeichen zu einem schönen Herbst.

Bodenfrostprognose:
Die Bodenfrostwahrscheinlichkeit vom 12.–14. Mai liegt in ganz Deutschland bei 30%, in ungünstigen Lagen auch 50%. In Höhenlagen sind Kaltlufteinbrüche mit Schneeschauern möglich.
Pankraz und Servaz sind böse Gäste, sie bringen oft die Maienfröste.

Um den 15. 5. sinkt die Bodenfrostwahrscheinlichkeit in Süddeutschland auf 15–20%, ab den 18. 5. sogar auf 5–8%.

Witterungstendenz:
Im letzten Monatsdrittel kommt es in 7 von 10 Jahren zu einer länger anhaltenden Schönwetterlage mit möglichen Temperaturen bis 30 °C; Wärmegewitter möglich (Spätfrühling).

25. Mai
Wichtiger Los- und Schwendtag

Der heutige Lostag ist für die Wetterbestimmung der nächsten Tage bis Wochen wichtig und gibt Hinweise auf den Herbst.

Wie sich's an St. Urban verhält, so ist's noch 20 Tage bestellt.
St. Urban hell und rein, gibt viel Korn und Wein.
Danket St. Urban, dem Herrn, er bringt dem Getreide den Kern.

Witterungshinweis:
Vorsicht vor den »kleinen Eisheiligen« (25./26. Mai).

Witterungsprognose:
Scheint um den 25. Mai viel die Sonne, so wird der September in 2 von 3 Jahren schön werden, oft sogar der ganze Herbst. Scheint die Sonne jedoch wenig, so wird höchstwahrscheinlich auch der Herbst zu wenig Sonne bekommen.
Die Witterung auf St. Urban zeigt des Herbstes Wetter an.

Witterungshinweis:
Auf besonders warmes Wetter in den letzten Maitagen folgt häufig ein mehrtägiger Temperatursturz und Regen im ersten Junidrittel.

Mai mäßig feucht und kühl, setzt dem Juni ein warmes Ziel; aber übermäßig warmer Mai will, dass der Juni voll Nässe sei.

31. Mai
Lostag

Auf Patronellentag Regen, wird sich der Hafer legen.
Wer Hafer sät auf Patronell, dem wächst er gut und schnell [in Höhenlagen bester Termin].

Witterungsprognose:
In 6 von 10 Jahren folgt auf einen trockenen Mai ein trockener Juni.

Nach den Eisheiligen wird es Zeit für vielfältige Gartenarbeiten.

Der Juni

Seine alten Namen
Brachmanoth = Monat des ersten Pflügens; Brachet (althochdeutsch »brahmanod«) = Brachliegen der Felder, Brächet, Brachmond. Diese Namen stammen aus der Zeit der Dreifelderwirtschaft. Es blieb ein Drittel der Flur nach der Ernte als Stoppelweide liegen und wurde erst im kommenden Juni gepflügt und zur Aufnahme der Winterfrucht vorbereitet. Auch Brachmänoth, Rosenmond, Johannismonat; Grasmonat und Sommermonat, lateinisch: Iunonius (mensis).

Sein Ursprung
Der Juni ist bei den Römern nach der Himmelsgöttin Juno (Iuno), der Gattin des Göttervaters Jupiter, benannt worden. Sie galt als die »jugendlich blühende«, war die Göttin der Gestirne sowie Stifterin und Hüterin der Frauen, der Liebenden und der Ehe. Manche nicht sichere Quellen deuten auch auf den ersten Konsul Roms, L. Junius Brutus.

Sein Sternzeichen
Das dritte Zeichen im Tierkreis und vom Merkur geprägt sind die Zwillinge, vom 22. 5.–21. 6.
Lostage: 8., 10., 11., 13., 15., 19., 24., 27., 29.
Schwendtage: 1., 17., 30.

Ein Feuer und ein Wasserkessel drauf, das ist des Brachmonds bester Lauf.

Der brachliegende Acker wurde in der Zeit der Dreifelderwirtschaft im Juni wieder bearbeitet. Die Heuernte beginnt. Früher nahm diese Erntearbeit alle Arbeitskräfte auf dem Hof in Anspruch. Gerade jetzt war der Blick zum Himmel, um das Wetter zu erkunden, von prägnanter Bedeutung. Die Schafskälte und die Johannisflut sind jetzt markante Wettererscheinungen, die der Landmann seit Jahrhunderten kennt. Die Schafskälte stellt sich in einer Regelmäßigkeit zwischen dem 10. und 14. Juni mit einer Eintreffwahrscheinlichkeit von 80 % ein. Besonders gefürchtet war dieses Wetterereignis bei den Schäfern, weil sich dann die frisch geschorenen Schafe zu Tode erkälten konnten. Früher sind schon ganze Herden erfroren. Dieser Kälteeinbruch gegen Mitte Juni lässt feucht-kalte Meeresluft vom Nordatlantik zu uns strömen und kann noch eine nächtliche Abkühlung nahe 0 °C bringen. Ursache: Bei vorausgehenden warmen Tagen erwärmt sich die Luft über Europa beträchtlich, der Luftdruck sinkt (höherer Luftdruck in kalter Luft). Kalte Hochdruckluft liegt über dem Atlantik und fließt nass-kalt zu uns herüber (Luft fließt vom hohen zum tiefen Druck).

Reif in der Juninacht, dem Bauern viel Sorgen macht.
Wenn kalt und nass der Juni war, verdirbt er fast das ganze Jahr.
Kalter Juniregen, bringt Wein und Honig keinen Segen.
Juni kalt und nass, lässt leer Scheun und Fass.
Gibt's im Juni Donnerwetter, wird auch das Getreide fetter, aber Juni viel Donner, verkündet trüben Sommer.
Im Juni kühl und trocken, dann gibt's was in die Milch zu brocken.

Im letzten Monatsdrittel führen sintflutartige Wolkenbrüche vielfach zur so genannten Johannisflut.

Im Juni, Bauer bete, dass der Hagel nicht alles zertrete. Juniflut bringt den Müller um Hab und Gut.

Im Allgemeinen wünscht sich der Bauer den Juni warm und feucht, denn dann ist ihm eine gute Ernte sicher. So ist es ihm seit alters bekannt. In diesem Monat erreicht das Pflanzenwachstum auf Grund des Wechsels zwischen Sonnenwärme und Niederschlägen seinen Höhepunkt. Viele Pflanzen gehen von der Blüte in den Reifezustand über. Ist

Juni

Bedeutung der Winde im Juni

Nord/Nordwest	Ost/Nordost	Südost/Süd/Südwest	West
Wechselhaftes regnerisches Wetter. Im Osten und am Alpenrand kann die Schneefallgrenze auf 1800 m sinken. Insgesamt sind kühle Temperaturen von 11 bis 18 °C zu erwarten (Schafskälte).	Sonnige, täglich wärmer werdende Hochdrucklage mit Quellwolken ab späten Vormittag bei 18 bis 24 °C, später 25 bis 30 °C. Spätnachmittags sind in höheren Lagen Wärmegewitter möglich. Die Nächte werden mit 6 bis 15 °C wärmer. Hält sich dieser Witterungscharakter, ist ein warmer »Urlaubssommer« zu erwarten.	Sommerlich warme, feuchte, z. T. schwüle Luftmassen mit 26 bis 32 °C. Sonne und Wolken lösen sich ab. Gewitterneigung besonders im Bergland und im Westen. Sehr ausgeprägte Gewitterfronten mit starken Gewitterböen, wenn sich die Wetterlage auf kühlere Westwinde umstellt.	Wechselhafte Tiefdrucklage mit sonnigen Abschnitten und Durchzug von Regen-, manchmal Gewitterfronten. Temperaturen wechseln zwischen warmer Meeresluft von 18 bis 25 °C und kühler Meeresluft zwischen 14 und 20 °C.

der Juni zu trocken, wird man später einen mehr oder weniger deutlichen Wachstumsrückstand beobachten können.

Im Juni entscheidet es sich, ob der Sommer trocken oder nass wird. Die Wetterregeln zum Siebenschläfer (27. 06.) beziehen sich darauf. Regnet es häufig in der letzten Juniwoche, so setzt sich eine feuchte Weststömung durch und kommt trotz mancher schöner Tage bis Ende Juli immer wieder zum Durchbruch. Genauso kann die Großwetterlage Ende Juni/Anfang Juli auch vom Baltikum und vom russischen Festland beeinflusst sein; dann ist es schön. Egal, welche Großwetterlage sich einstellt, sie ist jedenfalls ab Ende Juni ziemlich stabil.

Je häufiger es zum Monatswechsel Juni/Juli regnet, umso regnerischer wird der Juli.
Das Wetter, mit dem die Heuernte beginnt, sich in der Kornernte find't.
Auf einen nassen Sommer fürwahr, folgt Teuerung im nächsten Jahr.
Wenn die Nacht zu langen beginnt, die Hitze am stärksten zunimmt.

Seit Jahrhunderten schätzt der Bauer die Johanniswürmchen als zuverlässige Wetterpropheten. In der zweiten Hälfte des Monats halten die leuchtenden Weichkäfer, auch Glühwürmchen genannt, Hochzeit, aber mit einer Einschränkung. Sie »treiben's« nur bei ruhiger Luft und Schönwetterlage. Leider sind diese Tiere heutzutage ein seltenes Naturwunder geworden. Früher jedoch tanzten sie in lauen Nächten zu Tausenden über den Wiesen.

Wenn Johanniswürmchen schön leuchten und glänzen, kommt Wetter zu Lust und im Freien zu Tänzen.
Wenn die Johanniskäfer hell leuchten im Garten, dann ist gut Wetter zu erwarten.

Verbirgt sich das Tierchen bis Johanni und weiter, wird's Wetter einstweilen nicht warm und nicht heiter.

Sollte es tatsächlich ein feuchter Juni werden, schenkt der naturverbundene Mensch dem Verhalten der Tiere besondere Aufmerksamkeit, um so jeden trockenen Tag nutzen zu können.

Der Kuckuck kündet feuchte Zeit, wenn er nach Johanni schreit [24. 6.].
Stechen die Mücken und die Fliegen, wird's Heu nicht lang trocken liegen.

Glühwürmchen oder Leuchtkäfer: flugunfähiges Weibchen, Larve und Männchen (von links nach rechts).

Juni

Monatsmittelwerte im Juni

Region	Höchsttemperatur in °C	Tiefsttemperatur in °C	Durchschnittstemperatur in °C	Niederschlagsmenge in mm	Niederschlagstage	Sonnenscheindauer in Stunden
Niederösterreich	22,6	13,5	18,05	67	14	8,3
Österreichische Alpen	23,5	11,1	17,3	114	19	6,3
Schweizer Alpen	24,9	13,7	19,3	198	12	7,8
Schweizer Aargau	22,7	11,7	17,2	136	13	7,3
Deutsche Alpen	17,2	8,9	13,05	148	16	6,6
Bodensee	21,8	9,1	15,45	112	16	7,2
München	20,5	10,7	15,6	130	14	7,0
Schwarzwald	18,5	9,1	13,8	125	17	6,3
Bayrischer Wald	15,0	7,2	11,1	101	15	6,2
Erzgebirge	23,3	2,7	13	102	15	6,3
Thüringer Wald	23,0	2,2	12,6	107	15	6,3
Harz	17,5	8,4	12,95	98	15	7,0
Frankfurt am Main	22,2	11,3	16,75	70	10	7,0
Eifel	17,2	9,4	13,3	79	12	6,0
Köln	21,4	10,7	16,05	86	12	6,2
Lüneburger Heide	21,1	9,4	15,25	63	15	7,3
Berlin	21,9	12,4	17,15	75	10	7,4
Mecklenburgische Seenplatte	28,8	5,3	17,05	64	14	8,6
Hamburg	20,2	10,4	15,3	75	11	7,4
Deutsche Bucht	15,9	11,7	13,8	44	8	8,2
Ostseeküste	18,3	11,7	15	67	12	7,8

Juni

Brüllen ängstlich die Küh, ist's gute Wetter bald perdü.
Wenn der Holunder blüht, sind auch bald die Hühner müd.
Singt die Grasmücke ehe treiben die Reben, will Gott ein gutes Jahr uns geben.

Schöne Tage versprechen abends herumschwirrende Junikäfer sowie Glühwürmchen und Spinnen, die an ihrem Netz arbeiten oder mitten darin sitzen. Verkriechen sie sich, so ist mit Regen oder Unwetter zu rechnen. Es ist immer wieder zu betonen, dass sich die Bauern nicht nur auf das Wetter an einzelnen Lostagen verlassen haben, sondern auch alle anderen möglichen Anzeichen in ihrer Umwelt wahrnahmen, die auf eine Wetteränderung hindeuteten. Zum Beispiel bemerkten sie, dass Steine und Äxte zu schwitzen begannen, wenn Regen kam. Sie bemerkten, dass sich Fichtenäste zur Erde neigten, wenn das Wetter trocken blieb, und sich bei nahendem Schlechtwetter nach oben richteten.

Wetterrekorde im Juni

Höchste Tagestemperatur: 38 °C am 27.06.1947 in Trier
Tiefste Tagestemperatur: 4,2 °C am 02.06.1962 in Oberstdorf
Tiefste Nachttemperatur: −2,4 °C am 04.06.1962 in Oberstdorf
Stärkste Windgeschwindigkeit in Böen: 335 km/h am 12.06.1985 auf der Zugspitze
Späteste Schneedecke: 4–6 cm in Kempten und Oberstdorf am 02.06.1962
Böenmaximum im Bergland: 335 km/h am 12.06.1985 auf der Zugspitze.

Tierphänomene im Juni

Reptilien, z. B. Blindschleiche und Eidechsen, sind nun endgültig aus ihren Winterverstecken gekrochen. Jetzt zur beginnenden Paarungszeit kann man sie auch paarweise beobachten.
Teichbewohner haben von Mai bis Juli Hochkonjunktur. Hier Beobachtungen anzustellen ist sehr lohnenswert. Am besten funktioniert es mit einer »Wasserlupe«, die man schnell selbst bauen kann. Dazu braucht man eine möglichst große, hohe Konservendose (z. B. eine Würstchendose), an der man beide Deckel entfernt und die scharfen Kanten mit Schmirgelpapier beseitigt. Auf einer Seite der Dose befestigt man mit einem Gummiband ein Stück Frischhaltefolie – und schon kann die Besichtigungstour beginnen.
Schmetterlinge: Ein Schauspiel besonderer Art ist die Heimkehr der Distelfalter. Für die aus dem Süden zurückkommenden Wanderfalter ist der Juni der eigentliche Einwanderungsmonat. Sie fliegen recht schnell etwa 1–2 m über dem Boden, alle mit gleicher Flugrichtung. Weitere Falter des Juni sind der typische Wiesenfalter Großes Ochsenauge, der Feuchtgebietsschmetterling Perlmuttfalter sowie der Nachtfalter Brauner Bär.
Brennnessel-Raupen: Zu Beginn der Saison beobachtet man in größeren Brennnesselbeständen die Raupen des Kleinen Fuchses, ab Mitte des Monats die ersten frisch geschlüpften Falter und gegen Ende Juni die gesellig an der Brennnesseloberseite fressenden Raupen des Tagpfauenauges sowie des Landkärtchens (Blattunterseite). Nach der Verpuppung vergehen etwa 10–14 Tage, bis die neuen Falter schlüpfen. Diesen Vorgang kann man auch zu Hause oder in der Nähe an Brennnesselbeständen sehr gut beobachten.
Rehkitze: Juni ist die Zeit der jungen, weiß getupften Rehkitze, die gut versteckt zwischen den hohen Gräsern der Wiesen und breiten Wegränder liegen. Sie sind noch zu klein, um der Ricke bei Gefahr zu folgen. Jetzt gehört jeder Hund unbedingt an die Leine, und eine Wiesenmahd sollte mit Bedacht durchgeführt werden.
Ameisen: Die Ameisenköniginnen können jetzt fliegen – sie »schwärmen« ab Ende Mai bis Juli.
Auch Hummeln und Wespen sind immer häufiger zu beobachten.
Kuckucksspeichel, so nennt der Volksmund die jetzt vielfach an Wegrändern, Böschungen und Gräben zu beobachtenden kleinen Schaumtropfen an Gräsern und Büschen. Verursacher dieser harmlosen schaumigen

Rehkitze sind oft im hohen Wiesengras verborgen. Jetzt ist größte Vorsicht beim Mähen geboten!

Juni

Gebilde ist die Wiesenschaumzikade, deren Larven in diesen Schaumhäuschen vor Feinden relativ sicher sind. Leuchtkäfer, Glühwürmchen, Johanniswürmchen oder Sonnenwendkäfer zeigen sich im Juni in größeren Schwärmen abends und nachts auf Wiesen, an Waldrändern, Bäumen und Büschen. Nur die Männchen können fliegen. In der zweiten Hälfte des Monats halten sie Hochzeit. Die Larven fressen Schnecken und überwintern.

Hirschkäfer: Er braucht bis zum Käfer eine sehr lange Entwicklungszeit. Sie dauert 5–8 Jahre, die die Larve im Wurzelbereich insbesondere von alten Eichen oder morschen Stubben verbringt. Die imposanten Käfer sieht man nur einen Monat, von Juni bis Juli.

Vögel: Gegen Ende des Monats wird es deutlich, mit der wieder abnehmenden Tageslänge werden die Vogellieder leiser. Der überwiegend von der Tageslänge gesteuerte Gesang lässt die »kreative Phase« von Nachtigallen, Grasmücken, Laubsängern und Finkenvögel enden. Es wird morgens deutlich ruhiger.

1. Juni
Los- und Schwendtag; Weltbauerntag

*Schönes Wetter auf Fortunat,
ein gutes Jahr zu bedeuten hat.*

Die Schafschur fällt Anfang Juni genau in die Zeit eines möglichen Kälterückfalls, der so genannten Schafskälte.

> *Witterungshinweis:
> Nach besonders warmen Tagen in der letzten Maiwoche folgt im ersten Junidrittel recht häufig ein Temperatursturz mit kühler Meeresluft. Ist die erste Juniwoche überwiegend heiß, so folgt mit großer Wahrscheinlichkeit ein nasser Hochsommer.*

2. Juni
Tag der Artenvielfalt

Der GEO-Tag der Artenvielfalt findet am ersten Sonnabend im Juni statt. Gewässer, Magerrasen, Wälder oder größere Landschaftsausschnitte werden an diesem Tag von vielen Vereinen und Schülergruppen, aber auch wissenschaftlichen Instituten hinsichtlich der dort beheimateten Flora und Fauna untersucht.

> *Witterungstendenz:
> Vom 2.–5. Juni häufig kühle Meeresluft mit Regenschauern – beginnende »Schafskälte«.*

5. Juni
Internationaler Tag der Umwelt

Familien, Kindergärten, Schulklassen, Vereine, ganze Städte und Gemeinden können viele Aktivitäten am Tag der Umwelt ausüben. In der heutigen Zeit wichtiger denn je.

8. Juni
Wichtiger Lostag

*Wie das Wetter zu Medardi hält,
es bis zum Mondschluss anhält.
Was St. Medardi für Wetter hält,
solch Wetter auch in die Ernte fällt.
Hat Medardi am Regen Behagen,
will auch in die Ernte jagen.*

Juni

Witterungstendenz:
Ist es um den 8. Juni regnerisch, so werden auch die Folgetage bis Ende Juni zu 70% regnerisch werden.
Regnet's am Medardi-Tag, so regnet's 40 Tag danach.

9. Juni
Schafskälte

Die Schafskälte ist ein häufiger um diese Zeit (Zeit der Schafschur) auftretender Kälterückfall, verursacht durch Einbrüche kühler Meeresluft nach Mitteleuropa.

Im Juni bleibt man gerne stehen, um nach dem Wetter aufzusehen.

10. Juni
Lostag; Margaretentag

Hat Margret keinen Sonnenschein, dann kommt das Heu nie trocken rein.
Margaret und Vit [15. 6.] bringen kalten Regen mit.

Witterungstendenz:
Zwischen dem 9. und 18. Juni fast immer Einbruch kühler Meeresluft, die so genannte Schafskälte.

15. Juni
Lostag; St.-Vitus-Tag

Früher gehörte der St.-Vitus-Tag zu den Festlichkeiten um Sonnenwend. Die Haupttheuerntezeit beginnt.

Wenn St. Veit's Häfele umschüttet, so schüttet's er auf 4 Wochen um.
Wie das Wetter ist an St. Veith, so ist es nachher lange Zeit.

Witterungstendenz:
Vom 15.–23. Juni Neigung zu sommerlicher Hochdruckwetterlage (Frühsommer).

21. Juni
Sommeranfang; Sommersonnenwende

Heute ist Sommeranfang, der längste Tag des Jahres. Schon seit alter Zeit wird heute das Fest der Sommersonnenwende gefeiert, welches aber auch auf den Johannistag (24. 6.) verschoben wird.
Früher hatte das Kräuterbrauchtum eine besondere Bedeutung. In der Nacht wurden Heilkräuter gesucht, geweiht und teils ins Sonnenwendfeuer geworfen. Vor allem die Johannisblume schmückte Haus und Stall in Kränzen und Sträußen. Bei Gewitter wurde auf sie zurückgegriffen, um sie im Herdfeuer zu verbrennen. Auch als Heilkraut wurden die Sträuße benutzt. Jetzt scheinen sich die Blätter der Bäume umzudrehen. Besonders bei der Silberpappel ist dies deutlich zu sehen: »*Dat Blatt drait sik.*« Auch das Kuhfell fängt an rau zu werden: »*Johannig drait sik dat Har up'r Kauh.*« Sträucher, die man heute ausreißt, wachsen schlecht oder gar nicht mehr nach. Wenn Heide- und Wildkräuter heute ausgerissen werden, soll es sich ähnlich verhalten; jedenfalls sind sie danach besser unter Kontrolle zu halten.

Im Juni beginnt die Heuernte. Mehrere trocken-sonnige Tage sind dafür Voraussetzung.

Ist die Milchstraße klar zu sehn, bleibt das Wetter schön.
Funkeln heut die Stern, spielt der Wind bald den Herrn.
Stürmt es an Sonnwend', im nächsten Monat das Feld heiß brennt.

Juni

24. Juni
Wichtiger Lostag; Johannistag; Spargelsilvester

Spargelsilvester: Ab jetzt soll kein Spargel mehr gestochen werden. Nach damaligem Glauben schützte man heute sein Haus mit Girlanden aus Efeu, Johanniskraut, Schafgarbe, Wegerich und Gelber Wucherblume, um sich vor den vielen Hexen und Feen zu schützen, die in der Johannisnacht unterwegs waren. Für Wünschelrutengänger war es in der heutigen Johannisnacht besonders wichtig, Haselnusszweige für ihre Arbeit zu schneiden; sie waren dann besonders wirkungsvoll.

*Wenn an Johanni die Linde blüht, ist an Jakobi [27. 7.] das Korn reif.
Tritt auf Johanni Regen ein, so wird der Nusswachs nicht gedeihen.
Regnet's am Johannistag, so regnet es noch 14 Tag.*

*Witterungstendenz:
Vom 24.–26. Juni oft Kaltlufteinbrüche, danach Neigung zu Hochdruckwetter.*

27. Juni
Wichtiger Lostag; Siebenschläfertag

Der Siebenschläfertag, der Tag der Wetterentscheidung für die schönsten Wochen des Jahres und der Erntezeit, ist seit der gregorianischen Kalenderreform im Jahr 1582 meteorologisch auf den 7. Juli verschoben. Die folgenden Wetterregeln sollte man heute nicht ganz so ernst nehmen. Die Wetterprognose steigt für diesen Zeitraum auf 70 Prozent.

*Ist der Siebenschläfertag nass, regnet's ohne Unterlass.
Regnet's an Siebenschläfertag, so regnet's sieben Wochen nach.
Wenn das Wetter vor Johanni grob, ist's nach Johanni lind.*

*Witterungshinweis:
Der Spruch von Regen und Sonne am Siebenschläfertag ist nicht überall zu belegen. Eine 70 %ige Wahrscheinlichkeit ergibt sich im Süden (Alpenvorland), ca. 60 % im Binnenland, im Küstenbereich ist es nicht eindeutig.*

Ende Juni, zur Zeit des Siebenschläfertages, ist der Regen nicht gern gesehen.

Wie's Wetter am Siebenschläfertag, so der Juli werden mag.

*Witterungstendenz:
Gegen Ende des Monats ist schönes Sommerwetter zu erwarten, das oft bis in die erste Juliwoche anhält.*

29. Juni
Wichtiger Lostag; Wetterherrentag

Im 16. Jahrhundert wurde bei anhaltender Dürre das Bild vom hl. Petrus umhergetragen und in Wasser getaucht. In Thüringen z. B. betete man zu Petrus um Wasser. In den Küstengemeinden gab es an diesem Tag Prozessionen und das Meer wurde gesegnet.

Es drohen dreißig Regentage, da nützt nun mal keine Klage.

*Witterungsprognosen:
Steht die erste Junihälfte überwiegend im Zeichen großer Hitze (mindestens 2 °C über normal), so folgt mit hoher Wahrscheinlichkeit ein nasser Hochsommer. Je häufiger es vom 26. bis 30. Juni regnet, umso regenreicher wird zu 70% der Juli. Der Spruch: »Petrus schwimmt im Schilf daher oder im Schiff dahin« signalisiert den Beginn oder das Ende einer Regenperiode und somit einen Witterungswechsel um den 29. Juni.*

Der Juli

Seine alten Namen
Hewimanoth oder Heuert (von »hou«, »hewi« [Heu]) = Heumonat, die Wiesen werden gemäht; später Heuertin, Heumonat, Heuerntemonat. Heuert ist auch mit hauen verbunden, also dem niedergehauenen Gras. Auch Wärmemond, Heumond und Bärenmonat; Rödmanoth (altgermanisch); lateinisch: Quintilis, seit 46 v. Chr. Iulius (mensis).

Sein Ursprung
Der Juli ist nach Gajus Julius Cäsar benannt, der 46. v. Chr. im Römischen Reich die Kalenderreform (365 Tage) durchsetzte. Der Monat hieß bis dahin Quintilis (der Fünfte) und wurde Cäsar zu Ehren in Julius umbenannt, da es der Monat seines Geburtstags war.
Julius war der erste Mensch, dessen Name in einem Monatsnamen verewigt wurde.

Sein Sternzeichen
Das vierte Zeichen im Tierkreis und vom Mond geprägt ist der Krebs, vom 22. 6.–22 7.
Lostage: 2., 4., 8., 10., 15., 17., 20., 23., 25., 26., 31.
Schwendtage: 5., 6., 19., 22., 28.

In der katholischen Kirche begeht man in diesem Monat das Fest des kostbaren Blutes Christi, weswegen der Juli auch Blut-Christi-Monat genannt wird. Die alten Deutschen aber nannten ihn treffend den Heumonat. Auch noch heute kann man außerhalb von Städten den würzigen Geruch frisch geschnittenen Grases sowie von Kamille und anderen Kräutern in der Nase vernehmen. Die Heuernte wird bis zum Ende des Monats eingefahren sein. Dann ist auch schon die Ernte der Feldfrüchte in vollem Gang. Die Getreidefelder wechseln zu Gelb, und der Duft der Landschaft wechselt um von saftig grünem Junigeruch in die herbe Frische des Strohs.

Im Allgemeinen ist der Juli jedoch ein unbeständiger Wettermonat. Er kann mit seinem Wechselspiel der Temperaturen die Natur mit ihrem Pflanzen- und Tierleben nachhaltig beeinflussen. Der Juli ist in der Natur auch ein stiller Monat. Die Liederpracht der Vögel ist überwiegend verstummt und die Aktivität vieler Tiere verlagert sich in die Dämmerungs- und Nachtzeiten.

Im hochsommerlichen Erntemonat ist bei uns der Regen natürlich unbeliebt. Täglich prüfen jetzt die Bauern das Korn auf ihren Feldern, beißen reifetestend auf das Korn und blicken immer wieder zum Himmel. Das Korn soll reifen und die Urlauber wollen ihre Erholungszeit genießen.

So golden die Sonne im Juli strahlt, so golden sich der Roggen mahlt.

Schon Anfang Juli entscheidet es sich häufig, ob der Sommer schön wird oder nicht. Kommt bis ca. 10. Juli eine vom Ozean heranwehende feuchte Weststömung, gibt es meist einen verregneten Sommer. Das bedeutet nicht ununterbrochen schlechtes Wetter, aber wohl einen im Großen und Ganzen verregneten Sommer. Jede Gartenparty scheint dann im Juli regelrecht den Regen magisch anzuziehen. Hat sich nun tatsächlich das schlechte Wetter durchgesetzt, hält es sich meist, durchsetzt von einigen Hitzetagen, bis Mitte August und ässt eine längere hochsommerliche Hitze- und Dürreperiode erst gar nicht aufkommen.

Obwohl der Juli in 2 von 3 Jahren die meisten Sonnenscheinstunden und höchsten Durchschnittstemperaturen hat, ist der Temperaturausgleich zwischen dem immer noch kühleren Atlantik und dem Festland noch nicht geschafft. Die Festlandsluft erwärmt jetzt schneller als über dem Wasser. Der Luftdruck über den Landmassen fällt und lässt kühlere Meeresluft nachfließen. Nun beginnt wieder die Aufheizperiode und damit ein Wechselspiel, welches längere

Juli

Bedeutung der Winde im Juli

Nord/Nordwest	Ost/Nordost	Südost/Süd/Südwest	West
Wechselhaftes kühl-regnerisches Wetter mit 14–19 °C. Direkte Nordwinde sind etwas kühler. Im Osten und am Alpenrand häufiger Regen. Im Hochgebirge ist auch noch Schneefall möglich. Wenn Grenzschichten warmer Mittelmeerluft entstehen, sind sehr ergiebige Regenfälle zu erwarten.	Sonnige, immer wärmer werdende Hochdrucklage mit Quellwolken ab spätem Vormittag bei 20 bis 25 °C, später 26 bis 31 °C. Spätnachmittags sind Wärmegewitter möglich.	Sommerlich warme, z. T. schwüle Luftmassen mit 27 bis 34 °C. Sonne und Wolken lösen sich ab. Gewitterneigung besonders im Bergland und im Westen. Sehr ausgeprägte Gewitterfronten mit starken Gewitterböen, wenn sich die Wetterlage auf kühlere Westwinde umstellt.	Wechselhafte Tiefdrucklage mit sonnigen Abschnitten und Durchzug von Regen- sowie gelegentlichen Gewitterfronten. Temperaturen wechseln zwischen warmer Meeresluft von 21 bis 26 °C und kühler Meeresluft zwischen 16 und 22 °C. Zusammen mit Nordwest-Wetterlagen bringt diese Witterung (wenn beständig) einen regnerischen bis verregneten Sommer.

Schönwetterperioden noch nicht zulässt. So bringen Westwindwetterlagen im Juli oft die meisten Gewitter mit tornadoartigen Sturmböen, Hagel und hohen Niederschlagsmengen (»europäischer Monsun«).
Zu Anfang und Ende des Monats sind längere Schönwetterphasen am wahrscheinlichsten. Ist die Luft zudem noch sehr feucht, haben wir die ersten Hitzeopfer des Sommers zu beklagen. Sollte im Juli eine mehrwöchige Hitzeperioden bis gegen Ende des Monats anhalten (Hitzeperioden im Juli verdanken ihr Entstehen der Ablösung von Hochdruckzellen vom Azorenhoch und ihre Verlagerung nach Mitteleuropa), kann sich die Nord- und Ostsee in Küstennähe durchaus auf 25 °C (normal um 18–19 °C) erwärmen. Wohlgemerkt, das ist Mittelmeerniveau wie z. B. im Jahre 1983.
Achtung! Bei Trockenheit herrscht jetzt akute Waldbrandgefahr!

Wenn's nicht donnert und blitzt, wenn der Schnitter nicht schwitzt, und der Regen dauert lang, wird's dem Bauern bang.
Wenn der Juli fängt zu tröpfeln an, so wird man lange Regen han.
Wenn Donner kommt im Julius, viel Regen man erwarten muss.
Der Juliregen nimmt den Erntesegen.
Kalter Juliregen, bringt der Rehbrunft keinen Segen.

In dieser Zeit gibt es reichlich kleine tierische Plagegeister. Bei länger anhaltendem Regenwetter bildet sich der gefürchtete Mehltau an unseren (Mono-)Kulturen und z. B. den geliebten Rosen. Ernteausfälle sind zu befürchten.

Wenn es im Juli bei Sonnenschein regnet, man viel giftigen Mehltau begegnet.
Wenn das Heu verdirbt, gerät der Kohl.

Viele kleine Wetteranzeiger in der Natur geben nicht nur den Bauern und Gärtnern Hinweise auf die Wetterentwicklung des nächsten Tages, sondern auch jedem anderen Naturbeobachter. Wenn die Nachtviolen besonders stark in der Nacht duften, der Rainkohl seine Blüten nicht schließt, kein Morgentau gefallen ist und schon früh die Bienen ausgeflogen sind, so ist in den nächsten Stunden Regen zu erwarten. Leider kann es in dieser heißen Zeit zu mächtigen Gewittern kommen, die auch Hagel mit sich bringen.

Schnappt im Juli das Weidevieh nach Luft, schnuppert's schon Gewitterduft.
Wenn im Juli die Ameisen viel tragen, wollen sie einen harten Winter ansagen.
Weht im Juli der Nord, hält gutes Wetter an; ziehen die Störche jetzt schon fort, rückt der Winter bald heran.

Juli

Monatsmittelwerte im Juli

Region	Höchsttemperatur in °C	Tiefsttemperatur in °C	Durchschnittstemperatur in °C	Niederschlagsmenge in mm	Niederschlagstage	Sonnenscheindauer in Stunden
Niederösterreich	24,6	15,3	19,95	84	13	8,6
Österreichische Alpen	24,8	12,8	18,8	140	19	6,8
Schweizer Alpen	27,4	15,8	21,6	185	10	8,6
Schweizer Aargau	24,5	13,5	19	143	13	7,7
Deutsche Alpen	19,4	10,6	15	152	14	7,4
Bodensee	23,6	11	17,3	137	16	7,7
München	22,8	17,1	19,95	116	12	7,6
Schwarzwald	20,2	11	15,6	122	17	7,2
Bayrischer Wald	16,7	9,4	13,05	130	19	5,8
Erzgebirge	24,7	5,1	14,9	124	16	6,2
Thüringer Wald	24,6	4,6	14,6	103	15	6,1
Harz	19,0	10,5	14,75	126	18	6,2
Frankfurt am Main	24,2	13	18,6	63	9	7,2
Eifel	19,1	11,1	15,1	81	11	6,5
Köln	23,1	12,4	17,75	84	11	6,3
Lüneburger Heide	22,5	11,8	17,15	87	17	6,6
Berlin	23,3	14	18,65	52	9	7,0
Mecklenburgische Seenplatte	29,4	8,1	18,75	64	15	7,5
Hamburg	21,4	12,2	16,8	82	12	6,7
Deutsche Bucht	18,4	14,3	16,35	81	9	7,4
Ostseeküste	20,6	13,9	17,25	72	15	6,8

Juli

Die bekanntesten Tage in dieser Zeit sind die »Hundstage«. Im Allgemeinen versteht man darunter eine Periode mit einer »Hundehitze«. In Wirklichkeit sind die »Hundstage« aber astrologisch abgeleitet. Der Hundsstern Sirius wird am Maul des »Großen Hundes« sichtbar (23. Juli), und er entschwindet wieder am 23. August. In einem der ältesten Kalendarien aus Monte Cassino (um 785) wird der 14. Juli als Anfangstag und der 11. September als Ende der »Hundstage« angegeben. Im jetzigen, reformierten Kalender entspricht das ungefähr der Zeit von Anfang Juli bis Ende August. Diese Tage entscheiden meist über die Ernte, denn nur, wenn sie warm und trocken sind, lassen sich die Feld- und Gartenfrüchte gut einbringen. So sind auch nachfolgende Regeln zu verstehen:

Hundstage hell und klar, zeigen an ein gutes Jahr, werden Regen sie begleiten, kommen nicht die besten Zeiten.
Steigt der Hundsstern mit Gluthitze herauf, endet er auch mit Sonnenfeuer.
Sind die Hundstage heiß, bringt das Jahr noch Schweiß.
Was die Hundstage gießen, muss der Winzer büßen.
Die Hundstagshitze will durchschwitzt sein, soll die Ernte gut kommen rein.

Wetterrekorde im Juli
Höchste Tagestemperatur: 40,2 °C am 27.07.1983 in Gärmersdorf/Oberpfalz
Tiefste Tagestemperatur: 7 °C am 08.07.1954 in Bad Reichenhall
Wärmster Juli in Deutschland: Durchschnitt 17,2 °C in 2006
Tiefste Nachttemperatur: 0,8 °C am 07.07.1964 in Bayreuth
Teuerster Hagelsturm: 3 Milliarden DM am 12.07.1983 in München (tennisballgroße Hagelkörner)
Größte Niederschlagsmenge in 24 Stunden: 260 mm vom 06. bis 07.07.1906 in Zeithain/Sachsen und vom 07. bis 08.07.1954 in Stein/Oberbayern
Größte monatliche Niederschlagsmenge: 777 mm in Stein (Oberbayern) im Juli 1954 und in Oberreute (Bodensee) im Mai 1933
Höchste monatliche Sonnenscheindauer: 414 Stunden in Kap Arkona (Rügen) im Juli 1994
Tiefste Temperatur: –89,2 °C in Wostok (Antarktis) am 21.07.1983

Tierphänomene im Juli
Marder haben im Juni/Juli ihre zweite Ranzzeit. Sie sind normalerweise nur nachts aktiv, aber jetzt kann man sie schon am späten Nachmittag sehen.
Schmetterlinge: Jetzt ist die große Zeit der Waldschmetterlinge wie Großer Schillerfalter, der seltene Kleine und Blauschwarze Eisvogel, Waldbrettspiel, C-Falter oder Weißbindiger Mohrenfalter. Die 3 erstgenannten Arten haben eine Vorliebe für übel riechende Stoffe wie Hunde- oder Pferdekot, verendete Tiere oder stark riechenden Käse, an denen sie saugen. Man kann sie auf nicht geteerten Waldwegen in Mischwäldern beobachten.
Heuschrecken, im Volksmund Heupferdchen genannt, sind an heißen Julitagen das erste Mal und zum Teil schon in Massen zu sehen. Bis zum Spätherbst kann man sie in allen Entwicklungsstadien sehen, bis ihnen der erste Frost ein jähes Ende bereitet.
Larven der Frösche, Kröten und Molche entwickeln sich bis Juli/August und kriechen nun aus dem Wasser.
Ringelnatter: Von Juli bis August legt das ungiftige Tier bis zu 30 Eier in Haufen aus Laub oder Kompost, in Strohmieten oder Mistbeete, wo durch die Zersetzungsprozesse die nötige Feuchtigkeit und Wärme entsteht. Bei einer Temperatur von 28–30 °C dauert die Entwicklung etwa 30–33 Tage.
Turteltaube: Sie verlässt uns schon Anfang Juli, gefolgt von Kuckuck (Ende Juli/Anfang August) und Mauersegler (Juli/August). Im Gegensatz zur Turteltaube ist ihre größte europäische Verwandte, die Ringeltaube, jetzt mit der Aufzucht der Jungen beschäftigt.
Die Singzeiten der Singvögel, z. B. der Amsel, enden Mitte Juli.

Jetzt haben die Waldschmetterlinge, hier der Große Schillerfalter, ihre Zeit. Sie sind vornehmlich an Aas oder Exkrementen zu beobachten.

Juli

2. Juli
Wichtiger Lostag;
Mariä Heimsuchung

Weil es auf Mariä Heimsuchung gebietsweise öfter regnete und sich abkühlte, nennt man das Fest mancherorts heute noch Mariä Eintropfentag oder Mariäsief.
Zum Schutz vor Feuer und Blitzeinschlag nahm man den heutigen alten Zinstag zum Anlass, sich durch rituelle Handlungen vor Feuer und Blitzeinschlag zu schützen.

Geht Maria über's Gebirge nass, dann regnet's ohne Unterlass, ist's aber schön an diesem Tag, viel Frucht man sich versprechen mag.

---

*Witterungstendenz:
In den ersten Tagen häufig Hochdrucklage mit warmem Wetter.*

---

4. Juli
Lostag

Der heutigen Tag des heiligen Ulrich gilt als wichtiger Wetterlostag. Früher glaubte man, dass Getreide schlechtes Mehl gibt, wenn es heute regnet. Bei den alten Germanen war heute das Ende der Mittsommerfeste. In den Alpenländern bittet man um eine günstige Witterung sowie Schutz vor Mäuse- und Rattenplagen beim heutigen Alpensegentag.

*Wenn's am Ulrichstage donnert, so fallen die Nüsse vom Baum.
Regen am Ulrichstag macht die Birnen wurmstichig.*

---

*Witterungstendenz:
Vom 5.–11.7. häufig wechselhaftes Westwetter mit kühler Meeresluft und Niederschlägen. Herrscht in Süddeutschland in der Zeit vom 6.–11. Juli hoher Luftdruck (über 1020 hPa), so werden die Niederschläge bis Mitte August mit großer Wahrscheinlichkeit unter dem Regelwert bleiben.*

---

8. Juli
Lostag; 14 Nothelfer

*An St. Kilian säe Rüben und Wicken an.
Kilian, der heilige Mann, stellt die ersten Schnitter an.*

In der Erntezeit war der Landmann den ganzen Tag auf dem Feld. Das Essen wurde von Frauen oder Kindern gebracht.

Juli

*Wettererfahrungsregel:
Ist es am heutigen Tag regnerisch, so ist meist der ganze Hochsommer bis Mitte August regnerisch bis regenreich!*
Fängt der Juli mit Tröpfeln an, wird man lange Regen han.

*Historische Wetterbeobachtung Anfang 1900:
»Um den 8. Juli pflegt eine Veränderung der Witterung einzutreten, wenn auch meist nur auf kürzere Zeit.«
1. Hat seit Mitte Juni Regen geherrscht, so tritt mit diesem Tage fast regelmäßig eine Pause ein; in einzelnen seltenen Jahren (besonders nach rauem trockenem Frühling) erfolgt sogar eine Wendung für den ganzen Sommer, welcher von nun an überwiegend warm und trocken wird.
2. Hat seit Mitte Juni große Trockenheit geherrscht, so gibt es ab diesem Tage Gewitter, die zuweilen mehrere Wochen anhalten.
3. War der Juni veränderlich, nach Maßgabe der kritischen Tage (6.–15. 06.) jedoch mehr nass als trocken gewesen, so treten oft mit dem 1. Juli auffallend schöne Tage ein. Diese enden mit dem 8. Juli, und das »schöne Wetter« hat für den ganzen Sommer, wenigstens bis zum 19. August, ein Ende. Diese letzte Regel entspricht genau der Regel von den 7 Regenwochen nach einem regnerischen Siebenschläfertag des alten Kalenders (9. Juli).*

10. Juli
Wichtiger Lostag; Siebenbrüdertag

Die 7 Brüder's Wetter machen, ob sie weinen oder lachen.

*Witterungsprognose:
Wie sich das Wetter um Siebenbrüder entwickelt hat, so wird im Binnenland in 2 von 3 und im Süden in 4 von 5 Jahren die Tendenz des Hochsommers.*
Das Wetter vom Siebenbrüdertag, sich bis zum August nicht wenden mag.

*Witterungstendenz:
Zwischen dem 12. und 18. 07. kommt es oft zu Hochdruckwetter mit sonnig-heißen Temperaturen.*

15. Juli
Lostag

Ist Apostelteilung schön, so kann der 7 Brüder Wetter geh'n.

19. Juli
Los- und Schwendtag

Hat St. Vinzenz starken Regen, kommt das allen ungelegen.

*Witterungstendenz:
Vom 19.–29.7. oft erneut Regen und kühle Meeresluft. Die Tage sind in den seltensten Fällen ganz verregnet.*

20. Juli
Wichtiger Lostag; Margaretentag

Der Margaretentag ist ein gefürchteter Lostag, den die Bauern mit entsprechender Sorge entgegensahen. Daher auch der alte Spruch: *»Margaretenregen bringt keinen Segen«*. Der Margaretentag galt als günstiger Tag für die Herbstrübenaussaat, daher war der Regen jetzt nicht gern gesehen. Mancherorts war in der Margaretenwoche sogar das Arbeiten verboten.

*Die erste Birn bricht Margret, drauf überall die Ernt' angeht.
Margaretenregen wird erst nach Monatsfrist sich legen.
Regen an Margaretentag, sagt dem Hunger guten Tag.
Wird's Margret zum Geburtstag nass, füllt sie 4 Wochen das Regenfass.*

22. Juli
Los- und Schwendtag

*Regnet's am Magdalenentag, folgt gewiss noch Regen nach.
Wie Maria [2. 7.] fortgegangen, wird Magdalena sie empfangen.
Am Tag der heiligen Magdalen kann man schon volle Nüsse sehn.*

*Witterungstendenz:
Um den 22. 7. auffällige Niederschlagsneigung.*

23. Juli
Lostag; Beginn der Hundstage

Ab heute geht der Hundsstern Sirius bis zum 23. August zusammen mit

Juli

der Sonne auf. Mit den »Hundstagen« begann nach früherem Aberglauben auch eine sprichwörtliche Unglückszeit. Die Witterung war jetzt besonders wichtig. Waren die Hundstage trübe und bewölkt, so ängstigte man sich vor pestartigen Krankheiten; waren sie schön und klar, so hegte man die Hoffnung auf ein gesundes Jahr. Ob »Hundstage« kalt oder heiß, trocken oder nass, in den Nächten zwischen Juli und August strahlt der Sirius als hellster Stern über unsere Dächer.

Hundstagebeginn hell und klar, zeigt an ein gutes Jahr.
Wie das Wetter, wenn der Hundsstern aufgeht, so wird's bleiben, bis er untergeht.

25. Juli
Wichtiger Lostag; Jakobstag

Jetzt, um Monatsende, sind die ersten Äpfel und Kartoffeln erntereif. Deswegen werden sie im Volksmund auch Jakobiäpfel und Jakobikartoffeln genannt.

Ist es hell am Jakobitag, viel Frucht man sich versprechen mag.
Sind um Jakobi die Tage warm, gibt's im Winter viel Kält' und Harm.
Regnet's an St.-Jakobs-Tag, fehlt die Nuss mit einem Schlag.
Jakobi nimmt hinweg all Not, bringt Kartoffeln und frisches Brot.
Wenn Jakobi tagt, werden die jungen Störche vom Nest gejagt.
Wenn Jakobi an den Wolken rüttelt, er auch brav die Eicheln schüttelt.

> *Witterungsprognose:*
> *Mit einer Wahrscheinlichkeit von 60 % folgt nach einem warmen Jakobitag ein durchschnittlich zu kalter Januar.*
> *Genauso wie der Juli war, wird nächstes Jahr der Januar.*

26. Juli
Lostag

Werfen die Ameisen an St. Anna höher auf, so folgt ein strenger Winter drauf.
An St. An' fangen die kühlen Morgen an.

> *Witterungstendenz:*
> *Etwa ab dem heutigen Tage herrscht oft eine sonnige, warme und trockene Witterungslage, die 1–2 Wochen anhalten kann.*

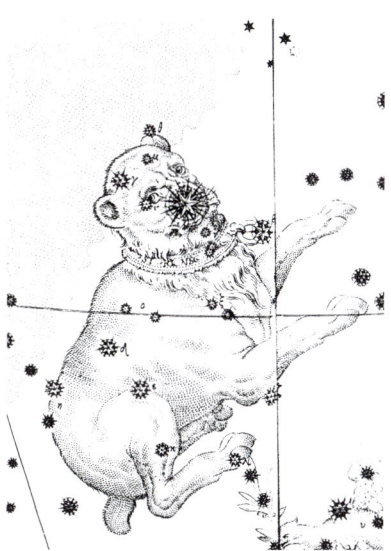

31. Juli
Lostag

So wie Ignaz stellt sich ein, wird der nächste Januar sein.
Julisonne arbeitet für zwei.

> *Witterungsprognose:*
> *Nach einem warmen Juli folgt zu zwei Dritteln der Jahre ein warmer September, besonders im Süden Deutschlands.*
> *Bringt der Juli heiße Glut, gerät auch der September gut.*
> *Herrscht vom 22. 7. bis zum 31. 7. über Mitteleuropa eine Hochdrucklage mit einem Luftdruck von mehr als 1016 hPa an mindestens 6 Tagen und erfolgt im Laufe des zweiten Augustdrittels ein Luftdruckanstieg, dann kann mit großer Wahrscheinlichkeit ein zu trockener September erwartet werden. (Das bedeutet aber nicht, dass es auch unbedingt warm sein wird.)*

Der Hundsstern Sirius wird am Maul des »Großen Hundes« ab dem 23. Juli sichtbar und er entschwindet wieder am 23. August. Die Kenntnis des Sommersterns ist seit dem 14. Jahrhundert belegt. Im Allgemeinen versteht man unter den »Hundstagen« eine Periode mit einer »Hundehitze«. In Wirklichkeit sind sie jedoch astrologisch abgeleitet.

Der August

Seine alten Namen
Aranmanoth, Arnodmanod oder Ernting = Erntemonat (von »arnod« = Ernte), die Ernte wird eingefahren, Weidemonat (altgermanisch); später Erntemond, Erntemonat, Augustmond, Sichelmond; Schnittmonat (Tegernsee), noch heute sagt man im Böhmerwald statt Ende Juli oder August »im Schnitt« oder »in der Schnitterzeit«; Bismânot = das Vieh wird von Bremsen gequält; lateinisch: Sextilis, seit 8 v. Chr. Augustus (mensis).

Sein Ursprung
Der August ist benannt nach Julius Cäsars Neffen Octavian, der als erster römischen Kaiser den Namen Augustus (der Erhabene) annahm (63 v. bis 14 n.Chr.). Er hatte in diesem die meisten seiner Siege errungen und änderte den alten Monatsnamen in seinen eigenen Namen Augustus um. Früher hatte der August nur 30 Tage. Um Cäsar ebenbürtig zu sein, nahm Kaiser Augustus einen Tag vom Februar hinzu. Vor dieser Zeit war der August der sechste Monat im Jahr und hieß Sextilis = der Sechste.

Sein Sternzeichen
Das fünfte Zeichen im Tierkreis und von der Sonne geprägt ist der Löwe, vom 23. 7.–22. 8.
Lostage: 4., 5., 8., 10., 13., 15., 16., 24., 28.
Schwendtage: 1., 17., 21., 22., 29.

Die Sonne lässt jetzt noch einmal alle Blumenfarben aufleuchten. Unsere Kulturlandschaft zeigt immer größer werdende Flächen von goldgelben Stoppelfeldern, die Getreidefelder werden abgeerntet und des Bauers Bangen um eine gute Getreideernte schwindet allmählich. Geht erst einmal der Pflug über die abgeernteten Felder, wird die Landschaft zusehends eintöniger. Von Grünflächen abgesehen sind es jetzt nur noch die Rüben- und Maisfelder, die Grün in die Landschaft bringen. Neuerdings sind aber zwei neue Farbe hinzugekommen. Blauviolette Flächen des Bienenfreunds oder Büschelschöns *(Phacelia),* die nebenbei eine sehr gute Bienenweide abgeben, und das weithin sichtbare Gelb der Sonnenblumenfelder (für ein ölreiches Tierfutter) geben der Landschaft ein neues Flair. Die Vogelwelt wird immer ruhiger. Anfang bis Mitte des Monats fällt das dem Beobachter besonders auf: Die schrillen Rufe der Mauersegler, die uns den ganzen Sommer begleitet haben, sind plötzlich verstummt.

Im eigentlichen Ernte- und Schnittmonat zeigt die Sonne noch einmal so richtig, was sie kann, ehe sie sich immer schwächer werdend zurückzieht. Man sagt, der Augusthitze ist nicht zu trauen, denn es pflegt im August beim ersten Regen die Hitze sich zu legen. Regen zwischendurch tut zum Aufatmen und Ausruhen immer mal gut, jedoch sollte er jetzt im Ernte- und Urlaubsmonat nicht von langer Dauer sein, denn die ersten Augustwochen sind entscheidend für die Getreidequalität.

Trockner August ist des Bauern Lust.
Was der August nicht kocht, kann der September nicht braten.
Wenn die Nacht zu längen beginnt, dann die Hitze am meisten zunimmt.

Die »Hundstage« gehen noch bis zum 22. 8. und stehen im Sternbild des Löwen. Jetzt kommt es zu einem zunehmenden Ausgleich der Temperatur zwischen Ozean und Festland und somit wieder zu einer ruhigen Wetterentwicklung. Kaltlufteinbrüche, etwa um Mitte August, sind nicht mehr ganz so unangenehm. Es dominiert vorwiegend schönes beständiges Spätsommerwetter, und oft sind jetzt die heißesten Tage des Jahres. Eine alte Wetterregel besagt, dass man an den 4 Tagen vor dem Augustvollmond die Mondspitzen beobachten sollte. Sind sie rein, so kann bis Ende des Monats auf gutes Wetter

August

gehofft werden. Sind die Hörner des Mondes im August aber trüb, dann soll es, oft sogar bis zum Monatsende, stürmen und regnen. Mit Sicherheit ist im August jedoch mit durchschnittlich 5–6 Gewittern zu rechnen, begleitet von starken Niederschlägen, davon ca. jeder 10. mit Hagel.

Den schönen Tag im August erkennt man schon am Morgen.
Fängt der August mit Donnern an, er's bis zum End' nicht lassen kann.
Ist der August im Anfang heiß, wird der Winter streng und weiß.
Wenn's im August tauen tut, bleibt meist auch das Wetter gut.
Der Tau tut dem August so Not, wie jedermann sein täglich Brot, doch zieht er sich gen Himmel, herab kommt ein Getümmel.
Augustsonne, die schon in der Frühe brennt, nimmt nachmittags kein gutes End [Neigung zu Wärmegewittern].
Im August vor Morgen Regen, wird vor Mittag sich nicht legen.

Es kann nicht oft genug betont werden, dass sich unsere naturverbundenen Vorfahren nie auf einzelne Wetterregeln verlassen haben. Es wurde z. B. die Windrichtung beobachtet und festgestellt, dass, wenn der Wind jetzt aus Norden kommt, das Wetter weiterhin schön bleibt, was durch die heutige Satellitentechnik auch erwiesen ist.

Die Nordwinde im August bringen beständiges Wetter.
Im Erntemonat Wind aus Nord, jagt die Unbeständigkeit fort.
Bläst im August der Wind aus Nord, dauert das gute Wetter fort, und die Schwalben ziehen noch lang nicht fort.
Ist Nordwind im August nicht selten, so soll es schönem Wetter gelten.

Die Bienen halten jetzt ein 5-wöchiges Heidefrühstück. Die Imker in der Heide bauen ihnen einen Schutzzaun (Plaggenzaun), um die Bienenstöcke vor rauem Wind und Wetter zu schützen.
Aber nicht nur Honig sammelnde Bienen finden sich zur Heideblüte ein, auch Unmengen von Spinnen. Sie weben sich von Honigblüte zu Honigblüte. Auch hier setzt wieder die Beobachtungsgabe ein:

Reißt die Spinne ihr Netz entzwei, kommt der Regen bald herbei.
Wenn im August viele Goldkäfer laufen, braucht der Wirt den Wein nicht taufen.
Wenn im August schon die Schwalben ziehen, sie vor dem nahen Herbste [Kälte] fliehen.
Wenn im August der Kuckuck noch schreit, so gibt's im Winter eine teure Zeit.
Ziehen jetzt die Störche fort, ist der Winter bald vor Ort.

Gegen Ende des Einkoch-, Ernte- und Gewittermonats merkt man es schon, das Sommerende ist in Sicht. Die Sonne geht merklich früher unter und die ersten Gedanken an Kälte und Schnee dringen in unser Bewusstsein, auch wenn die Behauptung, »Der August ist des Winters Anfang«, nicht ganz ernst gemeint sein kann. Es gibt aber tatsächlich winterbezogene Witterungsprognosen im August. In 3 von 5 Jahren folgt viel Schneefall

Bedeutung der Winde im August

Nordwest	Ost/Nordost/Nord	Südost/Süd/Südwest	West
Wechselhaftes kühl-regnerisches Wetter mit 15 bis 21 °C. Im Osten und am Alpenrand häufiger Regen. Tritt dieser Wind gegen Ende August auf, so bringt er die erste kühle Herbstwitterung mit ertragreichen Regenmengen bei Temperaturen um 9 bis 15 °C.	Sonnige, täglich wärmer werdende Hochdrucklage mit Quellwolken ab spätem Vormittag bei 20 bis 25 °C, später 25 bis 30 °C. Anfang des Monats sind nachmittags Wärmegewitter möglich, Tendenz zum Ende des Monats fallend.	Sommerlich warme, z. T. schwüle Luftmassen mit 27 bis 33 °C. Sonne und Wolken lösen sich ab. Gewitterneigung besonders im Bergland und im Westen. Sehr ausgeprägte Gewitterfronten mit Unwettern, wenn sich die Wetterlage auf kühlere Westwinde umstellt.	Wechselhafte Tiefdrucklage mit sonnigen Abschnitten und Durchzug von Regen – sowie gelegentlichen Gewitterfronten. Temperaturen wechseln zwischen warmer Meeresluft von 22 bis 27 °C und kühler Meeresluft zwischen 17 und 24 °C.

August

Monatsmittelwerte im August

Region	Höchsttemperatur in °C	Tiefsttemperatur in °C	Durchschnittstemperatur in °C	Niederschlagsmenge in mm	Niederschlagstage	Sonnenscheindauer in Stunden
Niederösterreich	23,8	14,7	19,25	72	13	8,1
Österreichische Alpen	24,0	12,4	18,2	113	17	6,4
Schweizer Alpen	26,6	15,4	21	196	10	7,8
Schweizer Aargau	23,9	13,2	18,55	131	13	7,1
Deutsche Alpen	18,3	10,6	14,45	130	14	6,8
Bodensee	22,9	10,7	16,8	113	15	7,3
München	22,3	11,8	17,05	117	12	6,9
Schwarzwald	20,0	10,7	15,35	131	15	6,6
Bayrischer Wald	17,2	9,4	13,3	100	17	5,5
Erzgebirge	24,0	5,6	14,8	92	16	6,2
Thüringer Wald	24,0	4,9	14,45	93	16	5,6
Harz	18,7	10,4	14,55	105	16	5,6
Frankfurt am Main	23,9	12,7	18,3	65	9	6,6
Eifel	19,0	11,3	15,15	83	10	5,9
Köln	23,0	12,1	17,55	77	10	5,9
Lüneburger Heide	22,2	11,5	16,85	81	16	5,9
Berlin	23,0	13,6	18,3	61	8	6,8
Mecklenburgische Seenplatte	29,0	7,5	18,25	59	15	7,1
Hamburg	21,6	11,9	16,75	70	11	6,7
Deutsche Bucht	19,1	14,8	16,95	89	13	6,3
Ostseeküste	20,0	13,9	16,95	82	14	6,0

August

im Winter, wenn die erste Augustwoche Temperaturen von über 25 °C vorweisen kann. Ist dieser Sommermonat zu warm, folgt häufig ein zu milder Februar. In immerhin 80 Prozent der Jahre wird der Herbst zu trocken, wenn um den 10. August eine überdurchschnittliche Sonneneinstrahlung herrscht. Viele Wetterregeln beziehen sich schon jetzt auf die Vorhersage des kommenden Winters. An der Wetterentwicklung im August las man die Strenge oder Milde der folgenden Jahreszeiten ab.

Wettert es viel im Monat August, du nassen Winter erwarten musst.
Im August viel Höhenrauch [Hochnebel], folgt ein strenger Winter auch.
Wenn's im August nicht regnet, ist der Winter mit Schnee gesegnet.
Macht der August uns heiß, bringt der Winter viel Eis.
Ist's Petrus bis Laurentius [10. 8.] heiß, dann bleibt der Winter lange weiß.

Diese Regeln zeigen doch, dass schon ein wenig Winterangst dahinter steckt, auch wenn uns vorher noch der Herbst mit Gold und Trauben den Abschied erleichtern wird.

Ist der schöne August gewichen, kommen die gestrengeren Herrn mit »r« geschlichen!

Wetterrekorde im August

Höchste Tagestemperatur: 40,2 °C in Karlsruhe am 09.08.2003 und in Freiburg am 13.08.2003
Tiefste Tagestemperatur: 6,7 °C am 27.08.1969 in Oberstdorf
Tiefste Nachttemperatur: −0,7 °C am 31.08.1959 in Vilingen-Schwenningen
Höchste Nachttemperatur: 26,7 °C am 07./08.08.2003 in Neustadt
Trockenster August seit 100 Jahren: im Jahre 1983 in Schleswig-Holstein
Dauerregen im August: 51 Stunden im Jahre 1981 in Frankfurt am Main
Schneehöhe: 350 cm am 01.08.1920 auf der Zugspitze
Größter 24-Std-Niederschlag: 312 mm am 12./13.08.2008 in Zinnwald (Osterzgebirge)

Tierphänomene im August

Storch und Feldlerche verlassen ihre Brutplätze.
Gesänge von Schrecken und Grillen sind eindrucksvoll und unüberhörbar. Insbesondere bei den wechselwarmen Grillen kann man an ihrem Zirp-Rhythmus die Lufttemperatur erahnen. Je schneller gezirpt wird, umso wärmer ist die Umgebungstemperatur des Tieres.
Bilche, insbesondere die scheuen Siebenschläfer und Haselmäuse, sind jetzt besonders aktiv. Sie können an Abenden am Waldrand beobachtet werden. Siebenschläfer sind als »Poltergeister« auch schon mal auf Dachböden zu hören.
Feldhamster: Die Erntezeit bietet eine gute Möglichkeit, diese sonst scheuen Tiere zu beobachten. Das sonst nur in der Dämmerungszeit zu sehende Tier ist zur Erntezeit wenig scheu und auch tagsüber bei bewährten Sammelplätzen zu sehen. Der unterirdische Wintervorrat will gut gefüllt sein. Offenkundiger Hinweis auf ein Hamstervorkommen sind zahllose abgebissene Getreidehalme und leere Ähren.
Gehäuseschnecken, insbesondere die Weinbergschnecken, legen ihre kleinen tennisballartigen Eier im Juli/August in feuchten Boden. Die Weinbergschnecken sind Zwitter, die zur Fortpflanzung aber einen Partner brauchen. Nach einem stundenlangen Liebesspiel (bei feuchter Witterung) legen die Weinbergschnecken 40–60 Eier in eine selbst gegrabene kleine Erdhöhle. Etwa 4 Wochen später schlüpfen die kleinen Schnecken-babys. Die Geschlechtsreife erlangen die Winzlinge erst nach 3–4 Jahren.
Kreuzotter: Sie ist die einzige hier lebende und mittlerweile selten gewordene Giftschlange (keine Lebensgefahr; seit ca. 60 Jahren kein Todesfall nach Kreuzotterbiss bekannt). Zwischen August und Oktober gebärt die Kreuzotter 8–15 lebende Junge (legen keine Eier wie die meisten Schlangen).
Schmetterlinge: Jetzt ist die Hauptflugzeit der Wanderfalter, den »Zugvögeln« unter den Schmetterlingen, die alle in südlichen Ländern überwintern und von dort jährlich zuwandern. Zu ihnen gehören zum Beispiel der Distelfalter, Admiral und der tief fliegende Postillion (Hauptflugzeit September), Gammaeule, Taubenschwänzchen, Totenkopfschwärmer und Windschwärmer.
Wenn man einen Garten oder eine größere Terrasse besitzt, so sollte man an die Schmetterlinge denken. Unbedingt vormerken sollte man sich den Schmetterlingsstrauch. An ihm lassen sich sehr viele Schmetterlingsarten beobachten. Fotografen finden hier viele lohnende Objekte.

August

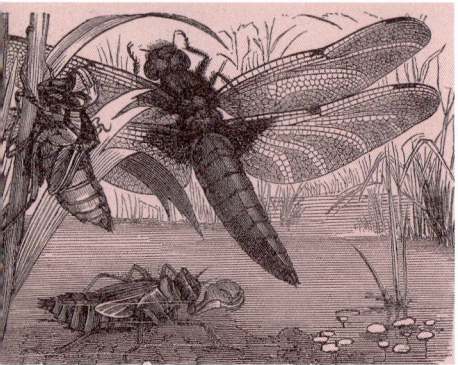

Keine Angst vor den jetzt zahlreich über Gewässern fliegenden Libellen; sie können nicht stechen!

Libelle: Über Schwimmblattzonen von Wasserflächen sind jetzt richtige Insektenhubschrauber zu beobachten. Die Braune Mosaikjungfer sucht Plätze zur Eiablage, manchmal zu Duzenden gleichzeitig an einer Stelle.

1. August
Los- und Schwendtag

Die Reife des Getreides ist Voraussetzung für den Zeitpunkt des Erntebeginns. Früher achtete man darauf, dass dieser Zeitpunkt nicht an einem Sonntag und möglichst an einem Lostag war. Am ersten Erntetag wurde vielfach mittags festlich auf dem Feld gegessen und abends gab es hier und da einen Tanz.

Witterungstendenz:
Bis zum 10. 8. herrscht im Allgemeinen noch eine Schönwetterperiode, Temperaturrekorde möglich.

Witterungshinweis:
Der August hat im Schnitt 7 Sommertage über 25 °C und 1 Tropentag über 30 °C. Ist es in der ersten Augustwoche über 25 °C warm, so folgt mit einer Sicherheit von immerhin 60% ein überdurchschnittlicher Schneefall im Winter.
Fängt der August mit Hitze an, bleibt sehr lang die Schlittenbahn.
Ist die erste Augustwoche heiß, bleibt der Winter lange weiß.

5. August
Lostag

Oswaldtag muss trocken sein, sonst wird teuer Korn und Wein.
Regen an Maria Schnee, tut dem Korne tüchtig weh.

Witterungsprognose:
Vom 5.–7. August ist in 8 von 10 Jahren eine dichte Wolkendecke mit Regen zu erwarten.

Witterungshinweis:
Um den 4. 8. kann der wärmste Tag des Jahres sein, die so genannte Wärmespitze.

8. August
Lostag

Hitze auf St. Dominikus, ein strenger Winter kommen muss.
Je mehr Dominikus schürt, umso mehr man im Winter friert.
Um Dominik wachsen die Rüben dick.

Wetterbeobachtung:
Eine Schönwetterlage lässt sich am effektivsten und leichtesten vorhersagen, wenn man den Stand der Bewölkung zu Rate zieht. Morgendliche Quellbewölkung ist noch lange kein Alarmsignal. Entscheidend ist der Weg, den die Wolken bis zur Mittagszeit einschlagen. Haben sie sich bis dahin nicht weiter nach oben ausgebildet oder vermehrt, lösen sie sich bis zum Abend auch wieder auf und deuten auf klares Wetter hin. Wie lange die Sonne uns dann beehrt, kann man relativ zuverlässig an der Farbe des Himmels ablesen. Abendrot ohne oder mit nur wenigen Wolken heißt in der Regel, dass es weiterhin heiter bleibt. Freuen dürfen wir uns auch über das auf den ersten Blick so triste Morgengrau. Auch dann ist nicht mit Regen, sondern mit Sonnenschein zu rechnen.

10. August
Wichtiger Lostag; Laurentiustränen und Sommernachtsfest

An klaren Nächten kann man vom 10. bis 15. August viele Sternschnuppen beobachten. Sie werden auch »Laurentiustränen« genannt. Die alte Volksweisheit hielt dieses immer wiederkehrende Phänomen in dem Spruch »St. Laurentius kommt in finsterer Nacht ganz sicher mit Sternschnuppenpracht« fest.

St. Lorenz – erster Herbsttag.
An Laurentius man pflügen muss.

August

Wie es Lorenz und Barthel [24. 8.] sind, wird der Herbst, sei's rau, sei's lind.
Sollen Trauben und Obst sich mehren, dürfen mit Lorenz die Wetter aufhören.
Die Äpfel werden von Lorenzi gesalzen, von Bartholomä [24. 8.] geschmalzen.
Um Laurentius tritt der Honig in die Heide, die Bienen brauchen kein Futter mehr.
Kommt Laurentius her, wächst das Holz nicht mehr.

Witterungsprognose:
Der Herbst fällt mit einer Sicherheit von 80% zu trocken aus, wenn um den 10. August überdurchschnittlicher Sonnenschein herrscht.

---

15. August
Wichtiger Lostag;
Mariä Himmelfahrt; Kräuterweihe;
Beginn der Frauendreißiger

Mariä Himmelfahrt oder Mariä Aufnahme in den Himmel wird seit dem 7. Jahrhundert gefeiert. Im 6. Jahrhundert wurde es noch als Fest der Entschlafung Marias gefeiert. Im Augenblick der Himmelfahrt Marias soll aus dem Grab ein wunderbarer Duft von Kräutern und Blumen entstiegen sein. Beim Öffnen des Grabes durch die Apostel fanden diese eine Vielzahl an Kräutern und Blumen. Dieser Legende nach feiert man heute bzw. den Sonntag vor oder nach dem 15. 8. die Kräuterweihe, Würzweih oder Büschelfrauentag. Der Inhalt des Krautbundes ist regional verschieden. Er setzt sich meist aus drei mal drei, also neunerlei Kräutern zusammen, in deren Mitte immer die Königskerze, der so genannte Himmelsbrand, sein sollte. Von alters her sind es: Wermut, Kamille, Schafgarbe, Tausendgüldenkraut, Johanniskraut, Pfefferminze, Thymian, Königskerze, Baldrian, Holunder und Getreide. Der kleine gesegnete Kräuterstrauß wird in vielen ländlichen Gegenden zur Abwehr von Unheil in Stallungen, Hausgiebeln und in der Wohnung in der Nähe des Kruzifixes fixiert. »Frauendreißiger«: So werden die 30 Marientage von Mariä Himmelfahrt bis Mariä Namenstag (12. September) genannt. Vielerorts finden Marienprozessionen statt. Einer Legende nach wird in dieser Zeit von der Gottesmutter die Erde gesegnet. Die Frauendreißiger sind die überleitende Zeit in den Herbst.

Mariä Himmelfahrt klar Sonnenschein, bringt gern viel guten Wein.
Ist Mariä Himmelfahrt der Himmel rein, wird die Ernte gut gedeihn.
Hat unsere Frau gut Wetter, wenn sie zum Himmel fährt, sie uns schöne Tag beschert.
Um Mariä Himmelfahrt, das wisse, gibt's die ersten Nüsse.
Krautweihe kommt das Salz [Aroma] in die Äpfel.

Witterungstendenz:
Vom 15.–23. 8. ist vielfach wechselhaftes Wetter durch meist atlantische Meeresluft mit Kühle und Niederschlägen zu erwarten; ganztägige Regentage sind jedoch selten.

Witterungsprognose:
Ist die Sonnenscheindauer um den 15. August überdurchschnittlich, so sind mit hoher Wahrscheinlichkeit die nächsten 14 Tage auch sonnig. Eine solche Schönwetterperiode ist zur Erntezeit wichtig.

---

16. August
Lostag

Wenn St. Rochus trübe schaut, dann kommt die Raupe in das Kraut.
Wenn es zu St. Joachim regnet, folgt ein warmer Winter.

Historische Wetterbeobachtung Anfang 1900:
Die Zeit um den 20. August ist sowohl in sehr regnerischen als auch in sehr heiteren und warmen Sommern (nur nicht in sehr trockenen) ein entscheidender Tag für die künftige Witterung. In sehr regnerischen Sommern mit bedeckten Sonnenaufgängen und fahlroten Sonnenuntergängen, mit vielen völlig bedeckten Tagen, wobei die Wolken fast stets in großen Lagern geballt erscheinen, kann mit Bestimmtheit damit gerechnet werden, dass etwa ab diesem Datum mit ganz besonders schönem Wetter mit Regenpausen von 6–10 Tagen zu rechnen ist. Die Wahrscheinlichkeit steigt, wenn um den 5. August in die Regenzeit ein einzelner schöner Tag fällt.

August

23. August
Ende der »Hundstage«

Was die Hundstage gießen, muss die Traube büßen.
August ohne Feuer, macht das Brot teuer, und nasser August bringt teure Kost.
Der August muss Hitze haben, sonst wird des Obstbaums Segen begraben.
Gute Weinjahre sind gute Nussjahre.

24. August
Wichtiger Lostag; Bartholomäustag

Der Bartholomäustag ist ein wichtiger Lostag, der nicht nur für Ernte und Wetter als bestimmend gilt, sondern an dem auch der bäuerliche Herbst beginnt. An seinem Tag sollte die Getreideernte dem Ende zugehen. Beginnen sollen jetzt die Aussaat des Winterkorns, die Obsternte und der letzte Grasschnitt (Grummeternte). Ab jetzt können die Haselnüsse geerntet werden. Mit dem Namenstag des Apostels soll der Herbst anfangen. Die Laichzeit der Fische und damit die Schonzeit im Binnengewässer geht vorbei. Zahlreiche Sprüche beziehen sich daher auf diesen Tag.

Bartholomäus hat's Wetter parat, für den Herbst und zur Saat.
Bartholomä, wer Korn hat, der sä, wer Gras hat, der mäh, wer Hafer hat, der rech, wer Äpfel hat, der brech.
Bartholomä hängt dem Hopfen die Trollen an.
Der Bartholomäussturm schlägt das Obst von den Bäumen.
Gewitter um St. Bartholomä bringt Hagel, der tut weh.
Bleiben die Störche bis Bartholomä, so kommt ein Winter, der tut nicht weh.

> *Witterungsprognose:*
> *Wenn es heute überdurchschnittlich viel regnet, so werden nicht der September, jedoch der Oktober und November in 4 von 5 Jahren zu trocken.*
> *Bleibt St. Barthol im Regen stehn, ist ein guter Herbst vorauszusehn.*
>
> *Nach einem zu warmen August folgt recht häufig ein zu milder Februar.*
> *Wie der August war, wird der künftige Februar.*
> *August entspricht dem Februar, wie der Juni dem Dezember.*
>
> *Witterungstendenz:*
> *Ab der letzten Augustwoche bildet sich in fast 80% der Jahre ein hoher Luftdruck aus, mit einer Schönwetterlage, die bis zum ersten Septemberdrittel anhalten kann. Morgendunst zeigt an, dass der so genannte Spätsommer angebrochen ist, die Nächte werden kälter.*

Früher wurde das Getreide mit der Sense gemäht. Die geschnittenen Halme wurden zu Garben zusammengebunden und häufig zum völligen Austrocknen kegelartig zusammengestellt, bevor sie auf dem Pferdewagen abtransportiert wurden.

Der September

Seine alten Namen

Witumânoth = Monat des Holzsammelns, Herbistmânoth (erster Herbstmonat oder anderer August), Halegmanoth (altgermanisch); Scheiding (althochdeutsch »skeidan« = schneiden) = der Abschiedsmonat vom Sommer, Trennung zwischen den warmen Sommermonaten und den kalten Wintermonaten. Später Herbstmond, Herbsting, Früchtemonat, Obstmond (Ernte der Herbstfrüchte), Wildmond, Holzmonat Beginn der Waldarbeit), Engelmonat (Namenstage der Engel); lateinisch September (= mensis septimus)

Sein Ursprung

Mit dem September beginnt die Reihe der Monate, deren Namen auf lateinische Zahlworte zurückgehen. Dass der September der siebte (»septem«) und nicht der neunte Monat ist, hängt mit der Zählweise des altrömischen Kalenders vor Cäsars Kalenderreform zusammen. Das römische Jahr begann ursprünglich mit dem 1. März.

Sein Sternzeichen

Das sechste Zeichen im Tierkreis und von Merkur geprägt ist die Jungfrau, vom 23. 8. bis 22. 9.
Lostage: 1., 6., 7., 8., 9., 11., 14., 17., 21., 29.
Schwendtage: 2., 12., 15., 18., 21., 22., 23., 24., 25., 26., 27., 28.

Der mittelhochdeutsche Name Herbstmond sowie der altdeutsche Name Scheiding für den Monat September sagen es deutlich. Die Hitze des Hochsommers ist vorbei und die Nächte werden wieder kälter. Grillfeste und Badevergnügen werden unter freiem Himmel bald nur noch Erinnerung sein, der Herbst macht seine ersten Gehversuche und wehmütige, gedrückte Stimmung kommt auf. Der September, welcher wegen vergleichbarer Temperaturen auch »Mai des Herbstes« genannt wird, scheidet am 23. zwischen Sommer und Herbst.

Durch des Septembers heitern Blick, schaut noch einmal der Mai zurück.

Für viele Menschen gilt der September als schönster Monat des Jahres. Der Boden ist noch warm, und man kann schöne, angenehme, sonnige Tage erleben; es ist der Monat der Wanderer. Die Sonne scheint jetzt jeden Tag ca. 3 Minuten weniger und verliert an wärmender Kraft.

Anfang September verschwindet die Sonne um 20 Uhr, am Ende gegen 19 Uhr, und es wird uns jetzt immer mehr bewusst, dass der Sommer sein Ende findet. Dem Gärtner geht es jetzt darum, den günstigsten Zeitpunkt für die Lagerobst- und Gemüseernte zu bestimmen. Es wird jeder sonnige Tag genutzt.

In der Natur ist die Aufbruchstimmung unübersehbar. Die Zugvögel sammeln sich, die heimischen Kleinsäuger fressen sich die Bäuche voll. Alles, was die Natur jetzt reichhaltig bereithält, wird mitgenommen. Schließlich will man ja gut durch den Winter kommen. Die günstigen klimatischen Bedingungen des September nutzen Tiere wie Pflanzen für Investitionen in die kommende Generation. Jede warme Sonnenstunde wird ausgenutzt und die Lebhaftigkeit vieler Tiere an milden Abenden ist auffällig, als spürten sie schon die winterliche Trägheit.

Beste Kornsaat, letzte Woche im September und erste Woche im Oktober.
Geht der Hirsch in die Brunft, so säe Korn und Vernunft.
Am Septemberregen ist dem Bauern viel gelegen und kommt der Saat entgegen.
Spute dich, dass deine Felder sind leer, ehe dass du's glaubst, kommt der Winter daher.

Manchmal ist noch ein verspätetes Gewitter zu hören, welches man

September

deuten mag wie man will, aber was der Juli und August nicht taten, lässt auch der September nicht mehr geraten.

Wenn der September noch donnern kann, setzen die Bäume viel Blüten an. Septembergewitter sind Vorboten von Sturm und Wind.
Donnert es im September, gibt es viel Schnee im Dezember.
Tritt im September viel Donner ein, wird Februar und März recht schneereich sein.

Seit Jahrhunderten spielt auch der Mondstand eine besondere Rolle, und die vielen Erkenntnisse werden auch heute wieder mehr beachtet. Eine allgemein verbreitete Regel sagt, dass bei Vollmond geerntet werden soll. Bei abnehmendem Mond hält sich Obst besser in den Lagerräumen. Auch Kartoffeln soll man jetzt einlagern, denn sie keimen dann nicht so schnell. In den Herbstmonaten soll man bei zunehmendem Mond Obstbäume pflanzen, denn sie wurzeln dann besonders gut an.

Wie im September tritt der Neumond ein, so wird das Wetter den Herbst durch sein.

Auf der ganzen Welt ist auf Herbstanfang, am 23. 9., wieder Tagundnachtgleiche, also überall jeweils 12 Stunden Tag und Nacht. Die Sonne zieht sich jetzt auf die Südhalbkugel zurück. Dort beginnt der Frühling und hier der Herbst. Das Meer hat die Sommersonne gespeichert und gibt diese Wärme jetzt im Herbst und Winter wieder an die Luft ab, weil die Landmassen wesentlich schneller abkühlen. Die Temperaturen von Land und Wasser sind in diesem Monat voll ausgeglichen. Die Luftdruckgegensätze sind somit gering. Ohne Luftdruckunterschiede gibt es aber keinen Wind, und so stellt sich die ruhige Wetterlage ein. In 5 von 6 Jahren verlagert sich um diese Zeit herum das Azorenhoch nach Mittel- und Südeuropa. Gleichzeitig kommt aus südlicher- bis südwestlicher Richtung Warmluft herangeströmt, was zu großen Temperaturschwankungen zwischen Tag und Nacht führt. In ungünstigen Tal- oder Muldenlagen kann man schon wieder im letzten Monatsdrittel mit dem ersten Nachtfrost rechnen. Rasch nimmt der Wasserdampfgehalt der Luft ab, und es kommt zu einer intensiven direkten Sonneneinwirkung, die höhere Werte erreicht als im Hochsommer. Es ist fast windstill und die Luft ist besonders klar – »Altweibersommer«, der uns das zuverlässigste, schönste Hochdruckwetter des ganzen Jahres bringt und das beste Erntewetter. In den Bergen ist die Sonnenbrandgefahr jedoch größtenteils gebannt, dort herrscht ideales Wanderwetter, denn mögliche Nebelfelder gehen kaum über 600–800 m hinaus.
Egal, wann sich im September ein starkes Hoch aufbaut, seine Erhaltungsneigung ist jetzt am ausgeprägtesten. Im Durchschnitt etwa 8–10 Tage, aber auch mehrere Wochen, besonders im ersten und letzten Septemberdrittel, im Osten manchmal bis in den Oktober hinein.

So lange noch vor dem 1. Oktober die Schneeblumen [Spinnfäden] wehen, so lange dauert es nachher, bis es schneien wird.

Altweibersommer, dann wird der Herbst trocken.

Typisch für den Altweibersommer ist die Zeit der Spinnfäden. Jetzt gehen die jungen Wolfsspinnen mit Hilfe dünner Flugfäden, die sie aus ihrem Hinterleib ausstoßen und sich damit durch die Luft tragen lassen, auf die Reise. Aufsteigen kann die nur ein Hundertstel Gramm wiegende Wolfsspinne nur dann, wenn es warm und windstill ist, denn dann entsteht vom warmen Boden aus eine Thermik, von der sich die Spinnen in höhere Luftschichten tragen lassen, bis sie von einer seitlichen Strömung fortgetragen werden. Ist ein so genannter »Flugsommer« zu beobachten, kann man mit einer beständigen Schönwetterlage rechnen. Bleibt in einem Jahr der Altweibersommer aus, so sind die Sommerweben gar nicht oder nur vereinzelt an besonders windgeschützten Plätzen zu sehen. Die Sommerweben der zahllosen winzigen Spinnen führten zu einem sehr alten Volksglauben. Sie sollen vom Kleide einer Göttin stammen. In frühchristlicher Zeit hielt man sie für Fäden aus dem Mantel Marias, den sie bei ihrer Himmelfahrt getragen hat. Deshalb sind sie auch unter dem Namen Marienfäden, Mariengarn, Liebfrauenfäden oder Marienseide bekannt, und der Altweibersommer ist deshalb auch unter Mariensommer, Liebfrauensommer oder Fadensommer bekannt. In Frankreich heißen die Spinnenfäden sogar »fils de la Vierge«, das heißt Fäden der Jungfrau Maria. Ein anderer mystischer Aberglaube spricht von drei alten Frauen (Nornen), die bei der Geburt eines Kindes den das Lebens-

September

Bedeutung der Winde im September

Nordwest/Nord/Nordost	Ost/Südost	Süd/Südwest	West
Wechselhaftes kühl-regnerisches Wetter mit 11 bis 17 °C, nur bei längerer Sonneneinstrahlung gegen 20 °C. Im Osten und am Alpenrand häufiger Regen. Schneefallgrenze bei 1600 m. Erster Frost bei längerem Aufklaren in der Nacht bis −2 °C möglich.	Sonnige Hochdrucklage, oft mit Frühnebel. Am Tag noch sommerlich warm mit Werten bis 24 °C, nachts deutlich kühler bei 2–8 °C. Gegen Mitte bis Ende des Monats Nachtfrostgefahr. Wetterlage kann besonders nach dem letzten Drittel 1–2 Wochen anhalten (Altweibersommer).	Sommerlich warme Werte zwischen 22 bis 26 °C, auch noch 30 °C möglich, was zu Anfang des Monats noch zu schwüler Luft und Gewittern führen kann. Im Norden und Westen teilweise Bewölkung mit leichtem Niederschlag, im übrigen Deutschland lösen sich Wolken mit der Sonne ab.	Wechselhaftes Tiefdruckgebiet mit sonnigen Abschnitten und Durchzug von Regenfronten. Temperaturen wechseln zwischen warmer Meeresluft von 18 bis 23 °C und kühler Meeresluft zwischen 14 und 20 °C.

ende bestimmenden Lebensfaden spannen.

Die Metten [die Lebensfaden Messenden] haben gesponnen.

Abergläubische Bauern gaben ihren Tieren kein Grummet (Herbstheu) mit Spinnfäden zu fressen, da sie glaubten, das Vieh würde vergiftet. Als Gespinst von Elfen und Zwergen betrachtet der schwedische Volksglauben noch heute die Fäden. Der Altweibersommer heißt dort Birgitta-Sommer, meist Anfang/Mitte Oktober. Besonders jetzt lässt sich in der Natur viel beobachten. Früchte sind reif, Vögel ziehen, Tiere und Pflanzen bereiten sich auf den Winter vor. So kommt es auch wieder zu vielen Beobachtungsregeln, die es wert sind, überprüft zu werden.

*Im September große Ameisenhügel, strafft der Winter schon die Zügel.
Wenn viele Spinnen kriechen, sie schon den Winter riechen. Scharren die Mäuse tief sich ein, wird ein harter Winter sein, und viel härter noch, bauen jetzt die Ameisen hoch.
Sieht's Eichhorn still ins Winternest, wird bald die Kälte hart und fest.
Ziehen die wilden Gänse weg, fällt der Altweibersommer in 'n Dreck.
Bleiben die Schwalben lange, so sei vor dem Winter nicht bange.
Solange der Kiebitz nicht geht, milde Witterung besteht.
Sitzen die Birnen fest am Stiel, bringt der Winter Kälte viel.
Fällt das Laub recht bald, wird der Herbst nicht alt.
Viele Eicheln im September, viel Schnee im Dezember.*

Jetzt liegen vermehrt schon weiße Schwaden am Morgen über den Wiesen. Die Sonne kann sie zwar noch bis Mittag auflösen, aber bald wird sich das neblig-trübe Wetter den ganzen Tag halten können, obwohl gegen Ende des Monats bei südlichen Hochdruckströmungen noch Temperaturen bis 30 °C möglich sind. Der meteorologische Herbst ist somit eingeläutet.

*Wenn's im September viel Nebel gibt, der Bauer sich auf dem Felde freut.
Wenn en »r« in den Monat kummt, wart et siechter Wedder.*

Wetterrekorde im September
<u>Höchste Tagestemperatur:</u>
36,5 °C am 03.09.1911 in Jena
<u>Tiefste Tagestemperatur:</u>
5,3 °C am 30.09.1936 in Garmisch-Partenkirchen
<u>Tiefste Nachttemperatur:</u> 4 °C am 24.09.1948 in Hof
<u>Warmer Altweibersommer:</u>
am 26.09.1983 gab es eine zweite Apfelblüte im Landkreis Würzburg

Tierphänomene im September
<u>Überwinternde Tiere</u> fangen an, sich Winterspeck anzufressen, besonders im Oktober/November. Man denke da an die Wildschweine, die jetzt reichlich Futter finden in Form von Bucheckern, Eicheln, Kastanien, Beeren von Heckensträuchern, auch Äpfeln und Birnen unter Obstbäumen sowie Mais zum Ärger der Bauern.

September

Monatsmittelwerte im September

Region	Höchsttemperatur in °C	Tiefsttemperatur in °C	Durchschnittstemperatur in °C	Niederschlagsmenge in mm	Niederschlagstage	Sonnenscheindauer in Stunden
Niederösterreich	20,1	11,4	15,75	42	10	6,6
Österreichische Alpen	20,8	6,9	13,85	84	14	5,9
Schweizer Alpen	23,1	12,8	17,95	159	9	6,3
Schweizer Aargau	20,4	10,5	15,45	108	10	5,5
Deutsche Alpen	15,0	8,3	11,65	114	10	6,0
Bodensee	19,5	8,4	13,95	93	14	5,9
München	19,1	8,9	14	79	9	5,8
Schwarzwald	17,0	8,4	12,7	116	15	5,8
Bayrischer Wald	12,8	6,7	9,75	97	17	4,3
Erzgebirge	21,9	1,6	11,75	78	14	4,7
Thüringer Wald	20,8	2,3	11,55	87	15	4,6
Harz	15,7	7,8	11,75	97	15	5,4
Frankfurt am Main	20,2	9,7	14,95	48	7	5,3
Eifel	15,8	8,9	12,35	64	10	4,7
Köln	19,7	9,5	14,6	62	10	4,8
Lüneburger Heide	19,0	8,5	13,75	57	15	5,7
Berlin	19,0	10,5	14,75	46	8	5,2
Mecklenburgische Seenplatte	25,6	3,6	14,6	47	13	5,7
Hamburg	18,0	9,4	13,7	70	11	4,7
Deutsche Bucht	16,9	13,2	15,05	80	11	5,5
Ostseeküste	17,2	10,6	13,9	47	13	5,3

September

Kranich: Im September/Oktober beginnt der Rückzug der Kraniche. Großes Interesse an diesem Ereignis haben der Deutsche Vogelschutzbund, naturkundliche Vereine und ähnliche Einrichtungen, und sie sind dankbar, wenn man seine Beobachtungen weitergibt. Folgende Angaben sind dabei notwendig: 1. Datum, 2. Uhrzeit, 3. Anzahl der Tiere (gezählt oder geschätzt), 4. Ort der Beobachtung, 5. Flugrichtung und Verhalten (Formation oder kreisend), 6. Name und Anschrift des Beobachters.

Ringelnatter: Ende September/Anfang Oktober zieht sie sich in verlassene Erdbaue, Baumstubben oder frostsichere Keller zur Winterruhe zurück. Erst ab April ist sie wieder zu sehen.

Eidechsen: Ab diesem Monat ziehen sie sich zur Winterruhe in kleine Erdlöcher, Mauerlöcher, Reisig, Holzstapel u.a. zurück.

Uhu: Wer kennt ihn nicht, aber gesehen hat ihn in der freien Natur kaum einer. Ende September jedenfalls kann man die Männchen der größten »Nachtvögel« hören (noch ca. 600 Brutpaare), sie beginnen mit der Herbstbalz. Ihr schaurig-schöner, dumpf-klagender Balzruf ertönt alle 20 Sekunden bis zu 600-mal in der Nacht.

Schwalben: Uns allen ist der Termin Mariä Geburt am 8. September durch den alten Spruch »Mariä Geburt fliegen die Schwalben furt« vertraut, nur die Schwalben halten sich nicht daran. Die ersten Mehlschwalben machen sich schon ab Mitte August auf den Weg in den Süden, während einige noch ihre dritte Brut für den langen Weg aufpäppeln. Ab Mitte September folgen dann auch die

In manchen Jahren sieht man jetzt schon die ersten Kraniche ziehen. Ihr Anblick stellt unsere innere Uhr unweigerlich auf den Herbst ein.

Rauchschwalben. Schon Tage vorher merkt man es ihnen an, wie sie sich zusammenrotten und abends auf Drähten die Nächte abwarten. Eines Morgens fällt der Startschuss in Richtung Westsüdwest (in der Zugschneise östlich Berlin und Salzburg ziehen die Schwalben in Südostrichtung ab). Sie überqueren Mittelmeer und Sahara, manche bis in die Kapregion.

Fledermäuse: Sie suchen jetzt ihren Überwinterungsplatz auf, bevorzugt Höhlen usw.

Bilche: Zu ihnen gehören Siebenschläfer, Haselmäuse, Garten- und Baumschläfer. Sie überwintern ab Ende September bis in den Mai in Boden- und Baumhöhlen sowie in Nistkästen. Ein Grund, im Herbst die Nisthilfen im Garten noch nicht zu reinigen. Manchmal sieht man Bilche gegen Abend noch einmal aus ihren Schlupflöchern kommen, um sich mit Nüssen, Beeren und Obst zu mästen. Während des Winterschlafs sinkt ihre Körpertemperatur bis auf 1 °C ab, und das Herz schlägt nur 35-mal in der Minute (10-mal langsamer als normal).

Marienkäfer und Florfliegen suchen ihr Überwinterungsquartier.

Schmetterlinge: Typische Spätsommerfalter sind der Admiral und der Nierenfleck. In der Natur werden allmählich die Blüten rar und an blütenreichen Stellen wird man schnell Schmetterlinge zum Beobachten finden, beispielsweise in kleereichen Wiesen, an blühendem Efeu, Astern und Balkonpflanzen. Wanderfalter wie der Admiral kann man ab Ende September gut auf Bergwanderungen in den Alpen beobachten.

Brunft: Das Wetter hat auch einen Einfluss auf das imponierende Brunftgeschrei der Hirsche. Sie melden sich umso lauter und lebhafter, je trocken-

In vielen Forsten werden Führungen zur Brunftzeit durchgeführt. Ein beeindruckendes Erlebnis.

September

Jahreszyklus bei Reh-, Rot- und Damwild

	Brunftzeiten	Fegen	Geweihabwurf	Kalben (Setzen)
Rehwild	Mitte Juli bis Anfang August	März bis Mai	November bis Mitte Dezember	Anfang Mai, spätestens 15. Mai
Rotwild	Ende September bis Anfang Oktober	Juli/August	Februar/März	Mai/Juni
Damwild	Mitte Oktober bis Anfang November	August/September	April/Mai	Anfang Juni (um 10. Juni)

kälter das Wetter ist. Bei warmem, sonnigem Wetter, bei Regen und bei Wind schweigen sie oft ganz (stille Brunft). Der Jäger sagt: *»Den Bock verwirrt der Sonne Glut, den Hirsch die kalte Nacht«.*

1. September
Wichtiger Lostag

Die jetzt beginnende Herbstzeitlosenblüte sagt uns die überleitende Zeit in den Herbst an. Der heutige St.-Ägidius- und Verena-Tag ist damals wie heute ein wichtiger Wetterlostag. Um diese Zeit beginnen die Roggenaussaat, Obsternte und früher auch die Eichelernte.
Da am 1. September Sodom und Gomorrha zerstört wurden, ist besonders in südlichen Gegenden heute ein Schwendtag.

Ist's an Aegidi rein, wird's so bis Michaeli sein [29. 9.].
Willst du Korn im Überfluss, säe an Ägidius.
Wenn du's säst ins freie Land, vor und nach des Neumonds Stand, wächst wenig Unkraut und kein Brand.

Witterungshinweis: Die Niederschlagsmengen des Septembers nahmen in den letzten Jahren ab; es wird zwar trockener, aber nicht beständiger. Trotzdem ist der September der einzige Monat im Jahr, der von der Klimaveränderung kaum beeinflusst wird.

Witterungstendenz:
Im ersten Drittel des Monats bildet sich in 75% der Jahre eine frühherbstliche Schönwetterlage aus.

Witterungsprognose:
Wie das Wetter um den 1. September ist, so wird es sich die nächsten Tage bis Wochen halten.

Ist der Monatswechsel zu trocken, wird auch der September in 4 von 5 Jahren zu trocken.

8. September
Wichtiger Lostag; Mariä Geburt

Heute, auf Mariä Geburt, wird in den Alpenländern noch vielerorts das Milchvieh zusammengetrieben und bunt geschmückt ins Tal geführt. Um den 8. September brechen die Schwalben auf ins Winterquartier nach Afrika.

Um Mariä Geburt ziehen die Schwalben furt, bleiben sie noch da, ist der Winter nicht nah.
Maria geborn, säe Weizen und Korn.

Witterungsprognose:
Hat sich bis heute eine Hochdrucklage durchgesetzt, so kann die bestehende Witterung noch längere Zeit halten. Setzt sich eine kühl-regnerische Witterung durch, kann sie sich die nächsten Wochen halten, und ein schöner Altweibersommer ab Ende September wird fraglich.
Wie sich das Wetter an Mariä Geburt verhält, ist es noch 4 Wochen bestellt.
Im Norden Deutschlands führt geringer Sonnenschein um den 8. September für die nächsten 2–4 Wochen mit hoher Wahrscheinlichkeit zu einer unterdurchschnittlichen Sonnenscheindauer.

September

9. September
Lostag

Ist es an St. Gorgon schön, wird man noch 40 schöne Tag sehn.
Bringt St. Gorgonius Regen, folgt ein Herbst auf bösen Wegen.
St. Gorgonius treibt die Lerche davon.

Witterungstendenz:
Mitte September hohe Neigung zu kühlem, niederschlagsreichem Wetter.

Witterungsprognose:
Ist es um den 11. September niederschlagsfrei, so ist in 3 von 4 Jahren der Monat zu trocken.
Wenn's an Protus nicht nässt, ein dürrer Herbst sich erwarten lässt.

14. September
Lostag

Ist's hell am Kreuzerhöhungstag, so folgt ein strenger Winter nach.

Witterungstendenz:
Der durchschnittliche September hat vom 14.–18. eine ausgeprägte Schlechtwetterneigung.

15. September
Großer Schwendtag

Ludmilla, das fromme Kind, bringt Regen gern und Wind.

Witterungsprognose:
Es gibt oft ein trockenes Frühjahr, wenn es um den 17. September sehr sonnig ist, und es wird nass, wenn in dieser Zeit die Sonne zu wenig scheint.

Witterungstendenz:
Im letzten Drittel allgemeine Schönwetterlage mit Frühnebel, warmen Tagen und kühlen Nächten. In sternklaren Nächten erste Nachtfröste möglich.

21. September
Wichtiger Los- und Schwendtag

Ab heute beginnen acht hintereinander folgende Schwendtage oder verworfene Tage (bis 28. 9.), an denen noch unsere Groß- oder Urgroßeltern nichts Neues angefangen haben. Man unternahm Putz- und Aufräumarbeiten, Rodungsarbeiten sowie wenn erforderlich die Trennung von Menschen. Zudem ist heute ein wichtiger Lostag für die Wetterdeutung, da in dieser Zeit oftmals die Herbststürme einsetzen und der Winter einen frühen Anfang nehmen konnte.

Matthäus packt die Bienen ein.
Tritt Matthäus stürmisch ein, wird's ein kalter Winter sein.
Matthäus macht Tag und Nacht gleich.
Wenn Matthäus weint statt er lacht, Essig aus dem Wein er macht.
Matthäus hell und klar, bringt guten Wein im nächsten Jahr.

Witterungsprognose:
So wie sich das Wetter um diese Zeit entwickelt, so wird es die nächsten Wochen halten. Fallen am heutigen 21. September über 10 mm Regen, so werden fast immer die nächsten 4 Wochen zu nass. Wie's Matthäus treibt, es 4 Wochen bleibt.

23. September
Schwendtag; Herbstanfang; Altweibersommer (Spätsommer, Nachsommer)

Der Altweibersommer, auch Flug-, Frauen-, Nach-, Spät- oder Seniorensommer, ist die zuverlässigste, aber auch letzte schöne warme Hochdruckwetterphase des ganzen Jahres. Es ist fast windstill und die Luft ist besonders klar. Meistens im letzten Monatsdrittel bis Anfang Oktober, überleitend von sommerlicher zu winterlicher Witterung. Während eines »schönen« Altweibersommers kann es in empfindlich kalten Nächten bereits erste Bodenfröste geben.

Die Spinne ist das typische Symbol der Altweibersommerzeit.

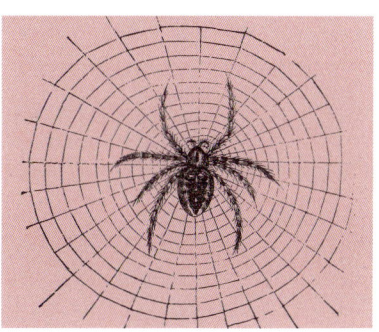

September

Witterungstendenz:
Typische Altweibersommerzeit meistens sehr zuverlässige, ruhige, warme Schönwetterphase in der Zeit vom 23. September bis zur 1. Oktoberdekade, aber:
Der Altweibersommer tut nicht lang gut, und steht er auch in aller Heiligen Hut.

Historische Wetterbeobachtung Anfang 1900:
Die Regel »starke Regengüsse zu Ende des September verkünden einen milden Winter« kann nur im östlichen Deutschland bestätigt werden, und das auch nur im Verhältnis 3 : 2.

29. September
Wichtiger Lostag; Michaelstag; Sommersilvester

Am Michaelstag geht der Sommer dem Ende zu, daher auch der Name »Sommersilvester«.

Als Lostag hat der Michaelstag für die kommende Witterung, aber auch für den heranrückenden Winter eine besondere Bedeutung. Die nachfolgende erste Erfahrungstatsache ist ein Hinweis darauf, dass der Winter für das Land gar nicht als negativ angesehen wurde.

Wenn Michael viel Eicheln bringt, Weihnachten die Felder mit Schnee dann düngt.
Wenn die Vögel nicht ziehen vor Michaeli, wird's nicht Winter vor Christi Geburt.
Wenn der Erzengel seine Flügel badet, regnet es bis Weihnachten und man kann auf mildes Wetter hoffen.
Regnet's sanft an Michaelstag, nasser Herbst gern folgen mag.
Stehen zu Michaelis die Fische hoch, kommt viel schönes Wetter noch.
An Michaeli kauft man gern Vieh.

30. September
Erntedankfest
(am ersten Sonntag nach Michaelis)

Das Erntedankfest war schon in der Antike ein weit verbreitetes Fest, z. B. bei den Römern und Juden das Laubhüttenfest. In der evangelischen Kirche feiert man das Erntedankfest am ersten Sonntag nach Michaelis (29. September), meistens im Oktober. In der katholischen Kirche ist kein fester Termin festgesetzt, es ist aber meist auch der erste Sonntag im Oktober. Segnung der Feldfrüchte und Gedenken an das Erntewunder. Erntefeste waren früher von besonderer Bedeutung mit sehr viel Brauchtum, zumal über 80 % der Bevölkerung auf und vom Land lebten und die Winterzeit von der eingebrachten Ernte abhängig war. Die Erntezeit reicht von Johanni bis Bartolomäus (24. Juni bis 24. August) oder von Jacobi bis Ägidius (25. Juli bis 1. September).

Feierlich und mit Ehrfurcht trug man früher die letzte Garbe nach Hause und feierte Erntedank.

Witterungsprognose:
Ein milder Winter ist zu erwarten, wenn der September zu warm war und wenn es dann um Monatsende herum geregnet hat. Besonders der Februar wird dann in 8 von 10 Jahren zu warm werden.
Ist der September lind, wird der Winter ein Kind.
Nach einem überwiegend warmen, sonnigen September folgt in vielen Jahren ein regnerischer Oktober. Gab es im September jedoch keine besonderen Auffälligkeiten und ist es gegen Ende des Monats zu warm, so wird auch die Folgezeit zu 70% verhältnismäßig warm sein.
Kommt St. Michael [29. 9.] heiter und schön, so wird es noch 4 Wochen so gehen.

Der Oktober

Seine alten Namen

Windumemanoth (latein. »vindemia« = Weinlese), später Winmanot, Weinmonat oder Weinlesemonat; Gilbhart, von »gilb« (altdeutsch) = gelb, »hart« = viel, also der Monat des vergilbten (gelben) Laubes, Blotamanoth (altgermanisch); später Weinmond, Dachsmond (so nannten ihn die Jäger), Herbstmonat, Reifmond (erste Nachtfröste); lateinisch: October (mensis).

Sein Ursprung

Nach altrömischer Zählung war der Oktober der achte (octo) Monat im Jahr, welches mit dem März begann.

Sein Sternzeichen

Das siebte Zeichen im Tierkreis und von der Venus geprägt ist die Waage, vom 23. 9.–23. 10.
Lostage: 2., 8., 9., 16., 18., 21., 28., 31.
Schwendtage: 3., 6., 11.

Oktober, der fröhliche Wandersmann, pinselt noch schnell Wald, Heide und Hecken an.

Ein Hauch von Melancholie liegt jetzt in der Luft, im Monat der Nebel, des fallenden bunten Laubes, des Weines, des letzten Obstes und der Zuckerrübenernte. Das Aussehen des Himmels verändert sich. Die typischen Schönwetterwolken (Quellwolken), die uns den ganzen Sommer bei warmer Witterung begleitet haben, verschwinden. Der Boden heizt sich nicht mehr so auf, Quellwolken bleiben aus. Die kälter werdenden bodennahen Luftschichten, bedingt durch längere Abkühlungszeiten während der Nacht, sorgen bei einer länger andauernden Schönwetterphase dafür, dass trotz schönen Wetters der Himmel immer dunstiger wird.

Die Natur inszeniert noch einmal einen warmen, goldgelben Farbenzauber, und es entsteht eine Art Torschlusspanik bei allen Sonnenliebhabern. Am liebsten würde man die Wärme festhalten, genauso wie die farbenfrohen warmen Herbstfarben. Der Wein erhält durch die Oktobersonne die letzte Reife, daher auch der alte Name Weinmond. In den deutschen Anbaugebieten beginnt die Traubenreife durchschnittlich im letzten Augustdrittel, die Weinlese Anfang September. Die Voll- oder Haupterntezeit ist jedoch der Oktober.

Ist der Weinmonat warm und fein, kommt ein scharfer Winter hinterdrein.
Oktobersonne kocht den Wein und füllt auch große Körbe ein.
Oktober Sonnenschein, schüttet Zucker in den Wein.
Wer den Wein liebt, muss einen kalten Winter in Kauf nehmen.
Warmer Oktober bringt fürwahr, uns sehr kalten Februar.

Der Oktober ist noch einer der Monate mit den ruhigsten und anhaltendsten Schönwetterlagen des Jahres, aber mit deutlich nachlassender Sonnenkraft, was sich besonders nachts bemerkbar macht. An schönen Tagen und Nächten addiert sich das Verhältnis Sonneneinstrahlung und nächtliche Wärmeabstrahlung trotz schönen Wetters zu Ungunsten der Tageswärme.

Oktoberhimmel voll Sterne, hat warme Öfen gerne.

Je nach geografischer Lage kann man besonders im letzten Monatsdrittel im Bundesdurchschnitt mit 3–7 Nachtfrösten rechnen.

Wenn Simon und Judas [28.10.] vorbei, ist der Weg dem Winter frei.

Es beginnt die Zeit der dichten Nebel. In der Zeit zwischen September und März werden die meisten Nebeltage des Jahres gezählt, dabei ist der Oktober der Champion. Jeden dritten Tag herrscht Nebel mit Sichtweiten unter 1000 m – so wertet die Statistik den

Oktober

Oktober. Die Luft kann nur bedingt Feuchtigkeit aufnehmen; irgendwann tropft es eben. Diese überschüssigen Feuchtigkeitströpfchen sieht man dann als Nebelwolke, welche öfter, bei ruhiger, fast windstiller Witterung, den ganzen Tag trüben kann. Die feuchte Luft, die bei abnehmender Sonnenkraft keine zusätzliche Feuchtigkeit aufnehmen kann und für den immer beständiger werdenden Nebel sorgt, wird gespeist von den warmen Meeren. Sie haben die Wärme des Sommers gespeichert und geben viel Feuchtigkeit ab.

Oft bildet sich eine Inversionswetterlage: Über eine am Boden liegende Kaltluftschicht schiebt sich Warmluft mit der Folge, dass sich bodenständiger Nebel bildet, der sich nicht auflösen kann. Trübes, über viele Tage anhaltendes ruhiges Wetter resultiert daraus. Über der Kaltluftschicht (bis ca. 600 m Höhe) herrscht besonders in Höhenlagen der absolute Witterungsgegensatz, nämlich schönes sonniges Wetter, oft mit großen Sichtweiten. Jetzt hat der Bauer die Felderernte längst eingebracht, bis auf Rüben (Runkeln), Möhren und späte Kohlsorten. Bis Mitte des Monats sollte aber alles geerntet werden. Ist der Altweibersommer lange schön, vergisst man gerne die Zeit und bedenkt nicht, dass mit den ersten Vorboten des Winters zu rechnen ist. Als Stichtag hierfür gilt schon lange der Namenstag des hl. Gallus am 16. Oktober.

*An St. Gall ernte die Rüben all.
Wenn Gallus kommt, hau an den Kohl, er schmeckt im Winter trefflich wohl.*

*Im Gilbhart räum den Garten, denn willst du warten, so kommt die Kälte und nimmt die Hälfte.
Der erste Reif bei Vollmond droht den Blättern und den Blüten Tod.*

Am Oktoberwetter bestimmten unsere Ahnen den kommenden Winterverlauf. Es gibt tatsächlich statistische Aussagen darüber. Wenn z. B. gegen Mitte Oktober die Witterung zu warm ist, so wird der Januar meist sehr kalt. Ein kalter Januar ist statistisch auch dann, wenn der Oktober durchschnittlich 1,5–2 °C zu warm und trocken war. Der Winter wird häufig zu mild werden, wenn es schon im Oktober schneit. Die alten »Beobachtungsregeln« unserer Ahnen sagen:

*Wie der Oktober, so der März, das bewährt sich allerwärts.
Wenn's im Oktober donnert und wetterleuchtet, der Winter den April mit seinen Launen gleicht.
Oktobergewitter sagen beständig, der kommende Winter sei wetterwendig.
Gewitter im Oktober künden, dass du wirst nassen Winter finden.
Bringt der Oktober viel Frost und Wind, so sind Januar und Februar lind.*

Auch dieses Gedicht greift die vielen Spinnfäden des Altweibersommers auf.

Oktober

Bedeutung der Winde im Oktober

Nord/Nordost	Ost/Südost	Süd/Südwest	West/Nordwest
Wechselhaftes kalt-regnerisches Wetter mit 6 bis 12 °C, der schon unterhalb von 1000 m in Schnee übergehen kann. Gegen Ende des Monats 2 bis 8 °C und Schnee bis in die Niederungen möglich. Im Osten und am Alpenrand häufiger Regen. Nachts nach längerem Aufklaren Frost von −2 bis −6 °C möglich.	Allgemein milde, sonnige Hochdrucklage, in den Niederungen jedoch trübes bis ganztägig hochnebliges Wetter mit nur kühlen 6 bis 10 °C. In Höhenlagen überwiegend sonnig, mild, und gute Fernsicht bei 11 bis 18 °C, jedoch etwas kühler bei Ostwind. Nachts empfindlich kalt mit Nachtfrostgefahr.	Im Norden und Westen leichte Bewölkung mit geringem Niederschlag, nach Osten weniger bis kein Niederschlag und wechselnde Bewölkung. Anfang des Monats sehr milde 16 bis 22 °C, im Südwesten und Alpenrand sogar bis über 25 °C, später insgesamt kühler.	Wechselhaftes Tiefdruckgebiet mit sonnigen Abschnitten und Durchzug von Regenfronten mit zeitweilig stärkeren Winden, besonders im Norden; dort örtlich auch Gewitter. Temperaturen bei warmer Meeresluft zu Anfang des Monats zwischen 15 und 20 °C, zum Ende 10 bis 15 °C; bei kühler Meeresluft anfangs zwischen 11 und 16 °C, gegen Ende 6 bis 11 °C. Am Alpenrand etwa ab 1500 m Schnee möglich.

Schneit's im Oktober gleich, dann wird der Winter weich.
Im Oktober Sturm und Wind, uns den frühen Winter künd.
Im Oktober der Nebel viel, bringt der Winter der Flocken Spiel.

Seit Mitte September bauen sich im Polargebiet wieder hoch reichende Kaltluftmassen auf. Ihre Ausbrüche können auch jetzt schon im Oktober die Zeit der Stürme einleiten.

Wenn der Wind heult über die Stoppeln, muss man seinen Putz verdoppeln.

Jetzt muss man seine Energiereserven überprüfen und ergänzen. War es in früheren Zeiten stürmisch und nass, so muss es eine deutliche Häufung an Sterbefällen gegeben haben und man nannte den Oktober sogar Sterbemonat, was eine alte Regel belegt:

Hat der Oktober viel Regen gebracht, so hat er die Gottesäcker [Friedhof] bedacht.

Heutige Statistiken können das nicht belegen, jedoch kann für Wetterfühlige eine ungesündere Zeit beginnen. Wer nun die Natur und das Verhalten der Tiere genau beobachtet, wird verblüffende Vorhersagen machen können, ob es früh windet, ob ein früher, kalter Winter kommt mit viel oder wenig Schnee. Wird z. B. die Laubfärbung schon früh vom Laubfall abgelöst, weil der Oktober schon stürmisch und windig ist, so ist der Winter nicht mehr fern. Es wird auch ein kalter Winter kommen, wenn das Laub lange an den Zweigen bleibt. Wie schon das ganze Jahr sind auch jetzt die Spinnen zuverlässige Wetterpropheten. Kommen sie jetzt aus ihren Winkeln hervor und werden besonders aktiv, zeigen sie zuverlässig die erste Kältewelle an. Die Winterspinnen merken dies schon Tage vorher, weit früher, besser und sicherer, als es ein Thermometer kann. Wenn die Bienen ihre Fluglöcher zeitig verschließen, naht ein kalter Winter. Schön, wenn es in der näheren Umgebung oder Nachbarschaft einen Bienenstock gibt.

Wenn die Bienen zeitig verkitten, kommt bald ein harter Winter geritten.
Wenn im Oktober noch viele Wespen fliegen, werden wir strengen Winter kriegen.
Sind die Maulwurfshügel hoch im Garten, ist ein strenger Winter zu erwarten.
Zieht's Eichhorn still ins Winternest, wird bald die Kälte karst und fest.
Wandert die Fledermaus nach dem Haus, bleibt der Frost nicht lange aus.
Tummelt sich die Haselmaus, bleibt der Winter noch lange aus.

Oktober

Monatsmittelwerte im Okober

Region	Höchsttemperatur in °C	Tiefsttemperatur in °C	Durchschnittstemperatur in °C	Niederschlagsmenge in mm	Niederschlagstage	Sonnenscheindauer in Stunden
Niederösterreich	13,5	6,5	10	56	13	4,2
Österreichische Alpen	14,7	4,5	9,6	71	12	4,7
Schweizer Alpen	16,4	8,1	12,25	173	9	4,7
Schweizer Aargau	13,7	6,0	9,85	80	10	3,5
Deutsche Alpen	10,0	3,9	6,95	66	9	4,8
Bodensee	13,2	4,3	8,75	65	14	3,5
München	13,6	4,4	9	58	8	4,2
Schwarzwald	11,4	4,3	7,85	109	15	4,4
Bayrischer Wald	8,3	2,8	5,55	60	16	3,5
Erzgebirge	17,0	−2,6	7,2	80	15	3,5
Thüringer Wald	16,3	−2,3	7	87	15	3,5
Harz	10,2	3,8	7	112	17	3,6
Frankfurt am Main	14,2	5,8	10	51	8	3,3
Eifel	11,0	5,3	8,15	66	10	3,5
Köln	15,0	6,3	10,65	55	9	6,3
Lüneburger Heide	13,1	5,1	9,1	61	16	3,3
Berlin	13,7	6,6	10,15	36	8	3,6
Mecklenburgische Seenplatte	20,0	4,1	12,05	41	14	3,4
Hamburg	13,3	6,3	9,8	63	10	3,3
Deutsche Bucht	12,9	9,3	11,1	82	13	3,3
Ostseeküste	12,8	7,8	10,3	55	18	3,0

Oktober

Hält der Oktober das Laub, wirbelt zu Weihnachten Staub.
Fällt das Laub sehr bald, wird der Herbst nicht alt [früher Winter].
Späte Rosen im Garten, lassen den Winter warten.
Wenn Buchenfrüchte geraten wohl, Nuss- und Eichbaum hängen voll, so folgt ein harter Winter drauf und fällt der Schnee zuhauf.

Wetterrekorde im Oktober

Höchste Tagestemperatur: 30 °C am 04.10.1966 in Stuttgart
Tiefste Tagestemperatur: –0,1 °C am 27.10.1950 in Würzburg
Kein Nachtfrost im Oktober: seit 1952 auf Helgoland
Niederschlagstage: 29 Tage im Jahre 1981 in St. Peter-Ording
Erster Schnee: am 07.10.1982 in Ulm
Wärmster Oktober: 12,2 °C in den Jahren 2001 und 2006

Tierphänomene im Oktober

Das gesamte Tierreich bereitet sich auf den Winter vor. Reptilien, Kleinsäuger, Insekten, Schnecken usw. gehen in ihre Winterverstecke.
Schwalbe: Rauch- und Mehlschwalbe ziehen in großen Schwärmen Mitte bis Ende Oktober fort. Tage vorher sammeln sie sich z. B. auf Stromleitungen.
Bienen: Sie beginnen in diesem Monat mit dem Verkitten ihrer Einfluglöcher.
Igel: Das »Husten« des Igels verstummt, er sucht sein Versteck auf. Stein-, Laub-, Reisig- und Komposthaufen bieten ihm Schutz vor dem Winter. Lassen Sie einige Überwinterungsmöglichkeiten im Garten liegen und räumen Sie nicht so typisch deutsch auf! Geben Sie dem Igel niemals Milch zu trinken, nur Wasser, und zum Aufpäppeln rohe Eier und Hackfleisch. Denken Sie daran, Igel sind keine Haustiere und der Igelschutz beginnt nicht erst im Winter.
Zugvögel: Im Garten wird es wesentlich ruhiger, die Sommergäste fliegen zurück. Verschiedene Gänsearten, z. B. die Kanadagans, kann man wieder von Oktober bis März über unser Land fliegen sehen.
Haarwechsel: Der Haarwechsel bei Schalenwild, Hase und Fuchs beginnt, wobei die jüngeren Tiere etwa 2 Wochen eher wechseln als die Alttiere. Der Haarwechsel im Herbst geht nicht so offensichtlich vor wie der im Frühjahr, da kein altes Haar abgestoßen wird.
Feldhamster: Je nach Witterung beginnt unser selten gewordener Feldhamster ab Oktober bis März/April mit seinem Winterschlaf. Den scheuen nachtaktiven Einzelgänger bekommt man fast nie zu Gesicht. Seine Anwesenheit ist durch das Vorhandensein seiner Bauten zu erkennen, die man nach dem Abernten der Felder erst richtig erkennt. Eindeutige Anzeichen für einen bewohnten Bau sind frischer Erdaushub und Reste zusammengetragener Nahrung. Die armdicken Ausgangslöcher haben einen Durchmesser von 6–8 cm (Feldmäuse nur 3–4 cm).
Schmetterlinge: Die Schmetterlinge ziehen sich mehr und mehr zurück, immer weniger Arten lassen sich beobachten. Der gelbe Postillion hat jetzt sein Flugmaximum erreicht und wird noch im November, manchmal sogar noch im Dezember angetroffen.

2. Oktober
Lostag

Weht der Wind an Leodegar, kündet an ein fruchtbar Jahr.

Witterungstendenz:
Im ersten Drittel wechselhafte, zu Regen und Wind neigende Witterung bei ausgeglichenen Temperaturen.

4. Oktober
Welttierschutztag

Im Jahre 1931 wurde auf dem internationalen Tierschutzkongress der Welttierschutztag festgelegt.

Witterungstendenz:
In 7 von 10 Jahren bildet sich vom 10.–20.10. eine Schönwetterperiode aus. Morgens bis ca. 10 Uhr Nebel, dann sonnig, aber mit kühlen Nächten.

Unser heimischer Igel muss sich jetzt mit dem Anfressen von Winterspeck beeilen, der ihn während des Winterschlafes ernährt und wärmt.

Oktober

16. Oktober
Wichtiger Lostag; Gallustag

In vielen Teilen des Alpengebietes beginnt jetzt mit dem ersten Schneefall der Winter. An diesem wichtigen Lostag sollte man besonders auf das Wetter achten!
Früher wurde um St.-Gallus-Tag hausgeschlachtet. Das Schlachtfest war ein wichtiges Ereignis und wurde mit der Familie und den Verwandten gefeiert. Kühltruhen gab es damals noch nicht, und während der kalten Winterzeit verdarben Fleisch und Wurst nicht.

Mit Hedwig tritt Saft in die Rübe.
St. Hedwig und St. Galle, machen das schöne Wetter alle.
St. Hedwig und St. Gall, schweigt der Vögel Sang und Schall.
An St.-Gallus-Tag den Nachsommer man erwarten mag.
Regnet's am Gallustag nicht, es im Frühling an Regen gebricht.
Ist's um Gallus trocken, folgt ein Sommer mit nassen Socken.
Zeigt das Kalenderblatt St. Gall, gehört die Kuh in den warmen Stall, und der Apfel in den Sack.

Zu St. Gall pflüg auf dem Berg und säe im Tal.
Wenn St. Gallus Regen fällt, der Regen sich bis Weihnacht hält.

18. Oktober
Lostag; Lukastag

In vielen Gebieten werden heute Herbstfeuer entfacht, die so genannten Lukasfeuer. Auch die traditionelle Zeit der Kartoffelfeuer hat begonnen. Jahreszeitlich die letzte Möglichkeit für angenehme Grillfeste im Freien.

Von Lukas bis St.-Simons-Tage, zerstört der Raupennester Plage.
Am Lukastag soll das Winterkorn schon in die Stoppeln gesät sein.

> *Witterungsprognose:*
> *Ist der Oktober um den 18. zu warm, so wird der Januar meist sehr kalt.*
> *Ist St. Lukas mild und warm, kommt ein Winter, dass Gott erbarm.*

21. Oktober
Lostag

An Ursula muss das Kraut herein, sonst schneien Simon und Juda [28. 10.] drein.

> *Witterungstendenz:*
> *Vom 21. bis zum Monatsende unbeständig und oft mit vorwinterlichen Kälteeinbrüchen, besonders vom 26.–29. klopft der Winter an.*
> *St. Ursulas Tagesbeginn zeigt auf den Winter hin.*
> *Kein Omen auf den kommenden Winter!*
>
> *Historische Wetterbeobachtung Anfang 1900:*
> *Der Oktober ist ein veränderlicher und in der Witterung unsicherer Monat, in dem Wetterprognosen fast nur von einem Tag zum anderen reichen. Auch in alten Wetterbüchern (vor 1900) findet man nur wenige Regeln. Der einzige hervorzuhebende Wetterwendepunkt ist um den 24. Oktober: In mäßig kalten und mäßig feuchten Oktobern tritt mit diesem Tage der raue Winterregen ein und es beginnt der Wintersturm, nicht selten auch der Schneefall. Ganz trockene Oktober, auch sehr regnerische, haben um den 24. keinen Wendepunkt.*

Das Pflügen, die Vorbereitung für die Saat, kann man als ein Symbol des Herbstes betrachten.

Oktober

25. Oktober
Ende der Sommerzeit
(letztes Wochenende im Oktober)

Ende der Sommerzeit: Seit 1996 ist die Sommerzeitperiode in der Europäischen Union in der Mitteleuropäischen Sommerzeit (MESZ) einheitlich geregelt und endet am letzten Oktobersonntag um 3 Uhr. In der Nacht von Samstag auf Sonntag wird die Uhr wieder um 1 Stunde zurückgestellt, von 3 auf 2 Uhr.

28. Oktober
Wichtiger Lostag

Am Tag Simon und Juda soll einst die Sintflut hereingebrochen sein; er galt allgemein als Winteranfang.

Ist Simon und Juda kein Wind und Regen da, so bringt ihn erst St. Cacilia [22. 11.].
Wenn Simon und Judas vorbei, ist der Weg dem Winter frei; es sitzen auch die heiligen Herrn am warmen Kachelofen gern.
Wenn Simon Judä schaut, so pflanze Bäume, schneide Kraut.

Witterungstendenz:
Auffällige Neigung zu stärkeren Herbststürmen am 10. und 29. Oktober.

31. Oktober
Lostag; Reformationstag; Halloween

Halloween ist in der heutigen Nacht vor Allerheiligen. Neben Thanksgiving (Erntedank) ist Halloween das wichtigste Brauchtumsfest im anglo-amerikanischen Kulturkreis und erfreut sich auch hier zunehmender Beliebtheit. Halloween war ursprünglich ein keltisch-angelsächsisches Fest (»Samhain«) zur Feier des Winteranfangs und des Sommerabschieds, ein Fest der Mächte der Dunkelheit sowie speziell der Druiden (keltische Priesterkaste).

Am Wolfgangregen ist viel gelegen. St.-Wolfgang-Regen verspricht ein Jahr voll Segen.

Früher wurde um St.-Gallus-Tag (16.10.) angefangen zu schlachten. Schlachtfeste waren in jeder Familie ein großes Ereignis. Der erste Schinken war reif, wenn der Kuckuck rief.

Witterungsprognose:
War der Oktober im Schnitt 1,5–2 °C zu warm, dann folgt zu 60% ein kalter Januar; war er zusätzlich trockener als normal, dann zu fast 90%.
Wenn lind der Oktober war, folgt ein harter Januar.
War der Oktober mindestens 1,5 °C zu kalt, so kann der Winter tendenziell zu fast 70% zu warm werden.
Wenn's im Oktober friert und schneit, bringt der Jänner milde Zeit.
Gab es im Oktober schon bis ins Flachland Schneefall, so kann der Winter zu mild werden.
Schneit's im Oktober gleich, dann wird der Winter weich.

Der November

Seine alten Namen
Herbistmanoth; Nebelung = Nebelmonat (Nebel, althochdeutsch »nebul«), Nebelmond (Monat des Nebels); später Nebeling, Wintermond, Totenmonat, Schlachtmonat, Schermonat oder Blotmônath (Beginn der Hausschlachtungen und Schlachtfeste, wobei ursprünglich auch die den Göttern geopferten Tiere eine große Rolle spielten). Windmonat, Windmond, Wintermonat (altgermanisch); als »erster Wintermonat« wurde er vom Dezember unterschieden. Ferner hieß der November auch Herbst oder Herbstmonat und wurde vom September bzw. Oktober als andrer oder dritter Herbst oder Herbstmonat unterschieden; in süddeutschen Mundarten bedeutet Herbst heute noch Trauben- bzw. Obsternte. Lateinisch: November (mensis).

Sein Ursprung
Nach alter römischer Zählung war der November der neunte (novem) Monat des Jahres.

Sein Sternzeichen
Das achte Zeichen im Tierkreis und vom Pluto (traditionell Mars) geprägt ist der Skorpion, vom ca. 24. 10.–21/22. 11.
Lostage: 1., 2., 6., 11., 15., 19., 21., 23., 25., 27., 30.
Schwendtag: 12.

Die alt- und mittelhochdeutschen Namen verraten schon die Eigenschaften des Novembers: winterlich, neblig wie im Oktober und windig.

Ein allgemein ungemütlicher Monat, in dem der Herbst sein buntes Farbenspiel beendet. Anfang November stehen wir vor einer Wetterwende. In der modernen Meteorologie hat man festgestellt, dass in den ersten Novembertagen in fast 70 Prozent aller Jahre eine Hochdruckwetterlage mit herbstlich schönen Tagen kommt, der zweite Altweibersommer oder die so genannte »Allerheiligenruhe«. Vielfach können diese Ruhe aber nur die höher gelegenen Gebiete mit Sonne genießen, denn in tiefere Gegenden herrscht oft den ganzen Tag über zwar ruhiges, jedoch kaltes, nebliges Wetter, welches die Sonne noch nicht einmal erahnen lässt. Das Meer hat die Wärme des Sommers gespeichert und kann sie jetzt nach und nach an das schon kältere Festland abgeben (Ursache des Nebels). Deshalb herrscht in 7 von 10 Jahren ab der 2. Woche und im letzten Monatsdrittel mildes Westwindwetter, welches uns im Frühjahr und Anfang bis Mitte Sommer eigentlich als kühleres Wetter bekannt war. Die Atmosphäre stellt sich auf den Winter ein. Inversionswetterlagen (bodennahe Kaltluft, höhere wärmere Luftschicht, an der Trennschicht bildet sich Wolken, so genannte Hochnebel) sind an der Tagesordnung. Intensive Abkühlungsprozesse in der Natur stellen die Weichen für das Winterwetter.

Östliche, im Sommer warmtrockene Winde sind jetzt kalt und können schon Nachtfröste bis minus 10 °C bringen. Ab Mitte November ist auch bis in die Niederungen Schneefall möglich. So wie eine frühe Hitze im Frühjahr oft auf einen kühlen Sommer schließen lässt, so kann ein früh einsetzender Frost auf einen milden Winter hinweisen.

Ist's zu Allerheiligen rein, tritt noch Altweibersommer ein.
Fängt der Winter zu früh an zu toben, wird man den Dezember nicht loben.
Sperrt der Winter zu früh das Haus, hält er es sicher nicht lange aus.
Friert im November zeitig das Wasser, wird's im Januar umso nasser.

Um November herum kommen aus dem Polargebiet Kaltluftmassen, die zunächst eine starke Temperatursenkung in den höheren Luftschichten zur Folge haben. Das Herbstwetter fängt jetzt erst richtig an. Die Okto-

November

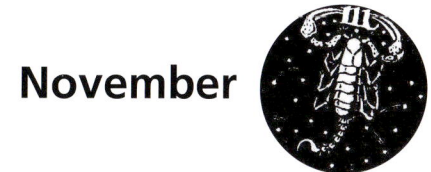

Bedeutung der Winde im November

Nord/Nordost	Ost/Südost	Süd/Südwest	West/Nordwest
Wechselhaftes, jedoch überwiegend bedecktes, kaltes winterliches Wetter mit Schnee bis in die Niederungen, der Mitte des Monats liegen bleiben kann. Die Temperaturen von kalten –3 bis +4 °C zu Monatsanfang können gegen Monatsende bei Dauerfrostwerten zwischen –6 und 0 °C liegen. Nachts nach längerem Aufklaren schon Frost bis –10 °C möglich. An den Küsten ist es allgemein milder.	Hochdrucklage, die im Flachland trübes, hochnebliges und kaltes Wetter nach sich zieht; –1 bis 5 °C, seltener und nur Anfang November bis 10 °C. In Höhenlagen oberhalb 700 – 1000 m sonnig bei guter Fernsicht und wärmer als im Flachland, bei Werten bis 13 °C.	Sehr milde, wechselhafte Wetterlage. Im Norden und Westen leichte Bewölkung mit geringem Niederschlag, nach Osten weniger bis kein Niederschlag und wechselnd bewölkt. Anfang des Monats 10 bis 15 °C, später kühler. Im Alpenraum und am Nordrand des Erzgebirges ist Föhn möglich mit Temperaturen bis 20 °C.	Wechselhaftes Tiefdruckgebiet mit sonnigen Abschnitten und Durchzug von Niederschlägen mit zeitweilig stärkeren bis stürmischen Winden, besonders im Norden. Temperaturen wechseln zwischen warmer Meeresluft von 7 bis 12 °C und kühler Meeresluft zwischen 3 und 8 °C. Bei kühler Meeresluft fällt die Schneefallgrenze auf 900 m zu Anfang und 400 m am Ende des Monats. An der Küste sind sogar Gewitter möglich.

berstürme gaben schon ein leichtes Vorgefühl auf die kommende stürmische Zeit. Innerhalb von wenigen Stunden kann das »Großreinemachen« anfangen. Die starken Stürme im Herbst und Winter haben bei uns drei Ursachen:
1. Die kalte Polarnacht zieht Temperaturausgleichsstürme (Nord-Süd) nach sich mit der Folge, dass häufigere und intensivere Winde als im Sommer vorherrschen.
2. Die Tiefs der Gegend um Island. Die kalte Polarluft trifft auf den warmen Golfstrom, der wie ein Heizkörper wirkt und die Kaltluft mit Wärmeenergie auflädt. Dann sind auch Gewitter möglich.
3. Osteuropa und die Weiten Sibiriens erstarren bereits im Eis. Die Luft wird immer kälter und schwerer, d. h. der Druck steigt immer mehr. Es baut sich ein riesiges Hochdruckgebiet auf, welches sich vom Norden Russlands langsam nach Mitteleuropa ausdehnt. Bis es so weit ist, können die

immer kräftiger werdenden Tiefs von Island über England, die Niederlande, Belgien und schließlich zu uns einbrechen und ihre zerstörerischen Kräfte wirken lassen. Liegt dann im Januar und Februar bei uns noch Schnee und hat sich die osteuropäische Eisluft bis hierher breit gemacht, schaffen es aus dem isländischen Tiefdruckgebiet nur noch sehr starke Stürme und Orkane, das schwere und damit träge, kalte Hoch hier zu verdrängen.

Wenn der November blitzt und kracht, im nächsten Jahr der Bauer lacht.

Bei nass-kalter Novemberwitterung zündete man erstmals wieder den Ofen an.

November

Monatsmittelwerte im November

Region	Höchsttemperatur in °C	Tiefsttemperatur in °C	Durchschnittstemperatur in °C	Niederschlagsmenge in mm	Niederschlagstage	Sonnenscheindauer in Stunden
Niederösterreich	7,0	2,6	4,8	56	14	1,8
Österreichische Alpen	7,5	0,1	3,8	71	12	2,9
Schweizer Alpen	10,6	3,4	7,0	173	8	3,7
Schweizer Aargau	7,2	1,9	4,55	80	10	1,7
Deutsche Alpen	2,0	−0,6	0,7	66	11	3,1
Bodensee	7,2	0,2	3,7	65	14	1,9
München	6,9	0	3,45	51	11	2,3
Schwarzwald	5,7	0,2	2,95	109	17	2,2
Bayrischer Wald	2,2	−1,7	0,25	60	20	1,3
Erzgebirge	9,4	−8,4	0,5	80	16	1,3
Thüringer Wald	10,2	−8	1,1	87	18	1,4
Harz	4,4	0	2,2	112	19	1,6
Frankfurt am Main	7,6	1,7	4,65	50	10	1,6
Eifel	5,0	0,6	2,8	66	13	1,6
Köln	8,9	2,4	5,65	55	12	2,0
Lüneburger Heide	7,3	1,9	4,6	61	19	1,6
Berlin	7,3	2,4	4,85	36	10	1,7
Mecklenburgische Seenplatte	12,6	4,4	8,5	41	15	1,6
Hamburg	7,6	2,5	5,05	63	12	1,8
Deutsche Bucht	9,0	5,8	7,4	82	13	1,6
Ostseeküste	6,7	3,3	5,0	55	15	1,6

November

Novemberdonner schafft guten Sommer.
Vor Advent den Donnerschlag, das Korn gar wohl vertragen mag.

Im 16. Jahrhundert fand man für den Monat November einen zwar unsittlichen, jedoch äußerst treffenden Namen, der von der typischen Witterung abgeleitet war. Man nannte ihn drastisch Kotmonat. Melancholie liegt über der Landschaft. Fast ständig tropft es von den kahlen Bäumen, die im matten, nassgrauen Licht wie Spukgestalten aussehen, es riecht jetzt nach Moder und Humus. Die Bauern sind auf dem Land jetzt nicht mehr allein. Beim Pflügen oder Ausbringen des Stallmistes werden sie verfolgt von Krähen und Dohlen, die sich aus der stinkenden Masse einige Leckerbissen erhoffen. Eine gute Zeit, um die verschiedenen Strategien der Tiere und Pflanzen zu beobachten, wie sie sich auf die kalte Jahreszeit vorbereiten. Im 11. Monat des Jahres sieht man weder Blüten noch Blätter gern an Bäumen und Sträuchern. Man erwartet lieber schon den Winter.

Baumblüt' im November gar, noch nie ein gutes Zeichen war, denn blühen im November die Bäume aufs Neu, wäret der Winter bis zum Mai, aber sind die Bäume im November schon kahl, dann macht der Winter keine Qual.
Novemberschnee tut der Saat nicht weh, doch wenn der November regnet und frostet, dies der Saat ihr Leben kostet, ist es nur nass, bringt es jedem etwas.
Novemberschnee auf nassem Grund, bringt gar schlechte Erntestund', jedoch: Novemberwasser auf den Wiesen, dann wird das Gras im Lenze sprießen.

Wir gedenken jetzt der Toten, denn wir sollen uns auch an die Vergänglichkeit des Lebens erinnern. Sterben und Vergehen in der Natur ist die notwendige Voraussetzung für neues Leben – und kein Unglück.
Jetzt ist die Feld- und Gartenarbeit getan, auch Kohl und Rüben sind geerntet. Lediglich die Zuckerrüben werden noch bis in den Dezember hinein gefahren. Die Nächte werden täglich um ca. 3 Minuten länger. Für die Bauern beginnt heute wie früher eine besinnliche und erholsamere Zeit, und man kann in aller Ruhe seine Wetterprognosen stellen.

Trüb sind des Novembers Tage, Kälte wird uns schon zur Plage, ist es jedoch umgekehrt, bleibt der Herbst noch ungestört.
Nordlicht an der Himmelshöh', verkündet zeitig Eis und Schnee.
November Morgenrot mit langem Regen der Aussaat droht.
Wenn im November die Stern' stark leuchten, lässt dies auf baldige Kälte deuten.
Wenn der November wittert, so wittert auch der Lenz.
Ist der November kalt und klar, wird trüb und mild der Januar.

Wetterrekorde im November

Höchste Tagestemperatur: 25,8 °C am 06.11.1997 in Schongau
Tiefste Tagestemperatur: –9 °C am 03.11.1980 in Bonn
Tiefste Nachttemperatur: –23 °C am 23.11.1965 in Göttingen
Tiefster Luftdruck mit Sturm: 955,4 hPa am 27.11.1983 über Bremen
Höchste Schneehöhe im Flachland in 24 Std.: 50 cm am 25.11.2005 im Münsterland
Wärmstes Novemberende: 22,1 °C am 25.11.2006 in Mühlheim bei Freiburg

Jetzt beginnt die beste Zeit, für das nächste Jahr Holz zu schlagen.

November

Tierphänomene im November

<u>Wespenkönigin</u>: Sie kann man jetzt dabei beobachten, wie sie ihr Winterversteck sucht.

<u>Hummel</u>: Auch die Hummel kann es noch bis Ende des Monats aushalten.

<u>Haselmaus</u>: Je nach Witterung sind die Haselmäuse bis in den November aktiv, bevor sie sich in ihre Winterquartiere zurückziehen.

<u>Vogelzug</u>: Die letzten Zugvögel ziehen in den Süden, z. B. der Hausrotschwanz.

<u>Wildschwein</u>: Die Rauschzeit (Paarungszeit) dieser Tiere beginnt ab November und geht bis Januar.

<u>Schmetterlinge</u>: Geben Sie überwinternden Schmetterlingen wie Kleiner Fuchs und Tagpfauenauge eine Chance. Man wird sie ab und zu auch zu Hause in kühlen Räumen wie Keller, Dachboden oder Garage finden. Bringen Sie die Falter bitte nicht ins Warme, sondern lassen Sie die empfindlichen Tiere an Ort und Stelle und tragen Sie dafür Sorge, dass die Falter im Frühjahr ein geöffnetes Fenster zum Abflug finden.

1. November
Lostag; Allerheiligen

Bringt Allerheiligen einen Winter, so bringt Martini [11. 11.] einen Sommer.
Ist's zu Allerheiligen rein, tritt noch Altweibersommer ein.
Um Allerheiligen kalt und klar, macht auf Weihnacht alles starr.
Schnee an Allerheiligen-Tag, selten lange liegen mag.

Ein Bild kann die allgemeine Stimmung zum »Totenmonat« wohl kaum besser widerspiegeln.

Allerheiligen bringt den Nachsommer, aber meistens sehen sich alle Heiligen nach dem Winter um.
An Allerheiligen sitzt der Winter auf den Zweigen.

Man kann sich an Allerheiligen auch selbst als Wetterprophet versuchen:

An Allerheiligen geh in den Wald, nimm von der Birke einen Span, und da siehst du es ihm gleich an, ob der Winter warm wird oder kalt:
Ist zum Allerheiligen der Buchen- und Birkenspan trocken, müssen wir im Winter hinter dem Ofen hocken.
Ist aber der Span nass und nicht leicht, so wird der Winter statt kalt lind und feucht.

Vorsicht! Wildschweine können zur »Frischlingszeit« im Frühjahr, aber auch zur Rauschzeit (Paarungszeit) im Herbst sehr aggressiv reagieren, wenn sie gestört werden.

November

Witterungstendenz:
Vom 1.–6. 11. trockenes, mäßig kaltes, z. T. nebelreiches Wetter, die so genannte »Allerheiligenruhe«, jedoch:
Der Allerheiligensommer dauert drei Stunden, drei Tage oder drei Wochen!

2. November
Lostag; Allerseelen

Der Allerseelentag will drei Tropfen Regen han.

3. November
Hubertustag

Der heutige Hubertustag ist der große Festtag der Jäger und Förster und bietet zahlreichen Anlass für Jagdpartien. Mancherorts ist das Hubertusjagen ein wahres Volksfest. Früher begann heute die Großjagd.

Witterungsprognose:
Gibt es im ersten Drittel des November viele Frosttage, so ist häufig die Zahl der Regentage im Januar überdurchschnittlich hoch (ca. 80%) bzw. es gibt sehr wenig Schneefalltage.
Friert im November zeitig das Wasser, wird's im Januar umso nasser.

6. November
Lostag; Leonhardstag

Wie sich der heilige Leonhardi stellt, im Nebelung das Wetter hält.

Witterungstendenz:
Vom 7.–12. 11. mildes, wechselhaftes, windiges und regenreiches Wetter.

11. November
Wichtiger Lostag; Martinstag

Ist die Martinsgans am Brustbein braun, wird man mehr Schnee als Kälte schau'n; ist sie aber weiß, so kommt weniger Schnee als Eis.

Eine Feststellung, die man bei lokal gemästeten und natürlich gehaltenen Gänsen gerne überprüfen kann. Vergleichen Sie die Ergebnisse mit ihren Freunden oder Nachbarn.

Mit dem Hubertustag beginnt wieder die Zeit der Herbstjagd.

Ist's an Martini nicht trocken und kalt, die Winterkält' nicht lange anhält.
Zieht Martini die Spinne ins Gemach, kommt ihr gleich der Winter nach.
Wenn um Martini Nebel sind, wird der Winter meist gelind.
Ist um St. Martin der Baum schon kahl, macht der Winter keine Qual; wenn das Laub nicht vor Martini abfällt, sich ein harter Winter lange hält.

Witterungsprognose:
Wenn die Schönwetterperiode um Allerheiligen ausbleibt, so kommt es zwischen dem 13. und 22. November sehr häufig zu einer ausgeprägten Schönwetterphase, den so genannten »Martinsommer«, den schon Shakespeare beschrieb.
Bringt Allerheiligen einen Winter, so bringt Martini einen Sommer.
Wenn es vom 12.–16. 11. sehr warm ist, wird häufig das letzte Dezemberdrittel kälter als üblich.

Witterungstendenz:
Vom 13.–22. 11. spätherbstliches Hochdruckwetter, in den Bergen sonnig, im Flachland neblig bis Dauernebel und Frost; Smoggefahr.

15. November
Lostag

Der hl. Leopold ist dem Altweibersommer hold.

November

Historische Wetterbeobachtung Anfang 1900:
War der Oktober in seiner ersten Hälfte mäßig kalt und mäßig nass, trat nachher am 24. Oktober der Winterregen ein und folgen nach dem 1. November scharf kalte und heitere Tage, so hat man auf den 15. November als einen ziemlich entscheidenden Wendepunkt zu achten. Dann tritt nämlich an diesem Tage (um diese Zeit) leicht der erste bedeutendere Schneefall ein. Ist dieser Schneefall mit Frost verbunden, so ist mit fast völliger Sicherheit auf einen strengen Winter, vor allem auf einen strengen Vorwinter zu rechnen; nicht selten erstreckt sich der mit diesem Tage eintretende Winterfrost bis zum 24. Januar, und in manchen Fällen hat der 15. November unter solchen Umständen auch einen langen, bis in den Februar und März hinein dauernden Winter verkündet.
Ist der 15. November milde vorüber gegangen, so ist Frost und Schnee nur selten vor dem 12. Dezember zu erwarten.

21. November
Lostag

Mariä Opferung hell und rein, bringt einen harten Winter ein.
Wenn an Mariä Opferung die Bienen fliegen, ist das nächste Jahr ein Hungerjahr.

Witterungsprognose:
Ist es vom 21. bis 24. 11. sehr mild, so sind in den folgenden 14 Tagen keine stärkeren Fröste zu erwarten.

23. November
Lostag

Dem hl. Klemens traue nicht, denn selten hat er ein mild' Gesicht.
St. Clemens uns den Winter bringt.

Witterungstendenz:
Vom 23. bis zum Ende des Monats überwiegend regnerisches, frostfreies, nebelarmes Wetter mit milder Meeresluft.

25. November
Wichtiger Lostag; Katharinentag

Wenn auf Kathrein kein Schneefall ist, auf St. Andreas [30. 11.] kommt er gewiss.
Wenn's schon wintert am Katharinentag, kommt der Eismond [Januar] sehr gemach.

Witterungsprognose:
Ist die Witterung um den 25. November zu trocken, so folgt in 4 von 5 Jahren ein zu trockener Februar; ist die Witterung nass, folgt in 3 von 5 Jahren ein nasser Februar.
Wie es um Katharina, trüb oder rein, so wird auch der nächste Hornung [Februar] sein.

27. November
Lostag

Heute vor über 300 Jahren (1701) ist Herr Celsius geboren. Er ist der »Erfinder« der Gradeinteilung in Celsius.

Wenn es friert auf St. Virgil, bringt der März noch Kälte viel.

30. November
Wichtiger Lostag; Andreastag

Wirft herab Andreas Schnee, tut's dem Korn und Weizen weh.
Der Andreasschnee liegt 100 Tage, wird für Klee und Korn zur Plage [nur in Höhenlagen].
So schau in der Andreasnacht, was für Gesicht das Wetter macht; so wie es ausschaut, glaub's fürwahr, bringt's gutes oder schlechtes Jahr.

Witterungsprognose:
War der November wolkenarm, so folgt in 7 von 10 Jahren ein wolkenreicher, milder Januar.
Waren Oktober und November kälter als der Durchschnitt, wird in 8 von 10 Jahren der kommende März überdurchschnittlich warm.
Nach einem milden November, besonders mit stürmischen Westlagen, folgt sehr oft ein kalter Januar.

Der Dezember

Seine alten Namen

Heilagmanoth = heiliger Monat, bezieht sich auf das Christfest; Julmond oder Jul – abgeleitet vom größten germanischen Fest, das Julfest; Julmanoth (altgermanisch), später Julmonat, Christmonat oder Christmond; Heilsmonat, Heiligmond, Weihnachtsmonat, Wolfsmond (die Dunkelheit verschlingt das Licht), Schlachtmond (Monat der Hausschlachtungen); auch Speckmaen (norddeutsch), Mörsugur (= Schmersauger – Island) und Schweinemonat; lateinisch: December (mensis).

Sein Ursprung

Nach alter römischer Zählung war der Dezember der zehnte (decem) und letzte Monat des 304 Tage dauernden Mondjahres, das im März begann. Später im 365 Tage dauernden Mondsonnenjahr inklusive der Monate Januar und Februar, wurde der Dezember zum 12. Monat.

Sein Sternzeichen

Das neunte Zeichen im Tierkreis und von Jupiter (Nebenherrscher Neptun) geprägt ist der Schütze, vom 23. 11.–21. 12.
Lostage: 1., 2., 4., 6., 13., 17., 21., 24., 25., 26., 28., 31.
Schwendtag: 15.

Der älteste deutsche Dezembername heißt Heilagmänoth. Bei den alten Römern war er dem Saturn geweiht, und im julianischen Kalender fiel die Wintersonnenwende auf den 25. Dezember. Diesen Wendepunkt der Sonne erkor das Christentum zum Geburtstag Jesu Christi, obwohl, wie man weiß, die Wintersonnenwende, also der kürzeste Tag mit dem niedrigsten Sonnenstand im Jahr, am 21. Dezember ist. Erkannt bzw. geändert wurde dies durch Papst Gregor XIII. Im bäuerlichen Leben steht jetzt wieder die Arbeit im Haus an erster Stelle, eingebunden in die Vorweihnachtszeit mit den ganzen Gebräuchen und Sitten. Die Gesundheit ist ein Thema, welches im Dezember und im Winter schwer wiegt. Der »Hundertjährige Kalender« empfiehlt sich mit Kleidung, Speise und Trank warm zu halten und jeden Aderlass zu vermeiden, denn der Mensch ist in diesem Monat besonders infektanfällig. Barometer und Thermometer werden plötzlich wieder mehr beachtet und Glühwein wird bis Weihnachten zum »Nationalgetränk«. Die Wettersprüche dieses Monats zeigen, dass sich die Gärtner und Bauern einen frühen Winterbeginn mit angemessener Schneedecke wünschen:

Eine gute Decke von Schnee, bringt das Winterkorn in die Höh.
Die Erde muss ein Betttuch haben, soll sie der Winterschlummer laben.
Dezember kalt mit Schnee, niemand sagt o weh, es gibt Korn in jeder Höh.
Im Dezember sollen Eisblumen blüh'n, Weihnachten sei nur auf dem Tische grün.
Ein dunkler Dezember deutet auf ein gutes Jahr, ein nasser macht es unfruchtbar.

Auch früher wusste man natürlich, dass der Dezember in mehrere Witterungsabschnitte gegliedert ist. Aus alten Wetteraufzeichnungen lässt sich belegen, dass seit mindestens 400 Jahren die Wetter-Regelfälle mit nur geringen zeitlichen Verschiebungen feststehen. So kommt es sehr regelmäßig zwischen 6. und 8. Dezember zu milden Westwettern. Das bedeutet mildes, regnerisches und sonnenscheinarmes Wetter.

Wenn Reif an den Bäumen im Advent sich zeigen, so wird uns ein fruchtbares Jahr bezeugen (Reif im Winter = Hochdruckwetter; wie im Sommer der Tau).
Wenn Kälte in der ersten Adventwoche kommt, so hält sie 10 volle Wochen.
Wird's am 1. Advent erst kalt, hält das Eis 10 Wochen bald.

Dezember

Bedeutung der Winde im Dezember

Nord/Nordwest	Ost/Nordost	Süd/Südost	West/Südwest
Nasskaltes Tiefdruckgebiet mit Schnee, Regen und sonnigen Abschnitten. Temperaturen von 1 bis 6 °C lassen in Niederungen keine geschlossene Schneedecke aufkommen, erst oberhalb 400–900 m z. T. viel Neuschnee mit dauerhafter Schneedecke.	Meist kurzlebige, kalt-windige Wetterlage, die zu Anfang bis in die Niederungen Schnee bringt, später immer mehr Sonne bei Dauerfrost zwischen −1 bis −8 °C. In der klaren Nacht über Schnee sogar unter −15 °C.	Ruhige Hochdrucklage; im Flachland Werte zwischen −3 bis 3 °C unter einer Hochnebeldecke, in Lagen ab ca. 700 bis 1500 m mildere Werte zwischen 0 bis 9 °C bei Sonnenschein. Wechselt Wetterlage auf West, drohen oft Eisregen mit extremer Glätte!	Häufig wechselnde milde Witterung bei Temperaturen um 5 bis 12 °C; bei SW sind sogar bis 15 °C bei atlantischen Winden möglich. Im Norden und in der Mitte häufiger Regen mit stärkeren Winden. Sonniger im Süden und im Alpenraum.

Tritt dieser Regelfall ein, dann wird es bis zum 21. 12. täglich kälter. In den Mittelgebirgen kommt es zu ausgiebigen Schneefällen, aber im wärmeren Flachland halten sich Frost und Schnee meist noch nicht, der Boden gefriert erst langsam. Bildet sich im Dezember eine störungsfreie Hochdrucklage mit zumeist südöstlichen Winden, ist wie im November mit Inversionswetterlagen zu rechnen, also Hochnebel mit Sonnenschein nur in höheren Lagen. Die Meteorologen sprechen dann von einer austauscharmen Wetterlage und meinen damit den Smog, der sich besonders über Großstätte legt. Bis Februar ist mit solchen Wetterlagen zu rechnen.
Die Meteorologen haben für den Zeitraum um Weihnachten festgestellt, dass häufig die Winde in westliche Richtung drehen und uns wärmeres Westwetter zukommen lassen. Bedingt durch das noch warme Meer, wird eine bestehende weiße Pracht nicht von langer Dauer sein. Es führt zum bekannten, wenn auch unromantischen Weihnachtstauwetter, bei den Kindern leidvoll als »Schneemanntauwetter« bekannt. Weiße Weihnachten erleben wir statistisch nur alle 7, in niederen Lagen noch nicht einmal alle 8 Jahre.
Einen Winterurlaub zu planen wird jetzt zu einer riskanten Angelegenheit. Das war nicht immer so, denn bis zum Anfang des 20. Jahrhunderts lag Schnee schon in der Adventszeit, der bis ins nächste Jahr liegen blieb. Warum das so war, wissen wir nicht, jedenfalls hat die folgende Regel keinen Bestand mehr: »Bringt Advent schon Kält, sie achtzehn Wochen hält«. Heutzutage kommt es erst zur Jahreswende häufiger zu Kälteeinbrüchen aus dem Norden, welche dann meteorologisch gesehen endgültig den Wintercharakter bestimmen, man spricht von der Neujahrskälte.

Wenn es vor Weihnachten nicht verwintert, so wintert es im Frühjahr nach.
Je dicker das Eis um Weihnachten liegt, je zeitiger der Bauer Frühling kriegt.
Wenn vor Weihnachten der Rhein friert zu, friert er dann noch zweimal zu.
Viel Wind in den Weihnachtstagen, reichlich Obst die Bäume tragen.
Nässe schadet der Saat mehr vor als nach Weihnachten.
Weihnachtsfestmond im Dreck, macht Gesundheit ein Leck.
Wie sich das Wetter von Christtag bis Heiligdreikönig hält, so ist das ganze Jahr bestellt.
Wenn bis Dreikönigstag kein Winter ist, kommt keiner mehr nach dieser Frist.

Still ist es geworden. Bei Spaziergängen durch die Natur fällt das besonders auf. Hier und da vernimmt man mal ein leises Vogelgezwitscher, aber ansonsten kann man eine Feder fallen hören. Der Winter als Regenerationszeit? Wann aber wird es denn Winter? Eine noch nicht gesicherte langjährige Beobachtungsregel sagt:

Wenn die Ameisen in der Erde verschwinden, wird's Winter.

Winter und Sommer verlaufen nicht nach einem festgelegten Muster, sondern nach Gottes Will, sagt ein frommer Spruch.

Wie der Dezember pfeift, so tanzt der Juni.

Dezember

Monatsmittelwerte im Dezember

Region	Höchsttemperatur in °C	Tiefsttemperatur in °C	Durchschnittstemperatur in °C	Niederschlagsmenge in mm	Niederschlagstage	Sonnenscheindauer in Stunden
Niederösterreich	2,8	−1,0	0,9	45	15	1,5
Österreichische Alpen	2,3	−4,2	−0,95	48	13	2,2
Schweizer Alpen	6,7	−0,3	3,2	95	7	3,3
Schweizer Aargau	3,0	−1,5	0,75	65	10	1,2
Deutsche Alpen	2,2	−3,9	−0,85	55	11	2,7
Bodensee	2,9	−3,1	−0,1	54	15	1,3
München	2,6	−3,7	−0,55	60	11	1,6
Schwarzwald	1,8	−3,1	−0,65	132	18	1,8
Bayrischer Wald	0,0	−3,9	−1,95	112	21	1,1
Erzgebirge	5,9	−12,7	−3,4	90	17	1,1
Thüringer Wald	6,7	−11,9	−2,6	111	19	1,3
Harz	1,1	−3,2	−1,05	118	19	1,1
Frankfurt am Main	4,1	−1,0	1,55	54	10	1,2
Eifel	1,7	−2,3	−0,3	80	14	1,1
Köln	5,5	−0,2	2,65	72	13	1,4
Lüneburger Heide	3,8	−1,1	1,35	60	18	1,1
Berlin	3,4	−1,0	1,2	53	11	1,2
Mecklenburgische Seenplatte	9,4	−8,9	0,25	50	15	1,1
Hamburg	4,0	−0,7	1,65	72	12	1,1
Deutsche Bucht	6,1	3,0	4,55	55	14	1,2
Ostseeküste	3,9	1,1	2,5	57	17	0,7

Dezember

Je näher die Hasen dem Dorfe rücken, desto ärger des Winters Tücken.
Fließt im Dezember noch der Birkensaft, dann kriegt der Winter keine Kraft.
Sind die Drosseln noch da, ist der Winter noch nicht nah.
Dezember veränderlich und lind, ist der ganze Winter ein Kind.

Im Dezember gilt unsere Sorge dem Ergebnis aus Sonnen- und Klimaeinwirkung des ganzen Jahres, unserer Ernte. Jetzt kommt es auf das häusliche Kleinklima an, um Lagergemüse, Lagerobst und Kartoffeln sowie das Eingemachte über die Wintermonate zu bringen. Deshalb eine Empfehlung. Ist der Keller gefüllt mit Vorräten, schreiben Sie folgenden Merkspruch an die Kellertür:

Ein fauler Apfel macht schnell, dass auch bald faul wird sein Gesell!

Es ist unerlässlich, von Zeit zu Zeit die Obstregale, Einmachgläser, Säfte und Kartoffel- oder Gemüsekiste im Lagerraum zu kontrollieren. Der obige alte Merkspruch erinnert an diese Notwendigkeit.

Wetterrekorde im Dezember

Höchste Tagestemperatur: 19,9 °C am 07.12.1979 in Stuttgart
Tiefste Tagestemperatur: –17,3 °C am 21.12.1969 in Bad Kissingen
Tiefste Nachttemperatur: –27,7 °C am 31.12.1973 in Bad Reichenhall
Geologische Besonderheit: –45,8 °C am Funtensee in Bayern am 24.12.2001
Geringste monatliche Sonnenscheindauer: 0 Stunden beim Großen Inselsberg (Thüringer Wald) im Dezember 1965
Härtester Winter in Europa: begann am 21.12.1607; damals waren alle Flüsse zugefroren
Mildester Winter in Europa: im Jahr 1529, am 11.12. hingen bohnengroße Kirschen an den Bäumen
Höchste Temperatur am Südpol: –13,6 °C am 27.12.1978
Böenmaximum Tiefland: 184 km/h am 03.12.1999 in List auf Sylt

Tierphänomene im Dezember

Hermelin: Es zeigt sein weißes Winterfell (nicht Wiesel oder Marder).
Eichhörnchen: Sie beginnen jetzt mit ihrer Paarungszeit, die bis Juli dauert. Bei der Beobachtung der Eichhörnchen wird manch einer feststellen, dass es in manchen Jahre mehr rotbraune, in anderen Jahren mehr dunkel- bis schwarzbraune Eichhörnchen gibt. Nun, Eichhörnchen ernähren sich im Winter nicht nur aus ihren selbst angelegten Vorräten, sondern finden besonders in Tannenwäldern fettreiche und damit energiespendende Tannenzapfensamen. Man hat festgestellt, dass alle 10–12 Jahre die Buchen und Tannen massenhaft Früchte tragen. In solchen Jahren geht es den Eichhörnchen natürlich sehr gut. Sie vermehren sich in den darauf folgenden Sommern besonders stark. Wenn die Massenvermehrung von der Fichtenzapfenernte ausging, kann man verstärkt die dunkel- bis schwarzbraunen Eichhörnchen beobachten, die Farbvariante, die bevorzugt in den dunklen Nadelwäldern lebt. Nach einer so genannten Buchenmast nehmen die rotbraunen Eichhörnchen überhand.

Winter- und Sommerfell des Hermelins. Es unterscheidet sich von den beiden anderen Wieselarten durch die stets schwarze Schwanzspitze.

Bussarde: Sie fallen in der laublosen Landschaft besonders auf. Stundenlang sitzen sie auf Pfählen, Zäunen und niedrigen Bäumen. Bis zu 7 Stunden hat der Mäusebussard für die winterliche Lauerjagd und trotzt dabei der Kälte. Die Jagd scheint hier jedoch erfolgreicher zu sein, denn die Winterbussarde sind zumeist Flüchtlinge aus schneebegrabenen skandinavischen Gegenden.
Die Vogelfütterung sollte nicht übertrieben werden: nur bei starken Kahlfrösten und höheren Schneelagen. Wie im Sommer brauchen die Vögel auch im Winter, besonders bei Trockenheit und Frost, frisches Wasser.

2. Dezember
Wichtiger Lostag

Wenn's regnet am Bibiane-Tag, regnet's 40 Tag und eine Woche danach [meteorologisch nicht haltbar].

Dezember

Witterungstendenz:
Im ersten Drittel trübes und niederschlagsreiches Wetter.

Witterungsprognose:
Herrscht zum Monatswechsel Frostwetter, so wird der Dezember wahrscheinlich zu kalt werden (gute Erhaltungsneigung der Großwetterlage bei Hochdruck).
Fällt zu Eligius [1. 12.] ein kalter Wintertag, die Kält noch vier Wochen dauern mag.

Witterungshinweis:
Liegt jetzt eine geschlossene Schneedecke, sind die Chancen auf weiße Weihnachten recht hoch.

4. Dezember
Lostag; Barbaratag

Man schneidet heute Kirschzweige, Forsythienzweige oder andere früh blühende Gehölze und stellt sie in eine Vase mit warmem Wasser. Bis Weihnachten werden sie erblüht sein. Hat es bis heute noch nicht gefroren, so legt man die Zweige für kurze Zeit in die Gefriertruhe. Die Zweige werden dann sicher aufblühen.

Zweige schneiden an Barbara, Blüten sind bis Weihnachten da.
Auf St. Barbara die Sonne weicht, auf Luzia [13. 12] sie wieder herschleicht.
Wie Barbaratag, so der Christtag.
Geht Barbara im Klee, kommt das Christkind im Schnee [nur lokal gültig].

6. Dezember
Wichtiger Lostag; Nikolaustag

Regnet's an St. Nikolaus, wird der Winter streng und graus.
Fließt Nikolaus noch Birkensaft, dann kriegt der Winter keine Kraft.
St. Nikolaus spült die Ufer aus.

Witterungsprognose:
Nach einem sehr milden ersten Monatsdrittel folgt meist ein milder Hochwinter.

Witterungstendenz:
Im zweiten Monatsdrittel herrscht zunächst frostiges und trockenes, ab der Mitte wieder trübes, niederschlagsreiches Wetter.

Historische Wetterbeobachtung Anfang 1900:
»Geht der 12. Dezember mild und ohne Schnee vorüber, so hält diese Milde meistens noch 16 Tage an, und erst der 28. Dezember bringt Schnee. Auch wenn schneelose Kälte vorausgegangen ist, bringt der 28. Dezember öfter Schnee. Tritt Frost und Schnee, zumal mit einiger Stärke, am 28. Dezember ein, so dauert dieser Zustand gewöhnlich 3–4 Wochen.«

13. Dezember
Lostag; Luziatag

Bevor der gregorianische Kalender 1582 eingeführt wurde, war der Luziatag der kürzeste Tag im Jahr.

St. Luzen tut den Tag stutzen [verkürzen].
Geht die Gans zu Luzia im Dreck, dann geht sie zu Weihnachten auf dem Eis.

17. Dezember
Lostag

Ist St. Lazarus nackt und bar, wird ein gelinder Februar.

Witterungstendenz:
Frühwinterlicher Kälteeinbruch mit Schnee. Besonders bei Ostluft oft erste haltbare Schneedecke (Frühwinter).

21. Dezember
Lostag; Wintersonnenwende; Winteranfang; Thomastag

Am heutigen Winteranfang haben wir den kürzesten Tag und die längste Nacht, die Wintersonnenwende. Um den Werdegang des Winters zu erfahren, haben unsere naturverbundenen Vorfahren eine Zwiebel durchgeschnitten. Aus der Stärke der Zwiebelringe lasen sie die kommende Winterwitterung heraus.

Zwiebelschale dünn und klein, soll der Winter milde sein. Zwiebelschale dick und zäh, harter Winter – herrjemine!

Langjährige Beobachtungen und Messungen könnten dies durchaus bestätigen.

Dezember

Wetteraberglaube zu den 12 Raunächten

Tag (1=25.12.)	Bedeutung des Sonnenscheins
1	Glückliches Jahr
2	Teuerung
3	Uneinigkeit
4	Fieberträume
5	Reichlich Obst
6	Früchteüberfluss
7	Gute Viehweide und Teuerung
8	Viele Fische und Vögel
9	Gute Kaufmannsgeschäfte
10	Schwere Unwetter, Gewitter
11	Dichte Nebel
12	Streitigkeiten, Missgunst und Unruhe

24. Dezember
Lostag; Heiligabend

Wie's Adam und Eva spend't, bleibt das Wetter bis zum Jahresend.
Liegen Adam und Eva im Klee, frieren sie zu Ostern im Schnee.

Witterungstendenz:
Ab 24. 12. meistens Zustrom milder Meeresluft, das so genannte Weihnachtstauwetter. Eine vorhandene Schneedecke schmilzt bis in höhere Lagen der Mittelgebirge.
Statistisch gesehen haben wir nur alle 7–8 Jahre in ganz Deutschland weiße Weihnachten.
Im vergangenen 20. Jahrhundert gab es im Flachland, z. B. Münsterland und Warburger Börde, 19-mal weiße Weihnachten, und zwar in den Jahren 1903, 1906, 1913, 1923, 1925, 1928, 1929, 1930, 1938, 1940, 1957, 1962, 1963, 1964, 1966, 1968, 1969, 1981 und 1986.

25. Dezember
Lostag; 1. Weihnachtstag;
Die zwölf Heiligen Nächte
(Die Zwölften)

Die 12 Hl. Nächte, Zwölften, Raunächte, Zwischennächte, Unternächte oder Rauchnächte sind in der Zeit zwischen 25. 12. und 6. 1. Früher

Während der Raunächte gab es früher viel Aberglaube. Die »wilde Jagd« war unterwegs, man sah Dämonen.

gab es vielerlei Wetteraberglaube, so waren die Raunächte sehr wichtige Wetterlostage. Wie das Wetter sich z. B. am fünften Lostag gestaltete, so sollte sich auch der fünfte Monat, also der Mai, verhalten. Meteorologisch kann dies nicht bestätigt werden.
An den kommenden 12 Tagen wurde früher genau auf den Sonnenschein geachtet. An jedem der 12 Tage hatte der Aberglaube eine andere Bedeutung.

Historische Wetterbeobachtung Anfang 1900:
»Wenn in den zwölf Nächten ein mäßiger und vorübergehender Frost eintritt und demselben ein ganz milder November sowie ein wenn schon strenger, doch nur vorübergehender Andreasfrost (12. Dezember) vorausgegangen ist, so kann man dies für das Zeichen eines milden und weichen, vielleicht sogar ›grünen‹ Winters ansehen.«

26. Dezember
Wichtiger Lostag;
2. Weihnachtstag; Stephanustag

Am Stephanstag soll's windstill sein, sonst fällt die Hoffnung auf den Wein.
Bläst der Wind an Stephanus recht, wird nächstes Jahr der Wein gar schlecht.
Hat Stephanus Eis, macht Georg [23. 4.] schon heiß.
Ist's in den 12 Nächten mild, sind sie milden Winters Bild.
Weihnachten kalt, kommt der Winter hart und kalt.

Dezember

Witterungsprognose:
In 7 von 10 Jahren folgt nach allgemein frostigen Weihnachtstagen ein zu warmer Februar mit einem möglichen frühen Winterende.
Ist's an Weihnachten kalt, ist kurz der Winter, das Frühjahr kommt bald.
War die Witterung an den Weihnachtstagen zu warm, so herrscht in den kommenden Wochen oft Frostwetter.
Ist's an Weihnachten lind und rein, wird's ein langer Winter sein.

28. Dezember
Lostag;
Tag der unschuldigen Kinder

Haben's die unschuldigen Kinder kalt, so weicht der Frost noch nicht so bald.

Witterungstendenz:
Zum Ende des Monats Übergang zu kaltem Winterwetter.

29. Dezember
Internationaler Tag
der Biologischen Vielfalt

Am heutigen Tag werden vor allem drei Ziele verfolgt: die Erhaltung der biologischen Vielfalt, die nachhaltige Nutzung ihrer einzelnen Bestandteile und die gerechte und angemessene Verteilung der Gewinne aus der Nutzung der genetischen Ressourcen.

Witterungstendenz:
Heute ist der Tag mit der höchsten Niederschlagswahrscheinlichkeit des Jahres.

31. Dezember
Lostag;
Silvester oder Altjahresabend

Der Jahreswechsel, wie wir ihn kennen, findet nicht in allen Ländern oder Religionen statt. Manche haben einen eigenen Kalender mit einer jeweils anderen Jahreszahl. So leben die Chinesen im fünften, und die Juden schon im sechsten Jahrtausend. Auch der Neujahrstag findet nicht überall am 1. Januar statt. Mancherorts richtet sich der Neujahrstag nach dem Mond und wechselt jährlich.

Windstill muss Silvester sein, soll der nächste Wein gedeih'n.
Silvesterwind und warme Sunn', wirft jede Hoffnung in den Brunn'.

Witterungsprognose:
War der Dezember zu warm, so wird zu 70% das Frühjahr zu warm.
Wie der Dezember, so der Lenz.
War der Dezember zu trocken, so sind auch mindestens zwei Frühlingsmonate zu trocken.
Trockner Dezember – trocknes Frühjahr.
War im Dezember das Temperaturmittel unter 0 °C, so wird der Juni in fast 7 von 10 Jahren warm.
So kalt wie Dezember, so heiß wird's im Juni.

In der Vorweihnachtszeit ist es Brauch, Almosen zu geben. Diese Darstellung des dörflichen Lebens stammt aus der 2. Hälfte des 19. Jahrhunderts.

Literatur

A.F.C. Vilmar's Wetterbüchlein. Elwert'sche Verlagsbuchhandlung, Marburg, 6. Auflage 1903

Au, Franziska von: Bauernregeln und Naturweisheiten. Südwest-Verlag, München 1995

Bebber, Prof. Dr. W. J. von: Katechismus der Meteorologie. Verlagsbuchhandlung von J.J. Weber, Leipzig, 3. Auflage 1893

Deutscher Wetterdienst: Anleitung für die phänologischen Beobachter des Deutschen Wetterdienstes, 1991

Gottberg, Hans von: Fahrten – Ferne – Abenteuer. Ensslin & Laiblin Verlag, Reutlingen, 8. Auflage 1998

Grunow, Dr. Johannes: Wetter und Klima. Wegweiser-Verlag GmbH, Berlin 1937

Hoek, Henry: Wetter Wolken Wind. F. A. Brockhaus, Leipzig 1926

Hoffmann-Krayer, E., und Bächtold-Stäubli, H.: Handwörterbuch des deutschen Aberglaubens. Berlin und Leipzig 1932

Holden, Edith: Vom Glück mit der Natur zu leben. Heye, 1977 Jahrbuch der Gartenlust (versch. Autoren). Gerstenberg, 1995

Lohmann, Michael, und Eisenreich, Wilhelm: Die Natur im Jahreslauf. BLV, München 1991

Machalek, Alois: Bio-Wetter. BLV, München 1995

Malberg, Horst: Bauernregeln aus meteorologischer Sicht. Springer Verlag, 1993

Merz, Gerhard: Hundertjähriger Kalender. Weltbild, Augsburg 1998

Perlewitz, Dr. Paul: Wetter und Mensch. Prometheus-Bücher, 1929

Roth, Günter D.: Wetterkunde für alle. BLV, München 2002

Schwarz, A. A., und Schweppe, R. P.: Die Macht des Mondes. Moewig (keine Jahresangabe)

Schönfeld, Sybil: Feste & Bräuche. Ravensburger, 1993

Siebert, August: Wetterbüchlein. Kosmos, Gesellschaft der Naturfreunde, Franckh'sche Verlagshandlung, Stuttgart, 7. Auflage 1927

Weingärtner, Harald: Wenn die Schwalben niedrig fliegen. Piper Verlag GmbH, München 1996

Internet

http://www.meteoros.de – atmosphärische Erscheinungen, Hintergrundwissen

www.dwd.de (Wetterdaten)

Register

A
Abendrot 17, 22, 55
Absinken 15
aequinoctium 146
Albedo 49
Allerheiligen 206
Allerheiligenruhe 202
Allerseelen 207
Alpenglühen 56
Alpensegentag 177
Altjahresabend 215
Altocumulus 19, 25
Altostratus 19, 25
Altweibersommer 188, 193, 202
Ameise 140, 169
Amsel 149
Andreastag 208
Antizyklon 13
Apfelbaum 83
aprilfrisch 153
Äquinoktialstürme 146
Auerhahn 156
ausmerzen 144
Ausstrahlung 45, 51
Azorenhoch 174, 188

B
Barbaratag 213
Barometer 123
Bartholomäustag 186
Bauernregel 7, 128
Beaufort, Francis 35
Beaufortskala 35
Belastung, bioklimatische 114
Beobachtungsbogen 119
Beobachtungszeitraum 28
Berggewitter 35
Bewegung, hygroskopische 122

Bienen 71, 140, 181, 199
–, schwärmende 163
Bilche 183, 191
Biometeorologie 114
Biowetter 116
Birgitta-Sommer 189
Birkhahn 157
Blitz 42
Blitzkanal 42
Blitzschlag 43
Blumenmonat 160
Blumenuhr 78
Blutegel 72
Bocksbart 78
Bodenwind 32
Böenkragen 41
Böenwalze 41
Brachet 166
Brennnessel-Raupen 169
Brunft 191
Brutzeit 149, 157, 163
Bussard 212

C
Cirrocumulus 18, 25
Cirrostratus 16, 18
Cirrus 16, 18, 23
Cumulonimbus 27, 41, 21
Cumulus 27, 21

D
Dämmerung, astronomische 56
–, nautische 56
Dämmerungserscheinungen 56
Dämmerungsmaximum 56
Distelfink 149
Donner 42
Donnerrollen 42
Dreikönigstag 135
Dunst 51

E
Earth Day 158
Eichel 86
Eichhörnchen 76, 212
Eidechsen 191
Eintrittszeit 89
Eisheilige 126, 160, 164
Eiswette 148
Eiswolken 16
El Niño 63
Elster 156
Ente 69
Epiphaniafest 135
Erdbeere 84
Erhaltungsneigung 13
Erntebeginn 184
Erntedankfest 194
Erntemonat 180

Register

Ernting 180
Erstfrühling 92

F
Fadensommer 188
Fallwind 38
Federwolke 16
Feldhamster 183, 199
Feldlerche 149
Feuchtigkeit 10
Feuchtigkeitsmesser 122
Fische 134
Fledermaus 76, 156, 191
Florfliege 191
Flugsommer 188
Föhn 38
Föhnrausch 38
Fotoperiodik 112
Frauendreißiger 185
Frontgewitter 40
Fronttyp 13
Frosch 176
Frostschäden 137
Frühheimkehrer 140
Frühherbst 102
Frühling 90, 148
Frühlingsanfang 151
Frühlingsbote 90, 152
Frühlingseinzug 148
Frühlingsmonat 144
Frühlingsmond 144
Frühnebel 51
Frühsommer 97
Fuchs 133

G
Gallustag 200
Gans 69
Gänsehaut 117
Ganzjahresgewitter 40
Gegendämmerung 56

Gehäuseschnecke 183
Georgitag 158
Gertrudistag 151
Getreideernte 85
Gewitter 23, 39
Gewitterausbruch 40
Gewitterfliegen 71
Gewitterkragen 39
Gewittermaximum 39
Gewittermonat 181
Gewitternase 12
Gewitterschutz 43
Gewittertierchen 71
Gewitterwolke 27, 40
Glühwürmchen 167, 169, 170
Götterstühlchen 54
Grasfrosch 72, 140
Graupelkorn 49
Gregor VIII 209
Gregoriustag 150
Grille 71
Grummeternte 186

H
Haarwechsel 157, 199
Hagel 41, 49
Hagelkorn 49, 50
Hagelschießen 49
Hagelschlag 50
Halloween 201
Haloerscheinung 11, 24, 25, 58
Hartung 129
Hase 133
Hasenhochzeit 156
Haubentaucher 149
Haufenwolke 27, 28
Hauptwolkenarten 18-21
Haustiere 68
Heiligabend 214
Heiligenschein 50
Herbst 101
Herbstanfang 188, 193
Herbstfärbung 87, 101

Herbstzeitlose 85
Hermelin 212
Heuernte 86
Heumonat 173
Heuschnupfen 91
Heuschrecke 176
Himmelblau 28
Hirschgeweih 141
Hirschkäfer 170
Heilige Drei Könige 135
Hochdruckgebiet 10
Hochdruckwetter 13
Hochgebirgsklima 115
Hochgebirgsschafe 68
Hochsommer 98
Höckerwolke 27
Höhenwind 32
Holunder 84, 86
Hornung 137
Hubertustag 207
Hühner 69
Hummel 140, 206
Hund 69
Hundertjähriger Kalender 125
Hundsstern Sirius 176, 178
Hundstage 176, 178, 186
Hurrikan 38
Hygrometer 122
hygroskopische Bewegung 122

I
Igel 141, 156, 199
Instabilitätsschauer 154
Instinkt 68
Inversionswetterlage 52, 196
Isobaren 12, 31, 118

J
Jahresringe 79
Jahreszeit 89
–, natürliche 80

Register

Jahreszeitempfinden 89
Jahreszeitprognose 118
Jakobstag 179
Johannisflut 166
Johannistag 172
Johanniswürmchen 167, 169, 170
Josephitag 151
Jungtiere 163
Junikäfer 169

K
Kalendarium 126
Kalender der Natur 80
Kalenderreform 8
Kälteflüchtling 138
Kältephase 130
Kälterekord 138
Kälteresistenz 107
Kältetod 101
Kältewelle 130
Kältezittern 117
Kaltfront 12, 115
Kanadagans 149
Kastanie 82, 83, 86
Katharinentag 208
Katze 69

Kaulquappe 148
Kennpflanze 89
Kiebitz 149
Kiefernzapfen 122
Kleinklima 80
Klima 9
Klimareiz 115
Klimascheide 9
Knauer, Mauritius 125
Knospenmonat 153
Knospenruhe 107
Komet 64
Kompass 79, 123
Kondensation 45, 52
Kondensstreifen 29
Kontinentalklima 115
Krähe 133
Kranich 149, 191
Kräuterweihe 185
Kreuzotter 149, 183
Krokus 77
Kröte 140
Krötenwanderung 140, 148, 157
Kuckuck 90, 156
Kuckucksmonat 90
Kuckucksspeichel 169
Kuckuckstag 158
Kurort-Klima-Modell (KURKLIM) 116

Kurzfristvorhersage 118
Kurzzieher 140, 141
Küstenwetter 35

L
Lagergemüse 212
Landschildkröte 68
Landwind 34
Langfristprognose 118
Laubfrosch 72
Launing 153
Laurentiustränen 184
Leeseite 79
Lehre von den Erscheinungen 80
Lenzing 144
Lenzmond 144
Leonhardstag 207
Leuchtkäfer 167, 169, 170
Libelle 163, 184
Lichtbeugungskränze 11
Linde 84
Lostage 127
Luftdruck 9, 118
Luftfeuchtigkeit 117
Lukastag 200
Luvseite 79
Luziatag 213

M
Mai des Herbstes 187
Maifeiertag 164
Maikäfer 163
Maikäferjahre 164
Mammatocumulus 27
Marder 176
Margaretentag 171, 178
Mariä Geburt 192
– Heimsuchung 177
– Himmelfahrt 185
– Lichtmess 141
– Verkündigung 152

219

Register

Marienfäden 188
Mariengarn 188
Marienkäfer 191
Marienseide 188
Mariensommer 188
Martinstag 207
Matthiastag 143
Mauersegler 163
Maulwurf 67
Maus 76
Medizinmeteorologie 114
Mehlschwalbe 156
Messgerät 122
Meteoritenschauer 65
Meteoropathie 116
MEZ 124
Michaelstag 194
Milchstraße 64
Mischungsnebel 52
Mischwolke 25
Mittelfristvorhersage 118
Mond, abnehmender 61
–, zunehmender 60
Mondeinflüsse 57
Mondfarbe 59
Mondhof 24, 58
Mondkräfte 58

Mondphasen 59
Mondrhythmen 60
Mondring 24, 58
Monsun, europäischer 174
Morgenrot 17, 55, 57
Mücke 140

N

Nachsommer 193
Nachwinter 131, 137
Naturfaser 122
Naturhygrometer 122
Naturkalender 80
Nebel 51, 195
Nebelbogen 55
Nebelnässe 46
Nebelung 202
Nebenregenbogen 53
Nestgeruch 66
Neujahr 134
Neujahrskälte 130, 210
Neumond 59, 62
Neuschneehöhe 48
Niederschlag 46
Nikolaustag 213

Nimbostratus 20, 26
Nimbus 50
Nimbus-Effekt 50
Nordpol 146
Nordrichtung 79
Nordstern 79
Normalwetter 13
Nothelfer 177

P

Pappel 78
Papst Gregor XIII 209
Paternostererbse 154
Pauli-Tag 136
Pflanzenuhr 78
Phänologie 80
Platzregen 46
Polarstern 79
Prophylaxe 116
Purpurlicht 56

Q

Quellwolken 28, 153
Querwindregeln 32

R

Rammelzeit 133
Rauchfrost 51
Rauchschwalbe 156
Raufrost 51
Raunächte 214
Raureif 51
Reflexion 49
Reformationstag 201
Regen 45
Regenanzeiger 154
Regenbogen 24, 53, 54
Regenschatten 35
Regentropfen 46

Register

Regenwolke 26
Rehkitz 169
Reif 51
Reptilien 169
Rhythmen, innere 113
–, kosmische 112
Rhythmus, biologischer 114
–, jahreszeitlicher 111
Ringelnatter 149, 176, 191
Ringeltaube 149
Rüssel 38

S
Säkularjahr 143
Salweide 82
Samhain 201
Sauerklee 81
Schäfchenwolke 25
Schafskälte 166, 171
Schaltjahr 143
Schattenspitzen-Methode 124
Scheiding 187
Schichtwolke 153
–, mittlere 25
–, niedere 26
Schlammpeizger 72
Schlammschläfer 102
Schleierwolke 16
Schlossen 49
Schmetterling 140, 148, 156, 163, 169, 176, 183, 191, 199, 206
Schnecke 73, 149
Schneedecke 48
Schneefall 47, 130
Schneeflocke 48
Schneeglöckchen 82
Schneehöhe 48
Schneekönig 133
Schneekristall 48
Schneemaximum 107
Schneethermometer 123
Schönwetterlage 22

Schrittspannung 42
Schwalbe 73, 191, 199
Schwarzdrossel 149
Schwendtage 128
Seewind 34
Siebenbrüdertag 178
Siebenschläfertag 167, 172
Signalpflanze 80, 89
Silberdistel 77, 81
Silvester 215
Singdrossel 149
Singularität 126
Singzeiten 176
Sirius 176, 178
Smog 210
Sommer 96
–, verregneter 173
Sommeranfang 171
Sommerphasen 99
Sommersilvester 194
Sommersonnenwende 171
Sommerzeit 152, 201
Sonnenaufgangsseite 79
Sonnenausrichter 77
Sonnenblume 77, 85
Sonnenbogen 54
Sonnenfleck 63
Sonnenring 24, 54
Sonnenuhr 124
Sonnenwendkäfer 170
Sonnenwendfeuer 171
Spannungstrichter 42, 43
Spargelsilvester 172
Spätherbst 104
Spätsommer 99, 193
Spinne 70
Sprühregen 46
St.-Vitus-Tag 171
Star 149
Stephanustag 214
Sterne 64
Sternschnuppe 64, 184
Storch 183
Strahlungsnebel 51
Stratocumulus 26, 21

Stratus 26, 20
Stürme 203
Subtropikluft 33
Südpol 146

T
Tag der Artenvielfalt 170
Tag der Biologischen Vielfalt 215
Tag der Erde 158
Tag der Umwelt 170
Tag der unschuldigen Kinder 215
Tag des Baumes 159
Tag des Waldes 151
Tagesbewölkung 30
Tagesgang der Bewölkung 31
Tagundnachtgleiche 151
Talwind 34
Tau 50
Taubogen 55
Taubildung 50
Taupunkt 50
Teichbewohner 169
Teilblitzstrom 42
Temperatur 9
Temperaturempfinden 117
Thomastag 213
Tiburtiustag 158
Tiefdruckgebiet 10, 118
Tieflandklima 115
Tierphänomene 126
Tierverhalten 67
Tornado 38
Traubenreife 195
Tromben 38
Tulpe 77
Türmer 90
Turteltaube 156, 176

U
Uhu 191
Unglückstage 128

Register

V

Valentinstag 142
Vegetationsjahr 106
Verdunstungskälte 51
Vertikalwind 33
Vierzigrittertag 150
Vögel 74
Vogelfütterung 212
Vogelgesang 141
Vogelzug 102, 206
Vollfrühling 94
Vollherbst 103
Vollmond 59, 61
Vorfrühling 91

W

Wachstumsphase 89
Walpurgisnacht 159
Walzenwolke 26
Wärmeaustausch 137
Wärmegewitter 39
Wärmeleitfähigkeit 129
Warmfront 11
Warmlufteinbruch 32
Wasserhose 38
Wasserwolken 16
Weihnachtauwetter 210
Weihnachten, weiße 106
Weihnachtstag 214
Weinbergschnecke 183

Weißstorch 149
Weltbauerntag 170
Weltmeteorologietag 151
Weltwettertag 151
Wespenkönigin 206
Wetteränderung 29
Wetterbeobachtung 118, 126
Wetterbiotropie 115
Wetterbote 72
Wetterdistel 77, 81
Wetterfahne 123
Wetterfront 115
Wetterfrosch 72
Wetterfühligkeit 111, 114
Wettergrundwerte 9
Wetterhahn 123
Wetterherrentag 172
Wetterkarte 118
Wetterlage 126
Wetterphasen 112
Wetterprognose 118
Wetterprophet 67, 77
Wetterprozession 141
Wetterregel 7, 126
Wetterschmerz 114
Wetterseite 79, 124
Wettersinn 71, 116
Wettertypen 13
Wetterumschlag 29, 66
Wetterverhalten 66
Wettervorhersage 118
Wetterweisheit 8

Wetterwende 202
Wetterwurz 77
Wetterzeichen 122
Wildschwein 206
Wind 31, 117
Windgeschwindigkeit 35
Windhose 38
Windrichtung 123
Windrose 123
Winter 106, 129
–, milder 106
–, normaler 106
–, strenger 106
Winterruhe 134
Winteranfang 213
Winterdepression 130
Winterfell 101
Wintergäste 134
Wintermücke 140
Winterprognose 106
Wintersänger 133
Wintersonnenwende 209, 213
Winterverlauf 196
Winterwetter 202
Wolf 134
Wolfsspinne 188
Wolkenarten 16
Wolkenbeobachtung 31
Wolkenbildung 15
Wolkendeichsel 54
Wolkenform 16
Wolkengattung 16
Wolkenränder 28
Wonnemond 160
WOZ (wahre Ortszeit) 124

Z

Zaunwinde 81
Zecke 157
Zinnen (Wolkenbildung) 40
Zirkumzenitalbogen 58
Zuckmücke 71
Zugvögel 199
Zyklon 13

Impressum

Danksagung

Obwohl das Schreiben eines Buches meistens in aller Stille geschieht, so kommt ein Autor dennoch nicht ohne Unterstützung aus. Bedanken möchte ich mich ganz herzlich bei meiner Familie, allen voran meiner Frau Angelika und meinen Kindern Stefanie, Anna, Maria und Christoph. Sie alle mussten sich meine unzähligen Fragen anhören, Entwürfe lesen, Verständnis zeigen und mich allzu oft entbehren.

Danke auch an meinen verstorbenen Vater, der mich schon früh als Kind zur Natur geführt hat.

Bernhard Michels, Großeneder 2011

Die Abbildungen und historischen Darstellungen stammen von/aus:

Baenitz, Dr. C.: Leitfaden für den Unterricht in der Zoologie. Bielefeld und Leipzig 1898: S. 69, 70, 73, 75, 133o, 133u, 140, 149u, 164, 167, 184, 191, 199, 206u, 212

Bayer, Johannes: Uranometria. Augsburg 1603: S. 179

Beyer: 18/19, 18u, 22o, 24o

Bebber, Prof. Dr. W. I. van: Katechismus der Meteorologie. Leipzig 1893: S. 16, 25–27, 48, 118

Bendel, Johann: Wetterpropheten (naturwissenschaftliche Jugend- und Volksbibliothek). Regensburg 1904: S. 42, 71, 72, 76, 77, 78o, 109, 123o, 141, 156, 169, 193

Bronner, F.: Von der deutschen Sitt und Art. München 1908: S. 200

Computergrafik Jörg Mair: S. 11, 12, 34, 35u

Damnitz, Barbara von: S. 61

Deutsche Jugend. Illustrierte Monatshefte, 2. Band. Leipzig 1873: S. 92

Erzbischöflich Akademische Bibliothek Paderborn: S. 8, 39, 43, 46, 65, 125, 127, 128

Hirth, Georg: Kulturgeschichtliches Bilderbuch. München 1882: S. 129, 137, 144, 153, 160, 166, 173, 180, 187, 195, 202, 209

Historia naturalis. Frankfurt/Main 1582: S. 9

Kämpfe: 4/5, 18o, 19o, 19u, 20/21, 23or, Hintergrundbild Monatsmittelwerte

Kraemer, Hans: Weltall und Menschheit. Berlin, Leipzig, Wien, Stuttgart (Ende 19. Jh.): S. 58, 124

Krügler: 20u

Lonicer, Adam: Vollständiges Kräuter-Buch oder Das Buch über alle drey Reiche der Natur. Augsburg 1783: S. 78u

Michels: 15, 21o, 21u, 22u, 22/23, 23ol, 23u, 24ur, 83o, 84o, 84ml, 84/85, 85o, 86or, 87l, 123u

Pforr: 2/3, 82o, 82ul, 82ur, 86ol, 86ul, 86ur, 87r, 88ol, 81ol, 81or, 81m

Pott: 17o, 83u, 84mr, 85u

Privatbesitz: S. 41, 121

Reinhard: 17u, 24ul, 88or, 88u, 81u

Richter, Ludwig: S. 1, 6, 7, 13, 31, 35o, 43, 45, 47, 52, 53, 56, 57, 63, 66, 80, 90, 96, 97, 98, 99, 101, 103, 106, 111, 115, 116, 130, 134, 135, 142, 143, 145, 146, 149o, 150, 157, 158, 159, 163, 170, 171, 177, 191o, 194, 196, 201, 203, 206o, 207, 214, 216–222

Ring, Werner: S. 176

Schuler, Fritz: Wetterpropheten, Anleitung zu Wetterbeobachtungen mit Hilfe selbstgebauter Apparate. Bern (ca. 1910): S. 122, 172

Starry, Richard: S. 32

Westfälisches Freilichtmuseum Detmold – Landesmuseum für Volkskunde: S. 68, 74, 94, 102, 143, 165, 186, 205, 215

Bibliografische Information der Deutschen Nationalbibliothek

Die Deutsche Nationalbibliothek verzeichnet diese Publikation in der Deutschen Nationalbibliografie; detaillierte bibliografische Daten sind im Internet über: http://dnb.d-nb.de abrufbar.

2., überarbeitete Auflage, Neuausgabe

BLV Buchverlag GmbH & Co. KG
80797 München

Das Werk einschließlich aller seiner Teile ist urheberrechtlich geschützt. Jede Verwertung außerhalb der engen Grenzen des Urheberrechtsgesetzes ist ohne Zustimmung des Verlags unzulässig und strafbar. Das gilt insbesondere für Vervielfältigungen, Übersetzungen, Mikroverfilmungen und die Einspeicherung und Verarbeitung in elektronischen Systemen.

© BLV Buchverlag GmbH & Co. KG München 2011

Umschlaggestaltung:
Kochan & Partner GmbH, München
Umschlagfotos: Blickwinkel/
F. Hermann (vorne); Michels (hinten)

Lektorat: Dr. Friedrich Kögel
Herstellung: Hermann Maxant

Gedruckt auf chlorfrei gebleichtem Papier

Printed in Germany
ISBN 978-3-8354-0739-8

Vom selben Autor erschienen:

Bernd Michels
Gärtnern nach den 10 Jahreszeiten der Natur
Die Natur zeigt, was wann im Garten zu tun ist · Typische Schlüssel-Ereignisse beobachten und die zum jeweiligen Zeitpunkt wichtigen Gartenarbeiten ausführen · Bauern- und Erfahrungsregeln sowie Tierphänomene in den 10 Jahreszeiten
ISBN 978-3-8354-0630-8